"十四五"职业教育国家规划教材

 高等职业教育在线开放课程配套教材

金工实习

（第五版）

JINGONG SHIXI

主　编　王　骏　杨　飞　李银标
副主编　徐　新　周　丽　程沛秀　孙晓霞

新形态教材

中国教育出版传媒集团

高等教育出版社·北京

内容提要

本书为"十四五"职业教育国家规划教材。

本书主要内容有钳工、车削、铣削、热加工、电加工五篇,共包括十个模块。内容安排上,在强化钳工、车工、铣工等传统制造工艺的同时,将数控加工、电加工等先进制造和特种加工的新技术、新工艺、新设备引入教材中,进行技术升级,以满足智能制造背景下对数控加工紧缺人才的迫切需求。每个模块按照基础、专项和综合训练的编写模式,并配有操作任务题、考核评分表,重点培养学生的动手操作能力。为方便教学,本书配有教学资源二维码,链接了教学视频等资源,便于随时随地使用移动端智能设备扫描后观看。

本书可作为高等职业院校工程技术类相关专业的实训课程教材,也可作为有关专业人员的岗位培训用书和参考用书。

图书在版编目(CIP)数据

金工实习 / 王骏,杨飞,李银标主编. --5 版.

北京 : 高等教育出版社,2025.1(2025.8重印).

ISBN 978-7-04-063352-8

Ⅰ. TG 45

中国国家版本馆 CIP 数据核字第 2024BC9800 号

| 策划编辑 | 班天允 | 责任编辑 | 程福平 | 班天允 | 封面设计 | 张文豪 | 责任印制 | 高忠富 |

出版发行	高等教育出版社	网 址	http://www.hep.edu.cn
社 址	北京市西城区德外大街4号		http://www.hep.com.cn
邮政编码	100120	网上订购	http://www.hepmall.com.cn
印 刷	上海叶大印务发展有限公司		http://www.hepmall.com
开 本	787 mm×1092 mm 1/16		http://www.hepmall.cn
印 张	14.5	版 次	2003年7月第1版
字 数	324千字		2025年1月第5版
购书热线	010-58581118	印 次	2025年8月第3次印刷
咨询电话	400-810-0598	定 价	34.00元

本书如有缺页、倒页、脱页等质量问题,请到所购图书销售部门联系调换

版权所有 侵权必究

物 料 号 63352-00

配套学习资源及教学服务指南

🎯 二维码链接资源

本教材配套视频、拓展阅读等学习资源,在书中以二维码链接形式呈现。手机扫描书中的二维码进行查看,随时随地获取学习内容,享受学习新体验。

打开书中附有二维码的页面 → 扫描二维码 → 查看相应资源

🎯 教师教学资源索取

本教材配有课程相关的教学资源,例如,教学课件、习题及参考答案、应用案例等。选用教材的教师,可扫描下方二维码,关注微信公众号"高职智能制造教学研究",点击"教学服务"中的"资源下载",或电脑端访问地址(101.35.126.6),注册认证后下载相关资源。

★ 如您有任何问题,可加入工科类教学研究中心QQ群:240616551。

本书二维码资源列表

页码	类型	说　明	页码	类型	说　明
3	微视频	"7S"管理简介	47	拓展阅读	车工国家职业技能标准
3	微视频	强化工程技术创新	51	演示文稿	常用量具介绍
3	拓展阅读	钳工国家职业技能标准	55	演示文稿	工件与车刀的安装
4	微视频	机械制造工程中心"7S"管理实施要求	56	微视频	三爪卡盘拆装操作
			57	微视频	一夹一顶安装工件
6	微视频	危险废物的鉴别和管理要求	59	演示文稿	车端面
8	微视频	生活垃圾分类标志	59	微视频	车端面
8	微视频	消防安全教育	59	演示文稿	车外圆
17	演示文稿	划线	59	微视频	车外圆
17	微视频	划线示范	61	演示文稿	车台阶外圆
19	微视频	螺母的手工制作	61	微视频	车台阶外圆
22	微视频	锉削示范	64	微视频	机械文化苑
22	演示文稿	锉削基准面	65	演示文稿	数控车削典型设备
23	演示文稿	锉削平行、对称斜面	66	演示文稿	数控车削常用工量刀具
24	微视频	锯削示范	74	微视频	数控车床MDI运行视频
25	微视频	钻削示范	77	微视频	数控程序的检索、建立与删除
26	微视频	攻螺纹示范	79	微视频	回机床参考点
27	微视频	小榔头八边形加工	80	微视频	数控车床对刀
27	微视频	小榔头精加工	81	微视频	数控车床单段自动运行
36	演示文稿	四方件加工	81	演示文稿	倒角外圆的编程与加工
40	演示文稿	锁扣加工	84	演示文稿	圆弧外圆的编程与加工
42	演示文稿	凹凸件加工	84	演示文稿	单一固定循环指令的编程与加工
43	拓展阅读	"两丝"钳工顾秋亮	90	微视频	家国情怀　民族自豪
47	演示文稿	车床介绍	91	演示文稿	孔的编程与加工
47	拓展阅读	机械产品绿色制造工艺规划导则	93	演示文稿	复合循环指令的编程与加工
			96	演示文稿	槽的编程与加工

本书二维码资源列表

续表

页码	类型	说　明	页码	类型	说　明
96	演示文稿	螺纹的编程与加工	155	微视频	极坐标功能指令
104	微视频	精密液压元件智能产线技术平台	157	演示文稿	镜像指令编程与加工
			157	微视频	镜像功能指令
107	演示文稿	铣削入门指导	159	演示文稿	旋转指令编程与加工
107	拓展阅读	铣工国家职业技能标准	159	微视频	坐标系旋转功能指令
113	微视频	铣刀及铣刀杆装卸	166	微视频	奖杯生产
115	演示文稿	铣平面	166	微视频	自动化生产
115	微视频	铣平面	169	演示文稿	铸造入门指导
118	微视频	铣直角沟槽	170	微视频	二箱造型——准备
119	演示文稿	铣键槽	172	微视频	二箱造型——造上型、起模
119	微视频	铣键槽	173	微视频	二箱造型——造下型
120	演示文稿	刨平面	173	微视频	二箱造型——开内浇道、修型
120	微视频	刨平面	183	微视频	3D打印与砂型铸造
125	演示文稿	磨削加工	184	演示文稿	手工电弧焊
127	微视频	磨削平面	187	微视频	焊接
127	演示文稿	铣压板零件	188	微视频	起头和收尾
129	微视频	创新创业精神	191	微视频	高凤林:火箭发动机焊接技术
130	演示文稿	数控铣床操作入门	191	拓展阅读	陈小林:用"心"耕耘,方得大成
136	微视频	工件安装示范	195	演示文稿	线切割操作入门
137	微视频	刀柄安装与拆卸示范	195	拓展阅读	电切削工国家职业技能标准
137	微视频	对刀操作示范	196	微视频	穿丝
137	微视频	程序运行示范	202	微视频	生成3B代码并载入加工
140	演示文稿	平面铣削编程与加工	203	微视频	打开并检查冷却泵
141	演示文稿	轮廓铣削编程与加工	204	微视频	线切割加工过程
141	微视频	轮廓铣削编程与加工	207	演示文稿	电火花操作入门
143	微视频	轮廓铣削编程与加工示范	208	微视频	编辑功能介绍
143	演示文稿	精密孔编程与加工	209	微视频	面板功能介绍
143	微视频	精密孔编程与加工	215	微视频	航空发动机叶片异形孔加工
149	微视频	家国情怀　区域文化	215	微视频	六轴电火花小孔机
153	演示文稿	子程序调用指令编程与加工	215	微视频	浸没式六轴电火花小孔机
153	微视频	子程序调用功能指令	215	拓展阅读	浸没式六轴电火花小孔机创新案例
155	演示文稿	极坐标指令编程与加工			

前 言

本书是"十四五"职业教育国家规划教材。

金工实习旨在培养学生的工程实践能力和动手能力,使学生建立起机械产品制造过程的感性认识,为实现党的二十大报告中"推动制造业高端化、智能化、绿色化发展,建设现代化产业体系",培养高素质技术技能人才。本书包括钳工、车削、铣削、热加工和电加工5篇10个模块的内容,较系统地介绍常用加工工艺的加工(或生产)特点、应用范围、安全知识;主要加工设备、工具的结构、原理及使用方法;毛坯或零件的制造过程及加工工艺;常用加工工艺的操作要点等。

本书是在《金工实习》第四版的基础上根据教育部最新发布的《高等职业学校专业教学标准》中对本课程的要求,并融入新形态教材的理念,广泛吸取金工实习教学的宝贵经验修订而成的。本书具有以下特点:

1. 坚持立德树人根本任务。本书贯彻党的二十大精神,落实立德树人根本任务,培养德智体美劳全面发展的社会主义建设者和接班人。以培养德智体美劳全面发展的高素质劳动者和技术技能人才为目标,在教学内容中融入了爱国主义、工匠精神等课程思政的内容,突出劳动育人对促进学生全面发展和提升职业素养的重要作用。在教学实施中强调危险废物的鉴别和管理、生活垃圾分类标志,以及固体废物回收处置要求,践行党的二十大报告指出的"牢固树立和践行绿水青山就是金山银山的理念,深入推进环境污染防治"。

2. 坚持以学生为中心进行教学内容编排。本书遵循了"基础、专项和综合"三级递进编写模式,各模块中包含基础知识和技能操作;实施以成果为导向的教学理念,易于激发学生学习兴趣;通过安排专项训练和综合训练,并附有操作考核题(操作步骤、考核评分表),进行训练及检测,便于学生循序渐进掌握操作技能。

3. 坚持基础性与先进性相结合。随着智能制造技术的推广与应用,数控设备作为智能制造的基本装备,劳动力市场对相应的数控加工人才需求旺盛。本书在保持钳、车、铣等传统制造工艺的基础上,引入数控车削、数控铣削,增加电加工等特种加工,开发体现新知识、新技术、新工艺和新规范的数字化资源,拓展学生视野,满足产业发展对数控人才的需求。

4. 坚持方便教、易于学的原则。基于大部分学校金工实习课程以专用周形式开设的现状,本书按模块化进行编写,每个模块约28个学时,在一个专用教学周内实施,方便机类、近机类和非机类专业根据自己的需求单选和组合选用。本书配套了大量视频等丰富的优质资源以二维码的形式呈现,可随时随地使用移动通信设备扫码形成线上线下混合教学,服务教师教学

前 言

和学生自主学习。

本书由无锡职业技术学院王骏、杨飞和李银标担任主编,无锡职业技术学院徐新、周丽,贵州装备制造职业学院程沛秀和无锡职业技术学院孙晓霞担任副主编,全书由王骏统稿,具体编写分工如下:王骏编写了课程说明、第3、第4模块部分和第5、第8模块,杨飞编写了第6、第7模块,李银标编写了第1、第9模块,徐新编写了第3模块部分,孙晓霞编写了第4模块部分,程沛秀、赵青青编写了第2模块,周丽、程坤编写了第10模块。参加本书编写工作的还有无锡职业技术学院的万安然、张志刚和朱育新老师,分别负责零件图纸的标准化处理、程序校验和零件试制等工作。

特别感谢无锡威孚高科技集团股份有限公司陶建忠博士和无锡贝斯特精机股份有限公司郭俊新对本书编写的技术指导;同时,也感谢编写过程中参考的大量文献的作者。由于编者水平有限,编写时间短促,难免存在错误和不妥之处,敬请读者批评指正。

编 者

课程说明

金工实习是工程技术类相关专业的必修课，也是职业技术院校培养具有一定专业知识和较强动手能力的技术技能型人才的重要教学环节。金工实习的内容包括机械制造常用加工方法，加工设备、工具的操作方法及初步的工艺知识。

机械制造的主要加工方法有铸造、锻压、焊接、切削加工、热处理、装配、调试等，机械产品的制造过程一般包括将金属材料通过铸造、锻压或焊接等方式获得毛坯，再通过切削加工和热处理形成零件，最后将零件装配调试获得产品。金工实习围绕机械产品制造过程，以工艺为主线，安排了钳工、车工、铣工、刨工、磨工、铸工、焊工以及数控车工、数控铣工和电加工等先进制造和特种制造等工种。

金工实习的具体任务是：

1. 学习机械制造工艺知识。学生在金工实习中，学习机械制造冷、热加工主要方法，了解所用设备、工具的结构、原理，并熟悉其使用方法；了解机械产品制造过程及加工工艺。由于金工实习是直接的实践活动，学生所学技能基础性强，将为后续课程的学习及综合职业能力的形成奠定必要的基础。

2. 获得金工操作技能。通过主要工种的实习，学生动手操作机器设备，使用各种工具，提高实践能力，为参加生产实习和毕业实习，获取毕业证、职业技能等级证书(或各类职业资格等级证书)及毕业后就业创造条件。

3. 培养良好的思想品质和职业道德。金工实习让学生走进实习车间，在劳动中学习，接受社会化生产的熏陶和组织纪律教育；将劳动教育融入日常的实践教学之中，这对培养学生正确的劳动观念、良好的职业道德、严谨的工作作风和精益求精的工匠精神将起到重要的作用。

4. 学习安全知识和规范操作。学生在实习操作中，要与电、高温物体、有害气体、粉尘、高速旋转机械等接触，稍有不慎或违规操作，便可能发生人身或设备事故。在实习过程中应注重安全教育，提高安全意识，使学生掌握安全生产知识，遵守操作规程和制度，圆满完成实习任务。

目录
CONTENTS

第一篇 钳 工

模块 1 钳工初级技能训练 / 3

   1.1 钳工基本知识 / 3
      1.1.1 钳工常用设备 / 3
      1.1.2 钳工常用工量具 / 5
      1.1.3 钳工安全知识 / 16

   1.2 钳工基础技能训练 / 17
      1.2.1 划线 / 17
      1.2.2 工件安装与调整 / 18

   1.3 钳工初级专项技能训练 / 18
      1.3.1 锉削 / 21
      1.3.2 锯削 / 23
      1.3.3 钻孔 / 24
      1.3.4 螺纹加工 / 26

   1.4 钳工初级综合技能训练 / 27
      1.4.1 综合技能训练1 / 27
      1.4.2 综合技能训练2 / 29
      1.4.3 综合技能训练3 / 29

模块 2 钳工中级技能训练 / 34

   2.1 钳工中级专项技能训练 / 34
      2.1.1 孔加工 / 34

目 录

  2.1.2 镶配 / 37
 2.2 钳工中级综合技能训练 / 39
  2.2.1 综合技能训练1 / 39
  2.2.2 综合技能训练2 / 39
  2.2.3 综合技能训练3 / 42

第二篇 车 削

模块3 普通车削 / 47

 3.1 普通车削基本知识 / 47
  3.1.1 普通车削典型设备 / 47
  3.1.2 普通车削常用工量刀具 / 51
  3.1.3 普通车削安全知识 / 54
 3.2 普通车削基础技能训练 / 55
  3.2.1 车刀安装 / 55
  3.2.2 工件安装 / 55
  3.2.3 车削操作要点 / 57
 3.3 普通车削专项技能训练 / 59
  3.3.1 车端面和外圆 / 59
  3.3.2 车台阶外圆 / 61
 3.4 普通车削综合技能训练 / 61
  3.4.1 综合技能训练1 / 61
  3.4.2 综合技能训练2 / 61

模块4 数控车削初级技能训练 / 65

 4.1 数控车削基本知识 / 65
  4.1.1 数控车削典型设备 / 65
  4.1.2 数控车削常用刀具 / 66
  4.1.3 数控车削安全知识 / 70
  4.1.4 数控车削常用编程知识 / 71
 4.2 数控车削基础技能训练 / 74
  4.2.1 数控车床的操作面板 / 74
  4.2.2 数控车床操作方法与步骤 / 76
  4.2.3 坐标系与对刀操作 / 77
  4.2.4 程序输入与运行 / 81

4.3 数控车削专项技能训练 / 81
　　4.3.1 倒角外圆的编程与加工 / 81
　　4.3.2 圆弧外圆的编程与加工 / 84
　　4.3.3 单一固定循环指令的编程与加工 / 84
4.4 数控车削综合技能训练 / 87
　　4.4.1 综合技能训练1 / 87
　　4.4.2 综合技能训练2 / 89

模块5　数控车削中级技能训练 / 91

5.1 数控车削中级专项技能训练 / 91
　　5.1.1 孔的编程与加工 / 91
　　5.1.2 复合循环指令的编程与加工 / 93
　　5.1.3 槽的编程与加工 / 95
　　5.1.4 螺纹的编程与加工 / 96
5.2 数控车削中级综合技能训练 / 99
　　5.2.1 综合技能训练1 / 99
　　5.2.2 综合技能训练2 / 102

第三篇　铣　　削

模块6　铣削、刨削和磨削初级技能训练 / 107

6.1 普通铣削基本知识 / 107
　　6.1.1 普通铣削典型设备 / 107
　　6.1.2 普通铣削常用工量刀具 / 108
　　6.1.3 普通铣削安全知识 / 111
6.2 普通铣削基础技能训练 / 112
　　6.2.1 铣床操作 / 112
　　6.2.2 刀具安装 / 113
　　6.2.3 工件装夹 / 114
6.3 普通铣削专项技能训练 / 114
　　6.3.1 铣平面 / 114
　　6.3.2 铣六面体 / 117
　　6.3.3 铣直角沟槽 / 118
　　6.3.4 铣封闭式键槽 / 119
6.4 刨削技能训练 / 120

目 录

    6.4.1 刨削典型设备 / 120
    6.4.2 刨削安全知识 / 121
    6.4.3 刨削刀具 / 122
    6.4.4 刨斜面 / 123
  6.5 磨削技能训练 / 125
    6.5.1 磨削典型设备 / 125
    6.5.2 磨削安全知识 / 126
    6.5.3 工件安装 / 126
    6.5.4 磨削平面 / 127
  6.6 铣削、刨削和磨削综合技能训练 / 127
    6.6.1 综合技能训练1 / 127
    6.6.2 综合技能训练2 / 127

模块7 数控铣削初级技能训练 / 130

  7.1 数控铣削基本知识 / 130
    7.1.1 数控铣削典型设备 / 130
    7.1.2 数控铣削常用工量刀具 / 131
    7.1.3 数控铣削安全知识 / 131
    7.1.4 数控铣削常用编程知识 / 132
  7.2 数控铣削基础技能训练 / 135
    7.2.1 面板操作 / 135
    7.2.2 工件安装 / 136
    7.2.3 刀具安装与拆卸 / 137
    7.2.4 对刀操作与坐标系设置 / 137
    7.2.5 程序输入与运行 / 137
  7.3 数控铣削初级专项技能训练 / 138
    7.3.1 平面铣削编程与加工 / 140
    7.3.2 轮廓铣削编程与加工 / 141
    7.3.3 精密孔编程与加工 / 143
  7.4 数控铣削初级综合技能训练 / 145
    7.4.1 综合技能训练1 / 145
    7.4.2 综合技能训练2 / 147

模块8 数控铣削中级技能训练 / 150

  8.1 数控铣削中级专项技能训练 / 150

8.1.1 子程序调用指令编程与加工 / 150
8.1.2 极坐标指令编程与加工 / 155
8.1.3 镜像指令编程与加工 / 157
8.1.4 旋转指令编程与加工 / 158
8.2 数控铣削中级综合技能训练 / 160
8.2.1 综合技能训练1 / 160
8.2.2 综合技能训练2 / 160
8.3 数控铣削职业技能拓展 / 165
8.3.1 自动编程软件介绍 / 165
8.3.2 企业生产案例展示 / 166

第四篇 热 加 工

模块9 铸造与焊接 / 169

9.1 铸造基本知识 / 169
9.1.1 造型工具 / 170
9.1.2 型(芯)砂制备 / 171
9.1.3 铸造加工安全知识 / 172
9.2 铸造基础技能训练 / 172
9.2.1 造型操作 / 172
9.2.2 铸铁熔炼与浇注 / 175
9.2.3 铸件落砂、清理与检验 / 176
9.3 铸造专项技能训练 / 178
9.4 焊接基本知识 / 183
9.4.1 焊条电弧焊常用设备与工具 / 183
9.4.2 焊接加工特点 / 184
9.4.3 焊接加工安全知识 / 185
9.5 焊接基础技能训练 / 185
9.5.1 引弧 / 186
9.5.2 运条 / 187
9.5.3 起头和收尾 / 188
9.5.4 焊缝接头 / 188
9.5.5 焊后清理和检查 / 188

目 录

9.6 焊接专项技能训练 / 190

第五篇 电 加 工

模块 10 线切割与电火花 / 195

10.1 线切割机床基本知识 / 195
10.1.1 线切割机床设备 / 195
10.1.2 线切割机床安全操作规程 / 195
10.1.3 线切割机床基本操作技能 / 196

10.2 3B代码编程与调试 / 198
10.2.1 3B代码程序格式 / 198
10.2.2 直线编程 / 198
10.2.3 圆弧编程 / 200
10.2.4 程序调试方法 / 201

10.3 AutoCut模块使用 / 202
10.3.1 AutoCut模块系统介绍 / 202
10.3.2 AutoCut模块应用案例 / 202

10.4 线切割专项技能训练 / 204
10.4.1 凹模线切割加工 / 204
10.4.2 凸模线切割加工 / 204

10.5 电火花成形加工基本知识 / 207
10.5.1 电火花成形加工设备 / 207
10.5.2 电火花成形加工原理 / 207
10.5.3 电火花成形加工安全知识 / 208

10.6 电火花成形加工基础技能训练 / 209
10.6.1 面板操作 / 209
10.6.2 程序编辑 / 210
10.6.3 电极与工件的装夹 / 211
10.6.4 工件坐标系的设定 / 212
10.6.5 电参数的选择 / 213

10.7 电火花成形加工专项技能训练 / 214
10.7.1 盲孔电火花成形加工 / 214
10.7.2 型腔的电火花成形加工 / 215

第一篇

钳　　工

本篇设有两个模块，主要介绍钳工基本知识，常用设备，常用工量具和安全知识等。通过基础、专项、综合技能训练，培养学生一丝不苟的专业素养和精益求精的工匠精神，使学生初步具备钳工的中级知识技能，为后续技能鉴定和学习相关专业课程奠定基础。

钳工是以手工工具为主，大多在有台虎钳的工作台上对金属进行加工，以完成零件的制作、装配、调试及维修等工作。钳工使用的设备简单，操作灵活、方便，适用范围广，对操作者的技术要求高，劳动强度大。一般若采用机械加工方法不太适宜或不能解决的工作（装配、调试及维修等），常由钳工来完成。钳工是机械制造不可缺少的一个工种。

在本篇的学习过程中，要安全操作钳工装备，熟练完成划线、锉削、锯削、螺纹加工和孔加工等加工任务，完成较复杂零部件的镶配任务。

Module 1
模 块 1

钳工初级技能训练

 教学导航

知识目标	1. 了解钳工常用设备及常用工量具 2. 掌握钳工安全知识
技能目标	1. 能熟练使用工量具 2. 能熟练掌握锉削、锯削、钻削及螺纹加工等基本操作
教学设施、设备	多媒体教学环境、台虎钳 40 个以上、台式钻床 2 台以上
职业道德规范	遵守操作规程，按时保养设备并清洁工量具
参考学时	28 学时

1.1 钳工基本知识

1.1.1 钳工常用设备

1. 钳工工作台

钳工工作台也称钳台或钳桌，其主要作用是安装台虎钳，如图 1-1 所示。

图 1-1 钳工工作台

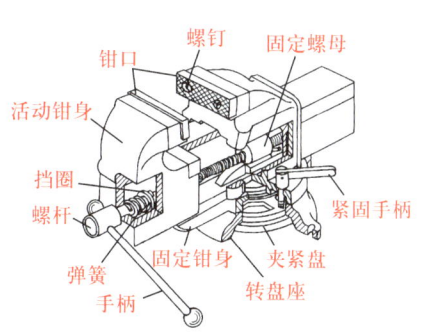

图 1-2 回转式台虎钳

微视频

"7S"管理简介

微视频

强化工程
技术创新

拓展阅读

钳工国家职业
技能标准

· 3 ·

2. 台虎钳

台虎钳是用来夹持工件的主要工具,其大小规格用钳口的宽度表示,常用的有 100 mm、125 mm、150 mm 三种。台虎钳有固定式和回转式两种。回转式台虎钳(图 1-2)能在水平面内回转,应用较广,它由固定钳身、活动钳身、转盘座、钳口等组成。使用台虎钳应注意下列事项:

(1) 台虎钳应牢固地固定在钳工工作台上,无松动。

(2) 夹紧或松卸工件时,手柄上严禁套上管子或用手锤敲击,以免损坏丝杆、螺母(活灵)或固定钳口。

机械制造工程中心"7S"管理实施要求

(3) 用手锤进行强力作业时,锤击力应朝向固定钳身,不允许用大锤在台虎钳上锤击工件,带砧座的台虎钳只允许在砧座上用手锤轻击工件。

(4) 工件应尽量装夹在钳口中部,以使钳口受力均匀。

(5) 夹持表面光洁的工件时,应垫铜皮加以保护。

(6) 各滑动表面及丝杆、螺母间需经常保持清洁并加润滑油。

3. 砂轮机

砂轮机是刃磨錾子、钻头等各种刃具或工具时必不可少的设备,如图 1-3 所示。使用砂轮机时,除遵守有关安全操作规程外,还要特别注意下列事项:

(1) 砂轮的旋转方向要正确,使磨屑向下飞离,避免伤人。

(2) 启动砂轮后,待其旋转平稳后再开始磨削。若发现砂轮有明显跳动,应及时停机修整。

(3) 砂轮机搁架与砂轮间的距离应在 3 mm 以内,以防止磨削件轧入,造成事故。

(4) 磨削时,操作者应站在砂轮的侧面或斜对面,严禁站在砂轮的正对面。

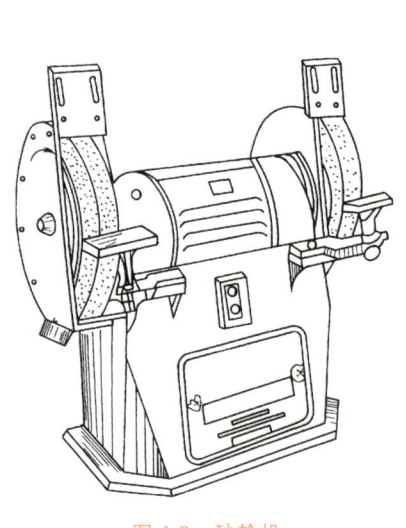

图 1-3 砂轮机

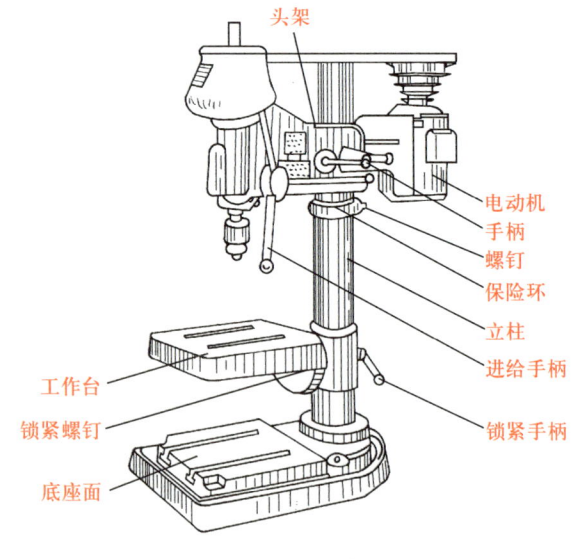

图 1-4 台式钻床

4. 钻床

钻床是用来加工孔的设备。常用的钻床有台式钻床、立式钻床和摇臂钻床等。

台式钻床如图 1-4 所示，属于小型钻床，一般用来钻直径 13 mm 以下的孔，其规格以所钻孔的最大直径表示，常用的规格有 6 mm、12 mm 等。

立式钻床如图 1-5 所示，一般用来钻中小型工件上的孔，其规格有 25 mm、35 mm、40 mm、50 mm 等。

摇臂钻床如图 1-6 所示，用于大型工件及多孔工件的钻孔。

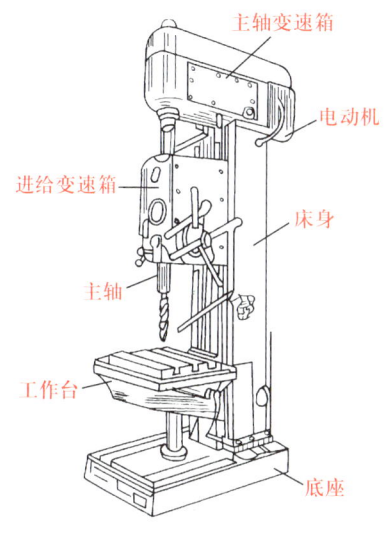

图 1-5 立式钻床

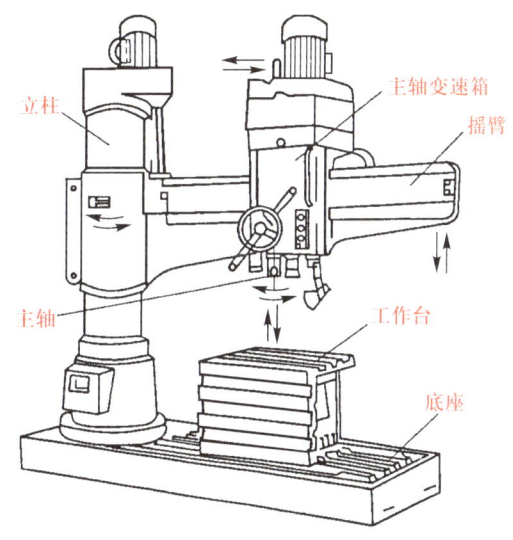

图 1-6 摇臂钻床

1.1.2 钳工常用工量具

1. 划线工具

（1）划线平台

划线平台（又称平板）如图 1-7 所示，用铸铁制成，表面经精刨或精刮加工，是划线时的基

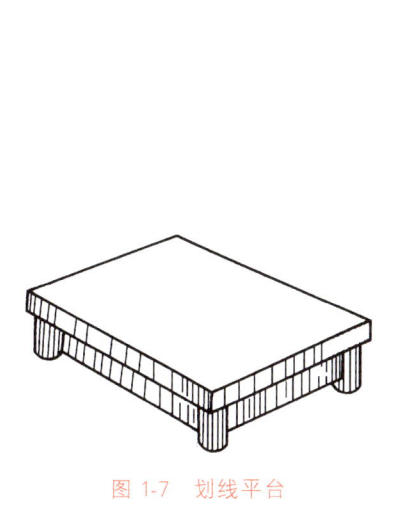

图 1-7 划线平台

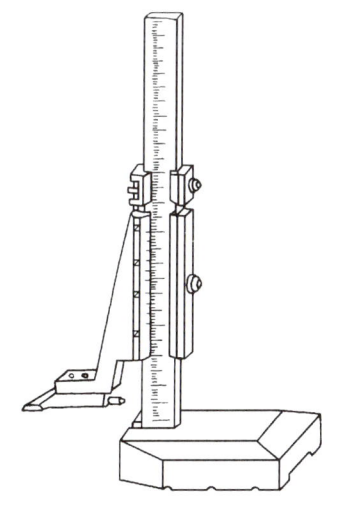

图 1-8 游标高度尺

准工具。安放划线平台,应平稳可靠,处于水平状态,使用时不许在平台上敲击工件或碰撞平台。工具和工件在平台上,应轻拿轻放,避免撞击或划伤表面,注意避免局部磨损。平时应保持清洁,长期不用时,应涂油防锈,并加防护罩。

(2) 游标高度尺

游标高度尺的主要用途是测量工件的高度,有时也用于测量形状和位置公差尺寸,如图 1-8 所示。高度尺副尺的测量平面的刀尖材料是硬质合金,可用于划线。

(3) 划规和划卡

划规常用于划圆、划圆弧、等分线段、等分角度以及量取尺寸,如图 1-9 所示。

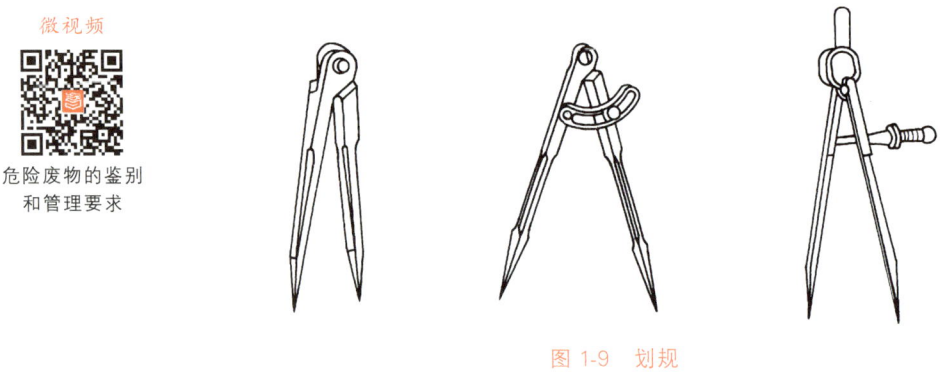

图 1-9 划规

划卡是用来确定轴及孔的中心位置及划平行线的工具,如图 1-10 所示。

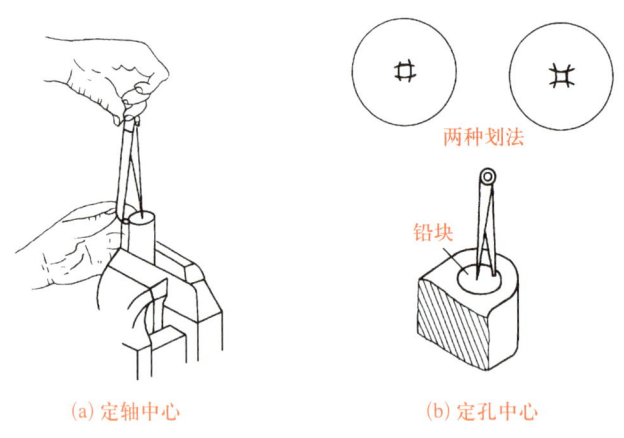

图 1-10 划卡及其用法

(4) 划针和划线盘

划针是直接在工件上划线的工具。划针及其用法如图 1-11 所示。划针一般用直径 3～5 mm 的弹簧钢丝或高速钢制成,端头淬火(有的针尖焊有硬质合金),磨成 15°～20°。划线时,用力大小要均匀,一条线及同一方向的所有平行线应一次划全,线条应均匀、清晰、准确。

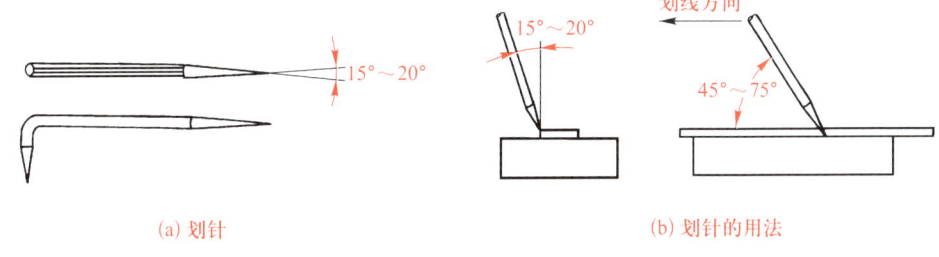

图 1-11 划针及其用法

划线盘是安装划针的工具,多用于立体划线和校正工件位置。划线盘及其用法如图 1-12 所示。使用时调节好划针高度,紧固划针,然后在平台上移动划线盘,即可在工件上划出与平台平行的线。

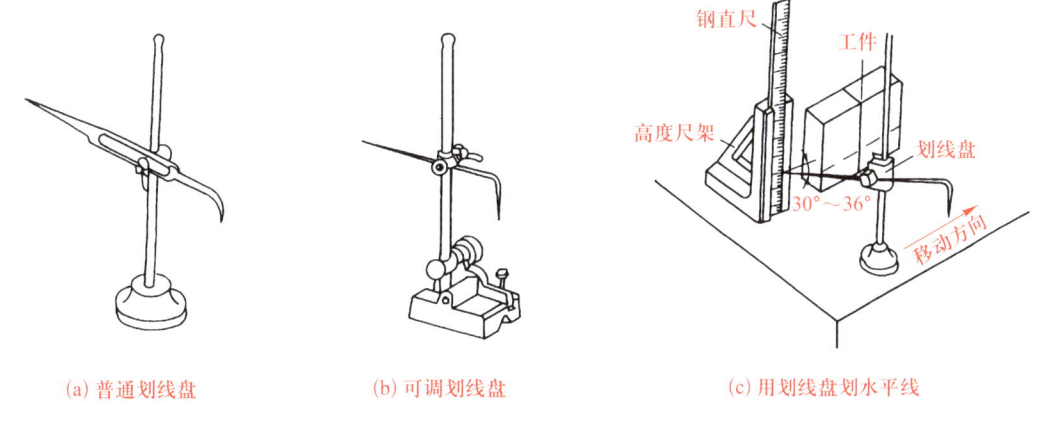

图 1-12 划线盘及其用法

(5) 千斤顶

千斤顶是用来支承毛坯或不规则工件进行划线的工具。千斤顶及其用法如图 1-13 所示。千斤顶可以方便地调整工件各处的高度,以找正工件,通常是三个一组使用。

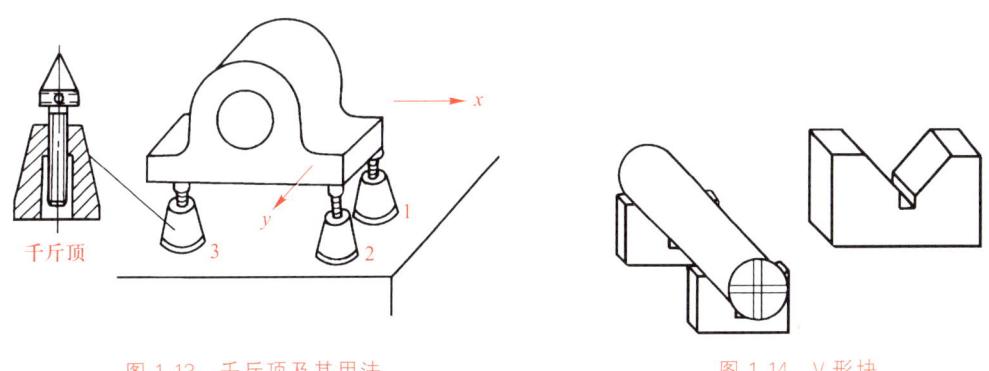

图 1-13 千斤顶及其用法　　　　　图 1-14 V 形块

(6) V 形块

V 形块是定位元件中应用最广的,因为其结构简单,定位精度适中,如图 1-14 所示。V 形块不仅适用于完整的外圆面定位,而且也适用于非完整的外圆面和多级台阶外圆面的定位。V形块的材料一般用20钢渗碳淬火或铸铁,其夹角一般采用90°、120°,其中夹角为90°的V形块运用最为广泛。

(7) 方箱

方箱是带有方孔的空心六面箱体,其上各相邻的两面均相互垂直。方箱及其用法如图1-15所示。方箱用于夹持较小的工件,通过翻转方箱,可把工件上互相垂直的线在一次安装中全部划出。

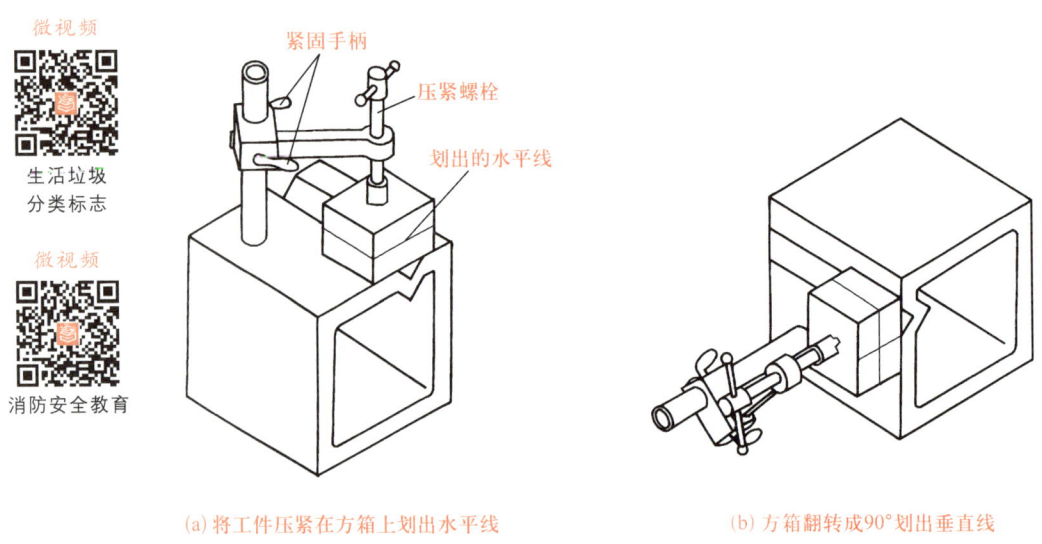

(a) 将工件压紧在方箱上划出水平线　　(b) 方箱翻转成90°划出垂直线

图1-15　方箱及其用法

(8) 样冲

样冲是在已划线的线段上冲眼的工具。样冲及其用法如图1-16所示。所有划线的交点处必须冲眼,方法如图1-16b所示。冲眼使线段具有永久性的位置标记,如图1-16c所示。样冲也可作为划圆弧及钻孔的定心。样冲通常使用碳素工具钢(T7)制成,并淬硬尖端,也有使用合金工具钢或高速钢制成。样冲的尖部应磨成60°~90°。冲眼时,其间距、深浅应依据线段形状特征、工件材质及表面状况等确定。

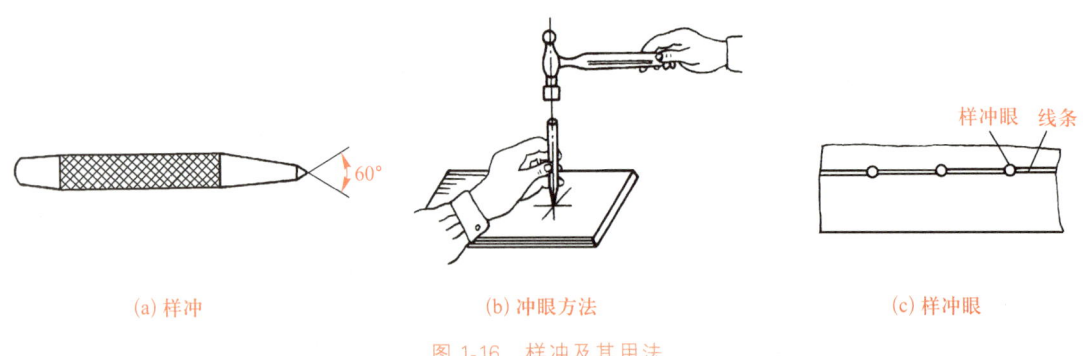

(a) 样冲　　(b) 冲眼方法　　(c) 样冲眼

图1-16　样冲及其用法

(9) 万能角度尺

万能角度尺是用于划角度的工具。万能角度尺及其用法如图 1-17 所示。

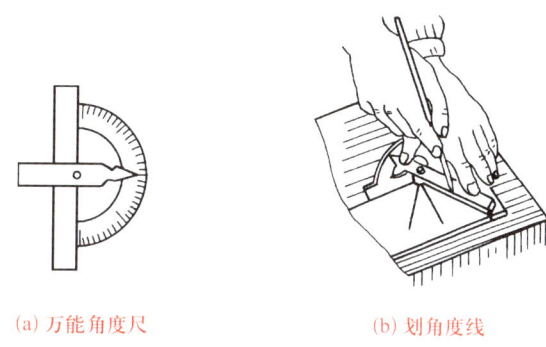

(a) 万能角度尺　　　(b) 划角度线

图 1-17　万能角度尺及其用法

2. 锉刀

(1) 锉刀的构造

锉刀用碳素工具钢(T12 或 T13)制成，经淬火和低温回火后，其切削部分硬度可达 62HRC 以上。锉刀的构造由锉刀柄、锉刀舌、锉刀尾、锉刀边、锉刀面组成。通常锉刀的侧面一边有齿，另一边无齿。锉刀的结构如图 1-18 所示。

(2) 锉刀的齿纹

锉刀面上的齿纹有单齿纹和双齿纹两种。单齿纹锉刀，是指在锉刀面上只有一个方向的齿纹，用于锉削软金属，如铝、铜等。双齿纹锉刀，是指在锉刀面上有两个方向交叉的齿纹，适用于锉削硬材料。

(3) 锉刀的规格

① 尺寸规格　圆锉以断面直径表示，方锉以断面边长表示，其他锉刀均以长度表示。

② 锉齿规格　根据锉刀齿距的大小将齿纹分为 1～5 号，号数越大齿距越小、齿纹越细。习惯上，对应于 5 种齿纹号，常将锉刀分为粗齿锉、中齿锉、细齿锉、双细齿锉与油光锉五种规格。

(4) 锉刀的选择

① 锉刀长度尺寸的选择。锉刀长度尺寸的选择取决于工件的加工面积与加工余量，一般加工面积大、余量多的工件，使用较长的锉刀。

② 锉刀锉齿粗细的选择。锉刀锉齿粗细的选择取决于工件的加工精度、加工余量、表面粗糙度的要求与工件材料的软硬。一般加工精度高、余量少、表面粗糙度要求较细、材料较软的工件，选用较细的锉刀，反之则选用粗一些的锉刀。

③ 锉刀断面形状的选择。工件加工部位的形状决定了锉刀断面形状的选择。锉刀断面形状如图 1-19 所示。

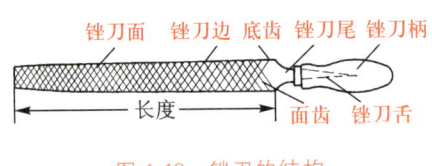

图 1-18　锉刀的结构　　　　　图 1-19　锉刀断面形状

3. 手锯

(1) 锯弓

锯弓是用来夹持和张紧锯条的弓架,如图 1-20 所示。锯弓有固定式锯弓(图 1-20a)和可调式锯弓(图 1-20b)两类。

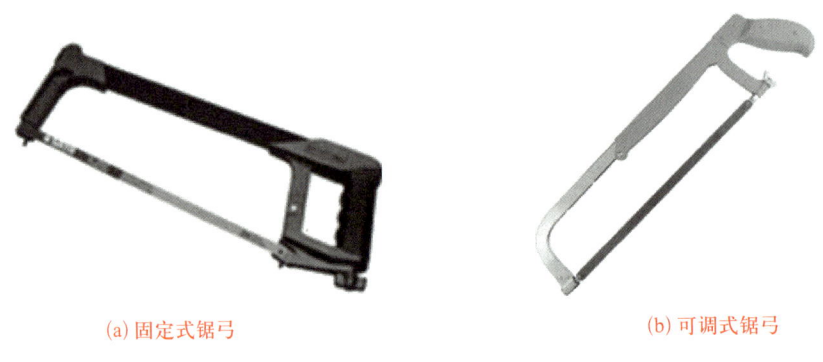

(a) 固定式锯弓　　　　　　　　　(b) 可调式锯弓

图 1-20　锯弓

(2) 锯条

锯条一般用碳素工具钢或合金钢制成后经热处理淬火硬化。锯条的长度以两端安装孔的中心距表示,通常为 300 mm。锯齿的粗细是用 25 mm 长度内锯齿个数来表示的,常用的有 14、18、24 和 32 个齿;也有说成粗、中、细齿的。锯条制造时将锯齿按一定规律左右错开,成为锯路。

(3) 锯条的安装

安装锯条,须注意锯齿的方向。手锯在向前推进时起到切削作用,所以安装锯条时应将锯齿的方向朝前。锯条的安装如图 1-21 所示。装好后的齿条应与中心平面平行,不可扭曲。锯条的松紧可通过蝶形螺母来调节,不可过紧或过松。过紧,则锯条受力大,锯削时用力稍有不当,则易折断;过松,则锯条受力后易扭曲,也易折断,且锯出的锯缝歪斜。工件将要锯断时,压力要减轻,以防压断锯条或者工件落下

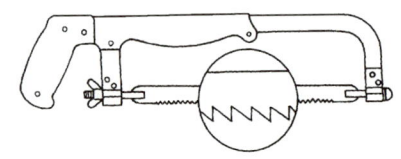

图 1-21　锯条的安装

伤人。

4. 电钻

由于许多配钻的孔要在现场进行,台钻等固定设备不便加工,通常借助于电钻来加工。常用电钻如图 1-22 所示。

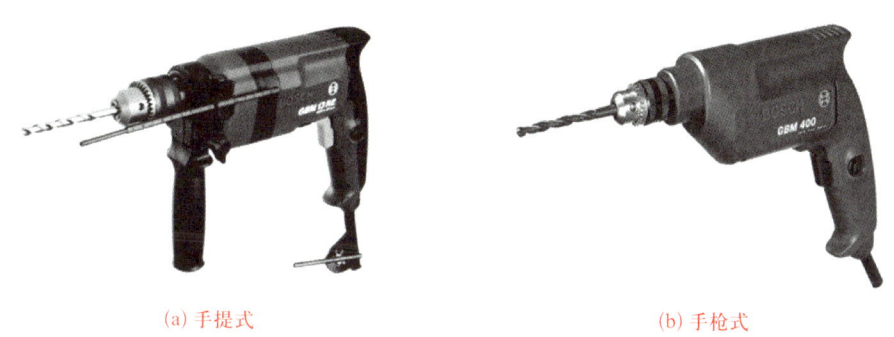

(a) 手提式　　　　　　　　　　(b) 手枪式

图 1-22　常用电钻

5. 攻、套螺纹工具

(1) 攻螺纹工具

① 丝锥　丝锥是攻制内螺纹的刀具,一般由合金工具钢或高速钢制成,如图 1-23 所示。丝锥前端切削部分制成锥角,有锋利的切削刃,中间为导向校正部分,起修光校正和引导丝锥轴向运动的作用。丝锥柄部都有方榫,用于连接工具。

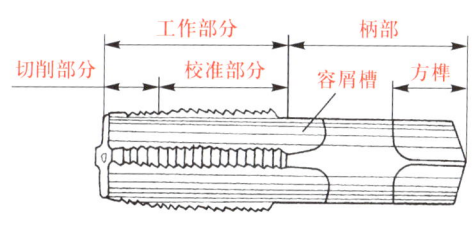

图 1-23　丝锥

常用的丝锥分为手用丝锥与机用丝锥两种。手用丝锥由二支或三支组成一套。通常 M6～M24 的丝锥一套有两支,M6 以下的、M24 以上的一套有三支,分别称为头锥、二锥和三锥。细牙丝锥均为两支一套。现在有用硬质合金材料制造成的丝锥,适合多种材料的内螺纹的加工。

② 铰杠　铰杠是用于夹持和扳动丝锥的工具,分普通铰杠和 T 形铰杠两种。铰杠如图 1-24 所示。铰杠的规格,用其长度表示,应根据丝锥的尺寸大小合理选用:一般丝锥直径小于等于 6 mm,选用长度 150～200 mm;丝锥直径 8～10 mm,选用长度 200～250 mm;丝锥直径 12～14 mm,选用长度 250～300 mm;丝锥直径大于等于 16 mm,选用长度 400～450 mm。

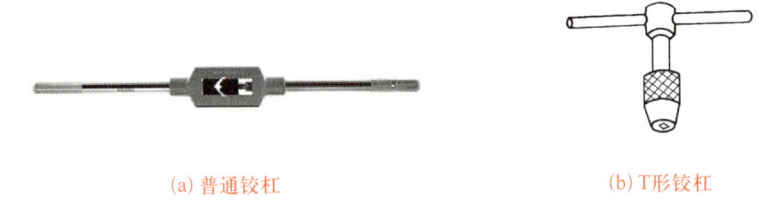

(a) 普通铰杠　　　　　　　　(b) T形铰杠

图 1-24　铰杠

③ 套螺纹工具　套螺纹的工具有扳牙和扳牙架。扳牙与扳牙架如图 1-25 所示。

扳牙是加工外螺纹的刀具,用合金钢或高速钢制成。常用的圆扳牙有固定式(图 1-25a)和可调式两种。可调式扳牙其螺纹孔的大小可作微量调节。圆扳牙两端的锥角部分是切削部分起主要切削作用,中间一段为校正及导向部分。圆扳牙外圆上有几个锥坑和一条 V 形槽,用来将扳牙固定于扳牙架上。

扳牙架用于装夹扳牙,如图 1-25b 所示。其圆周上共有四个紧定螺钉(调整扳牙螺钉、紧固扳牙螺钉)和一个调松螺钉(撑开扳牙螺钉)。

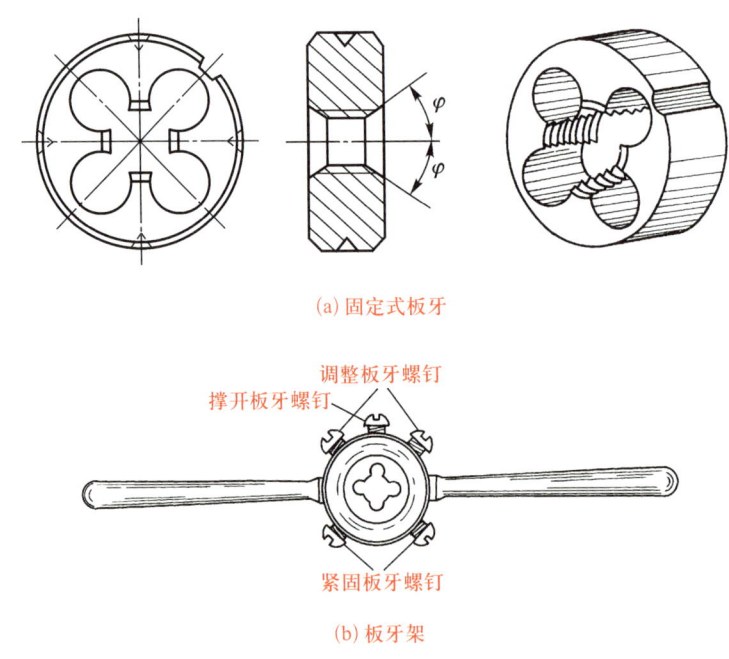

(a) 固定式板牙

(b) 板牙架

图 1-25　扳牙与扳牙架

6. 量具

钳工的常用量具有钢直尺、游标卡尺、千分尺、百分表、刀口形直尺、90°角尺、塞尺等。由于零件的尺寸精度都是由量具保证的,所以正确使用和保养量具也是钳工的日常工作。

(1) 钢直尺

钢直尺是简单量具,尺面上刻有公制和英制尺寸。常用钢直尺的长度规格一般有 150 mm、

200 mm、300 mm、500 mm、1 000 mm 等。钢直尺的测量精度不高,一般只能达到 0.2～0.5 mm。

(2) 游标卡尺

游标卡尺是一种较精密的量具,可直接测量零件的外径、内径、长度、宽度、深度、孔距等。游标卡尺有 0.02 mm、0.05 mm、0.1 mm 三种测量精度。游标卡尺如图 1-26 所示。

常用游标卡尺规格为 125 mm、150 mm、200 mm 等。

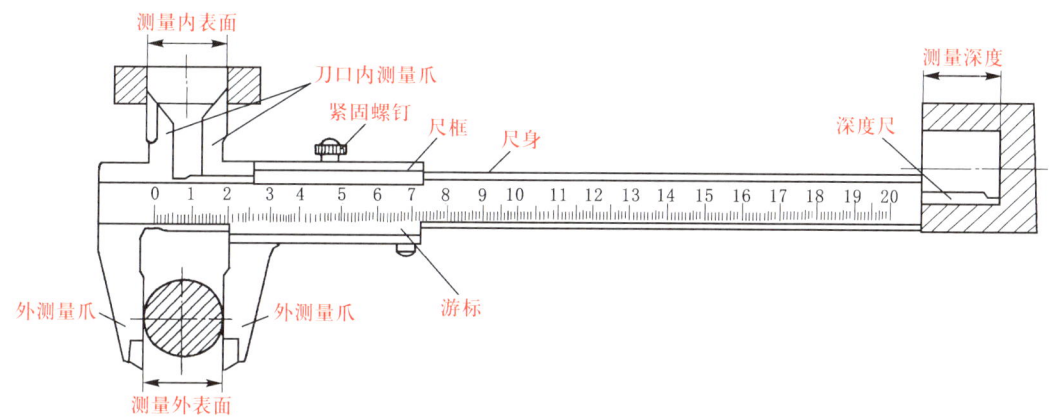

图 1-26 游标卡尺

① 读数原理　游标卡尺是利用主尺刻度间距与游标(副尺)刻度间距读数的。以 0.02 mm 游标卡尺为例,主尺的刻度间距为 1 mm,当两量爪合并时,主尺上 49 mm 刚好等于副尺上 50 格,副尺刻度间距为 49÷50＝0.98 mm。主尺与副尺的刻度差为 1－0.98＝0.02 mm,因此它的测量精度为 0.02 mm(副尺上直接用数字刻出)。读数值为 0.02 mm 的读数方法如图 1-27 所示。

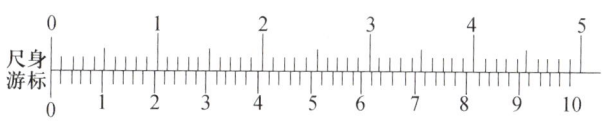

图 1-27 读数值为 0.02 mm 的读数方法

② 读数方法　首先,根据副尺零线以左的主尺上的最近刻度读出整毫米数;其次,根据副尺零线以右与主尺上的刻度对准的刻线数乘上 0.02 读出小数;最后,将上面整数和小数两部分加起来,即为测量尺寸。

③ 使用时应注意如下事项

● 使用前,应先擦干净两量爪测量面,合拢两量爪,检查副尺零线与主尺零线是否对齐,若未对齐,应根据原始误差修正测量读数。

● 测量工件时,量爪测量面必须与工件的表面平行或垂直,不得歪斜。且用力不能过大,以免量爪变形或磨损,影响测量精度。

● 读数时,视线要垂直于尺面,否则测量值不准确。

● 测量内径尺寸时,应轻轻摆动,以便找出最大值。

● 游标卡尺用完后,仔细擦净,抹上防护油,平放在盒内,以防生锈或弯曲。

(3) 千分尺

千分尺是一种精密量具,其测量准确度为 0.01 mm,按用途分为外径千分尺、内径千分尺和深度千分尺,其中外径千分尺最为常用。外径千分尺按其测量范围有 0~25 mm、25~50 mm、50~75 mm、75~100 mm 等多种规格。

图 1-28 所示为 0~25 mm 规格的外径千分尺。弓架左端有砧座,右端的固定套筒为主尺,在轴线方向上刻有一条中线,上、下两排刻线间每 1 小格为 1 mm,但互相错开 0.5 mm,在主尺上可以读出的精度为 0.5 mm,活动套筒为副尺,左端圆周上刻有 50 等分的刻线,活动套筒转动一周,带动螺杆一同沿轴向移动 0.5 mm。活动套筒每转一格,螺杆沿轴向移动的距离为:0.5/50 mm=0.01 mm,因此,其读数方法可用下式表示:

被测工件的尺寸=固定套筒(主尺)上的读数(应为 0.5 mm 的整数倍)+
活动套筒(副尺)上的读数×0.01 mm。

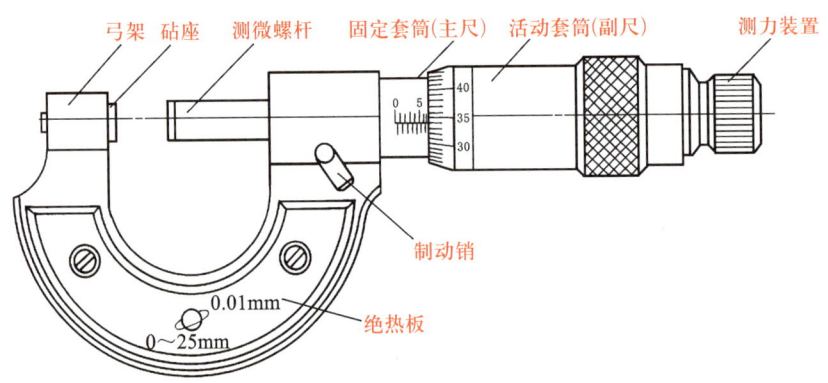

图 1-28　0~25 mm 规格的外径千分尺

(4) 百分表

百分表是读数比较精密的量具,只能测出相对数值,不能测出绝对数值,测量精度为 0.01 mm,百分表主要用于校正工件的安装位置,检验零件的形状位置误差以及测量零件内孔的加工精度等。

百分表如图 1-29 所示,它通过齿轮传动将测量杆的轴向直线移动变为指针的角位移。百分表大指针刻度盘的圆周上有 100 个等分格,大指针每转动一格,相当于测量杆移动 0.01 mm,百分表小指针刻度盘的圆周上有 10 个等分格,每格读数为 1 mm,相当于测量杆移动 1 mm。转动表壳时刻度盘跟着转动,为便于读数,测量被测物体不同部位的差值,可在测量头位于起始位置时使大指针对准零线。

百分表读数方法为：先读小指针转过的刻度数（即 mm 的整数），再读大指针转过的刻度数（即小数部分），并乘以 0.01，然后两者相加，即得到所测量的数值。

使用百分表时应注意：①测量杆要垂直于被测表面；②测量前应先使测量杆有 2～3 mm 的压缩量，以便能读出正负两个方向的偏差值；③百分表使用时必须固定在专用表架上，如图 1-30 所示，其底座有磁性，可牢固地在钢铁工件的平面上定位；④不得用百分表测量表面粗糙或显著凹凸不平的工件。

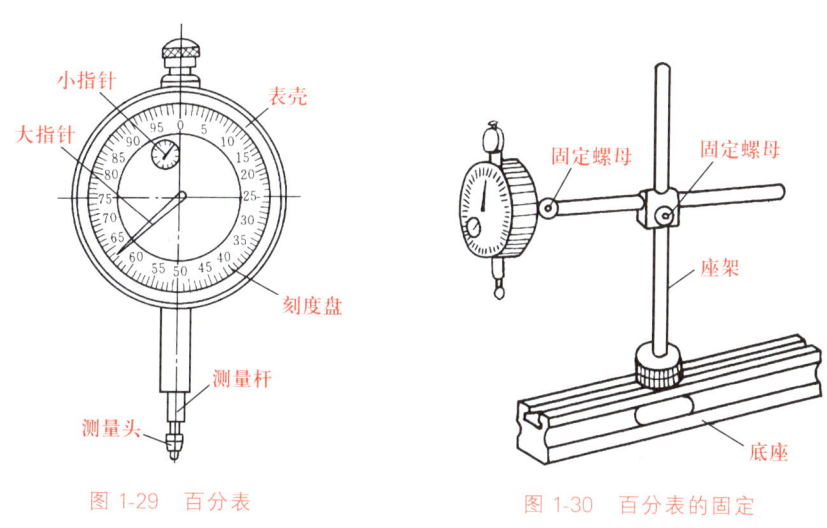

图 1-29 百分表　　　　　图 1-30 百分表的固定

百分表分为钟表式百分表（图 1-31）和杠杆式百分表（见图 1-32）。

图 1-31 钟表式百分表　　　图 1-32 杠杆式百分表

(5) 刀口形直尺（简称刀口尺）

刀口尺是用光隙法检验直线度或平面度的量尺。刀口尺及其应用如图 1-33 所示。刀口尺的规格用刀口长度表示，有 75 mm、125 mm、175 mm、225 mm、300 mm、400 mm、500 mm 等。检验时，将刀口尺的刀口与被检平面接触，在尺的后面放一个光源，然后从尺的侧面观察被检平面与刀口之间的漏光间隙大小,或者利用塞尺确定其直线度或平面度。

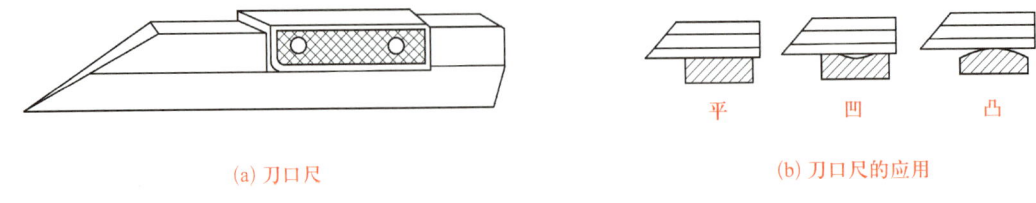

(a) 刀口尺　　　　　　　　　　　　　(b) 刀口尺的应用

图 1-33　刀口尺及其应用

(6) 90°角尺

90°角尺如图 1-34 所示。它可作为划垂直线及平行线的导向工具,还可找正工件在划线平台上的垂直位置,检查两垂直面的垂直度及单个平面的平面度。

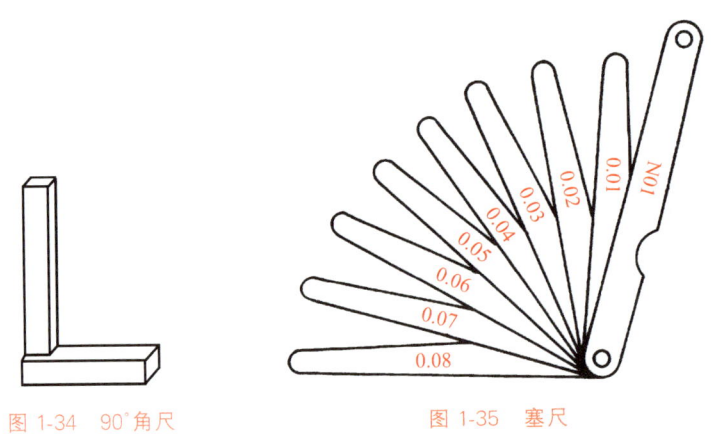

图 1-34　90°角尺　　　　　　　图 1-35　塞尺

(7) 塞尺

塞尺如图 1-35 所示。塞尺由一组薄钢片组成,其厚度一般为 0.01～0.3 mm,用来检查两贴合面之间缝隙的大小,测量时,将塞尺直接塞入缝隙,若一片或数片能塞进贴合面之间,则一片或数片钢片的厚度,即为贴合面的最大间隙值。

1.1.3　钳工安全知识

(1) 穿好工作服,女生戴好工作帽,长发应卷入帽内,不准穿拖鞋、高跟鞋。

(2) 不准擅自动用不熟悉的设备和工具。

(3) 禁止使用无手柄的锉刀及有缺陷的工具,錾削、磨削或安装弹簧时,不能对准别人。

(4) 使用钻床、砂轮机时,不许用手接触旋转部位,严禁戴手套操作。

(5) 使用电动工具时,要有绝缘保护和安全接地措施。

(6) 清理切屑应用刷子,不能直接用手或棉纱清除,也不能用嘴吹。

（7）毛坯和已加工零件应放在正确位置，排列整齐，保证安全、取用方便。

（8）工量具应按如下要求摆放：

① 工作时，工量具应按次序排列整齐。常用的工量具，应放在工作位置附近，且不能超出钳工台边缘；

② 量具不能和工件、工具混放在一起，应放在量具盒内或专用板架上。精密量具应轻放。

（9）工作场地应保持整洁。工作完毕，工作场地必须清扫干净，切屑、垃圾等应倒放在规定地点。

1.2 钳工基础技能训练

1.2.1 划线

根据图纸（图样）或实物的尺寸，在毛坯或工件上，用划线工具划出待加工部位的轮廓线或定位基准的点、线的工作称为划线。划线分为平面划线与立体划线，如图 1-36 所示。划线的作用在于确定加工位置、加工余量，便于发现和处理不符合图样要求的毛坯件。

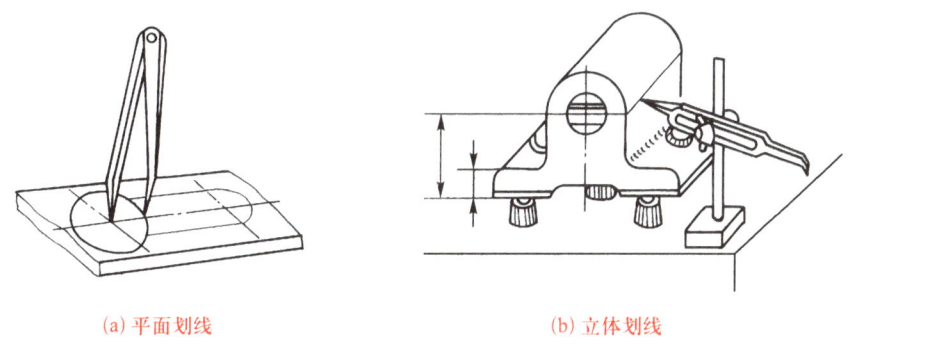

(a) 平面划线　　　　　　　　(b) 立体划线

图 1-36　划线

1. 划线前的准备

（1）工量具的准备。根据图纸合理选择要加工零件的工量具。

（2）工件的清理。清除铸、锻件上的浇口、冒口、飞边、毛刺、氧化皮等。

（3）工件的涂色。为使划出的线条更清晰，划线前，在未加工工件表面的划线部位涂上一层均匀的涂料。常用的涂料有：粉笔、石灰水、蓝油或硫酸铜溶液等。粉笔用于数量少、工件小的毛坯；石灰水用于铸、锻件毛坯；蓝油或硫酸铜溶液用于已加工工件。

2. 划线基准的选择

划线时，预先选定工件上某个点、线、面作为划线的依据以确定工件各部分的尺寸、几何形状和相互位置，选定的点、线、面即为划线基准。合理选择划线基准，能使划线方便、准确、迅速。

1.2.2 工件安装与调整

1. 锉削工件装夹

锉削时工件要夹牢,但不能夹变形,为了防止产生颤动和噪声,工件装夹时高出钳口要有 15~25 mm,两边要等高。

2. 锯削工件装夹

工件通常装夹在台虎钳左侧,以便操作,工件伸出长度尽量短,使锯削线靠近钳口,以减小振动。锯削前,一般应先划线,并使锯削线与钳口端面平行,以防止锯斜。工件装夹要牢固,避免锯削时工件松动而折断锯条。对薄壁件、管子及已加工表面,要防止将工件夹持变形或将表面夹坏。

3. 钻孔工件装夹

常用的夹具有手虎钳、平口钳、V形架和压板等。应根据钻孔直径大小、工件的形状及大小不同,采用合适的夹持方法及夹具。本教材只练习平口钳装夹工件,平口钳装夹工件如图 1-37 所示。

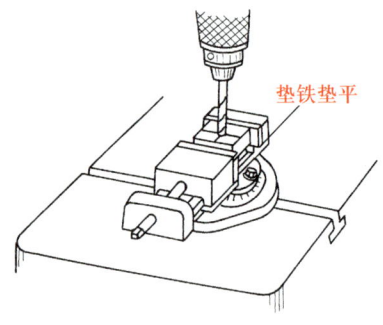

图 1-37 平口钳装夹工件

用平口钳装夹适用于平整的小型工件。装夹时,应使工件表面与钻头垂直,钻通孔时,应在工件底部垫上垫铁。钻直径大于 10 mm 的孔时,应将平口钳固定在工作台上。

1.3 钳工初级专项技能训练

1. 加工准备

螺母备料尺寸为 $\phi 28 \times 14$,材料为 45 圆钢。划针、划规、手锤、样冲、90°角尺、游标卡尺、高度尺、手锯、锉刀、钻床。

2. 任务要求

螺母加工图样和配分表如图 1-38 所示。按要求完成专项技能训练。螺母加工工艺流程见表 1-1。

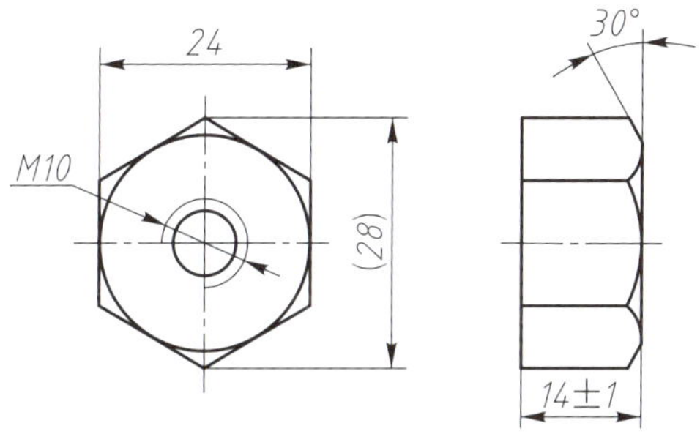

序号	项目	配分	评分细则
1	24(3处)	30	每超差0.2 mm扣2分
2	14±1	20	每超差0.5 mm扣5分
3	表面粗糙度Ra 3.2	20	每降一级扣5分
4	M10	20	与螺栓不配全扣
5	安全文明生产	10	违规操作全扣
6			

技术要求
锐边去毛刺。

材料 45　比例 1:1
螺母

图 1-38　螺母加工图样和配分表

螺母的手工制作

表 1-1 螺母加工工艺流程

序 号	操 作 内 容	加 工 简 图
1	锯削螺母料 $\phi 28 \times 14$	
2	锉总长,保证 14 ± 1, 且 $A \perp C$ $B \perp C$ $A /\!/ B$	
3	划线、圆心打样冲	
4	分别加工 1 面和 4 面 要求:放线 0.5 mm 且 1 面 $/\!/$ 4 面	
5	分别加工 2 面和 5 面 要求:放线 0.5 mm 且 2 面 $/\!/$ 5 面	

续表

序号	操作内容	加工简图
6	分别加工 3 面和 6 面 要求：放线 0.5 mm 且 3 面∥6 面	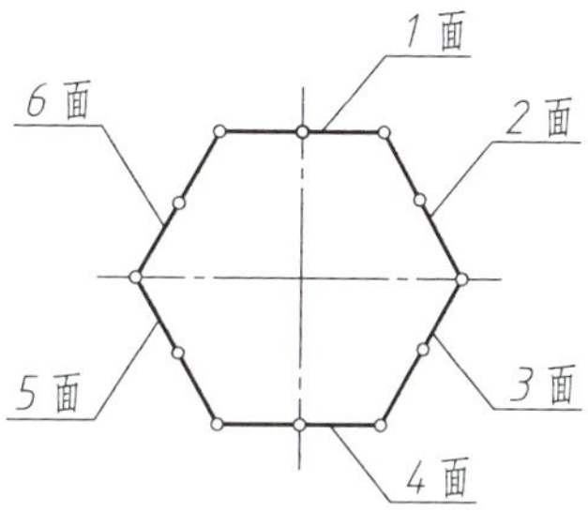
7	钻螺纹底孔 $\phi 8.5$ 孔口倒角 C1	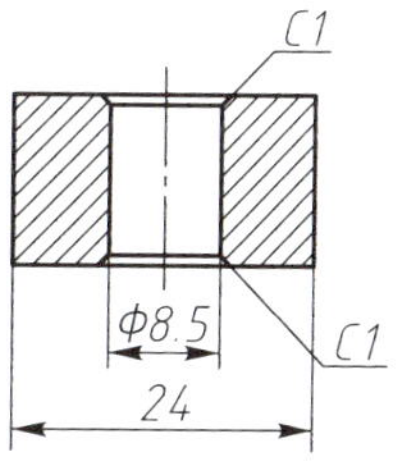
8	攻 M10 螺纹	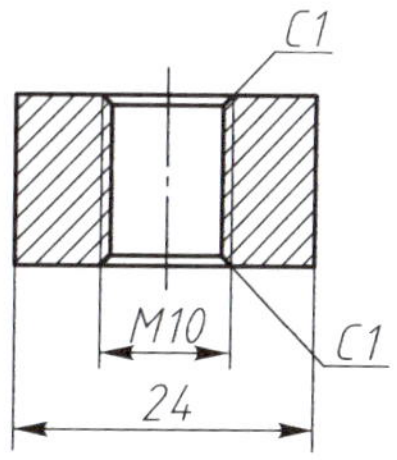
9	倒 30°角	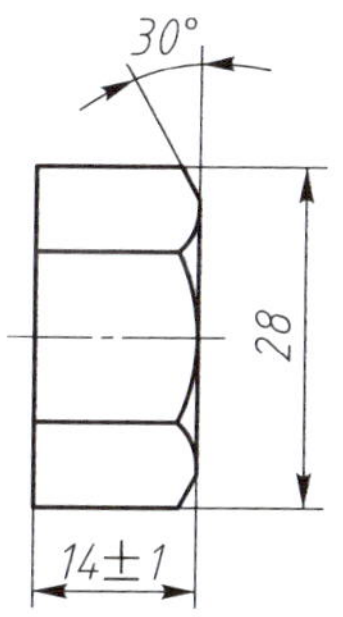

由图 1-38 和表 1-1 可知，完成螺母的加工训练需要具备锉削、锯削、钻削和螺纹加工等钳工专项技能。

1.3.1 锉削

锉削是利用锉刀对工件表面进行切削加工的方法。

1. 锉刀的握法

锉刀的握法如图 1-39 所示。锉削时，一般右手握住锉刀柄，左手握住或压住锉刀。右手的握法为柄部抵在手掌心,大拇指放在柄上部,其余四指自然地紧握锉刀柄。左手的握法,应根据锉刀的长短规格、锉削行程长短、锉削余量的多少等选择。一般大中型锉刀的握法采用重压的方法,如图1-39a所示;中小锉刀只需轻轻捏住或压住即可,如图1-39b所示;整形锉一般均较小,只须稍加压力,如图1-39c所示。

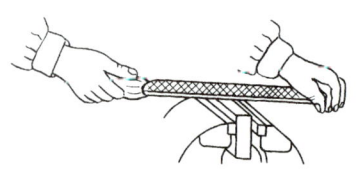 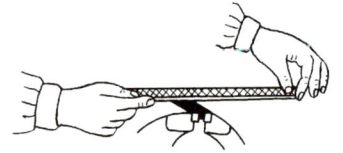 

(a) 使用大锉刀时双手握法　　(b) 使用中锉刀时双手握法　　(c) 使用小锉刀时单手握法

图1-39　锉刀的握法

锉削示范

2. 锉削站立姿势

在台虎钳上锉削时,操作者应站在台虎钳正面中心线的左侧。锉削分向前推锉与回锉两个连续动作。其动作应做到:身体稍向前倾,重心放在两腿之间,身体靠左膝屈伸作前后往复运动,两臂协调配合。在前后运动过程中,重心不要有明显的上下起伏。锉削时的站立姿势如图1-40所示。

(a) 开始锉削时　　(b) 行到三分之一行程时　　(c) 行到三分之二行程时　　(d) 将至满行程时

图1-40　锉削时的站立姿势

锉削基准面

(1) 预备动作。将锉刀放在工件上,左肘弯曲、右肘向后,做好锉削站立姿势。

(2) 向前推锉。身体与锉刀同步向前运动,左臂弯曲度逐渐增大;当锉刀推进约1/3行程时,左腿稍弯曲,左肘稍直,右臂前推。

(3) 当锉刀推进约2/3行程时,左腿继续弯曲,左肘渐直,右臂前推。

(4) 回锉。当锉完最后1/3行程时,把锉刀略抬高,两手顺势将锉刀收回。当回锉将要结束时,身体又前倾,以准备第二次推锉动作。

为了锉出平整的平面,在推锉过程中必须使锉刀始终保持水平位置而不上下摆动。因此,在锉削过程中,右手的压力应随锉刀的推进逐渐增加,而左手的压力则随锉刀的推进而逐渐减小。回锉时,两手不加压力,以减少锉齿的磨损。

3. 锉削方法

锉削方法有交叉锉法、顺锉法和推锉法,如图 1-41 所示。

(1) 交叉锉法　锉刀与工件成一定的角度(50°～60°),交叉变换锉削方向。特点是锉刀与工件的接触面大,仅用于粗锉,如图 1-41a 所示。

(2) 顺锉法　锉削时,锉刀始终沿一个方向锉削,如图 1-41b 所示。通常在平面已基本锉平后,采用顺锉法,由于其锉纹整齐一致,起锉光的作用。

演示文稿

锉削平行、对称斜面

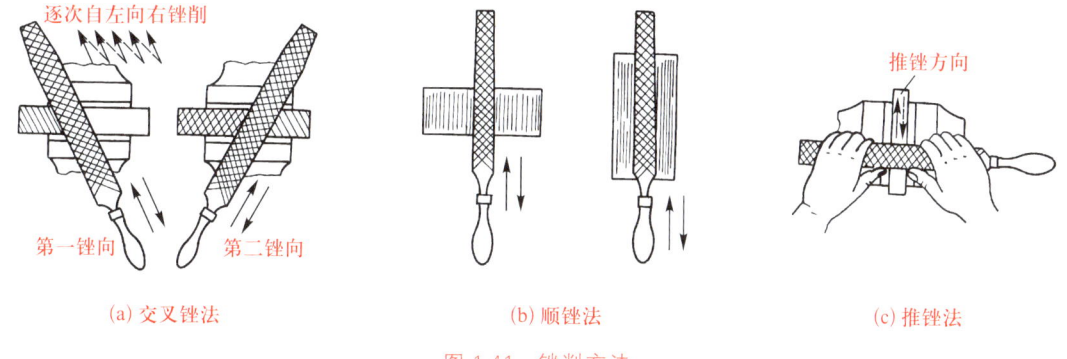

图 1-41　锉削方法

(3) 推锉法　推锉法是用两手横握锉刀,沿工件表面作推锉运动,如图 1-41c 所示。推锉法切削量小,主要用于修整较小的工件表面,以获得较细的表面粗糙度。

4. 锉削速度

一般锉削速度控制在 20～40 次/min 左右,要求向前推锉刀时的速度稍慢,而回锉时的速度可稍快些。如锉 Q235 钢等软材料时,要用钢丝刷及时清除积屑。

1.3.2　锯削

用手锯对工件或材料进行切断或切槽的加工方法称为锯削。

1. 手锯的握法

常见的握锯方法是右手握锯柄,左手扶压住锯弓前端,如图 1-42 所示。锯削时,右手主要控制推力,左手配合右手扶正锯弓,并稍微施加压力。

2. 锯削站立位置

在台虎钳上锯削时,操作者面对台虎钳,锯削位置在台虎钳左侧,锯削站立位置如图 1-43 所示。锯削的站立姿势是前腿微微弯曲,后腿伸直,两肩自然摆平,两手握正锯弓,目视锯条,保证锯条与工件运动中保持垂直。

3. 锯削动作

(1) 直线往复式　推锯时,身体与手锯同时向前运动;回锯时,身体靠锯削反作用力回移,两手臂拉削锯条平直运动。

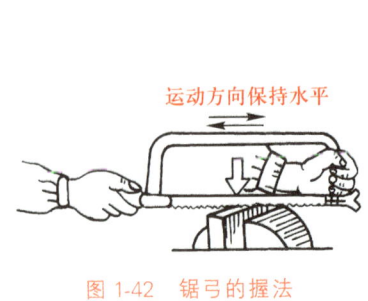
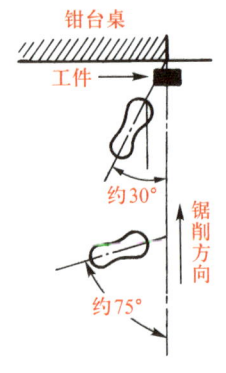

图 1-42　锯弓的握法　　　　图 1-43　锯削站立位置

（2）摆动式　身体的运动与直线往复式相同，但两手臂的动作不同。推锯时，前手臂上提，后手臂下压。

4. 锯削步骤

锯削示范

（1）起锯　起锯对锯削余量有直接的影响，起锯不正确，会造成锯削位置不准、锯缝歪斜甚至崩齿等问题。起锯时用左手拇指指甲靠住锯条侧面引导切入工件，如图 1-44a 所示。起锯的方法有远起锯与近起锯两种，如图 1-44b 和 1-44c。远起锯操作方便，锯齿不易卡住，最为常用，起锯角度约为 10～15°，角度过大易崩齿，角度过小则难以切入。起锯操作时，行程要短，压力要小，速度要慢。当起锯到槽深达 2 mm～3 mm 时左手拇指即可离开锯条，进行正确锯削。

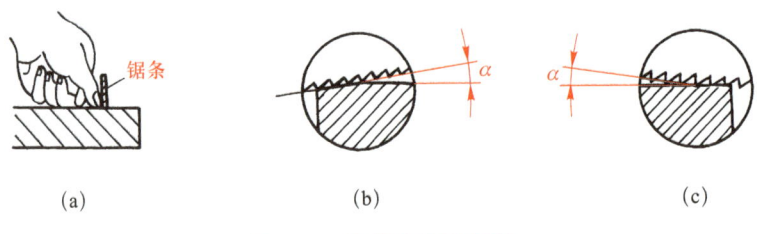

图 1-44　起锯方法及角度

（2）运锯　推锯时应对锯弓施加压力，回锯时不可加压，并将锯弓稍微抬起，以减少锯齿的磨损。当工件将被锯断时，应减轻压力，放慢进度，并用左手托住将被锯断掉下的一端。锯削时，应使锯条的全部锯齿都参与锯削。

1.3.3　钻孔

1. 钻孔步骤

（1）划线　按钻孔的位置尺寸要求，划出孔的中心线，并在中心打上样冲眼，精度高的孔再按孔的大小划出孔的圆周线，以便检查和借正钻孔尺寸与位置，如图 1-45 所示。

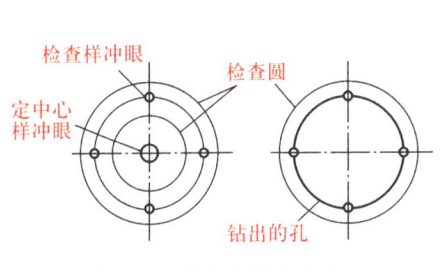
图1-45 钻孔划线定中心

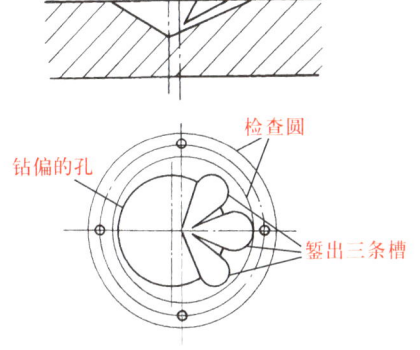
图1-46 钻偏时的纠正方法

钻削示范

(2) 试钻　先将钻头对准孔中心样冲眼钻一浅窝(约为孔径的1/4),然后观察所钻的浅窝是否与划线圆同心,如发现偏心,应及时纠正。纠正的方法为:可重新打一较大的样冲眼,或在钻削的同时将工件向偏心的相反方向推移,也可采用尖錾将偏心多余部分剔去后再重打样冲眼,如图1-46所示。

(3) 手动进给　如在台钻上钻孔,试钻后,即可手动进给钻削,进给力不可过大。

① 钻小孔或深孔时,应经常及时退钻排屑,以免切屑堵塞。孔将要钻穿时,必须减小进给力和进给量,以防折断钻头或使工件转动造成事故;钻盲孔时,要注意掌握钻孔深度,以免将孔钻深了出现质量事故。控制钻孔深度的方法有:调整好钻床上的深度标尺挡块;安置控制长度的量具或用粉笔作标记等。

② 钻深孔与钻孔径较大的孔。当孔深超过孔径3倍时,即为深孔。钻深孔时要经常退出钻头及时排屑和冷却,否则易造成切屑堵塞或使钻头过度磨损甚至折断,并影响孔的加工质量。钻孔径较大的孔(孔直径 $D>30$ mm)时,应分两次钻。先用直径为 $d=(0.5\sim0.7)D$ 的钻头钻一较小的孔,然后再用直径为 D 的钻头(或扩孔钻)扩孔,以减小切削力和提高钻孔质量。

③ 钻硬材料上的孔与钻韧性材料上的孔。钻硬材料上的孔时,钻孔速度不能过高,进给量要均匀,要注意加切削液;孔将要钻通时,应适当降低速度和进给量。钻韧性材料上的孔时要加切削液。

④ 钻特殊位置上的孔。

● 在斜面上钻孔——钻头易偏斜、滑移或折断,可先用与孔径相同的立铣刀锐出一个水平台,或垫上一块斜铁再钻孔。

● 钻相交孔——当两孔并非正交且孔径相差悬殊时,一般先钻小孔后钻大孔;若大孔已钻好,则在大孔内嵌入塞棒后再钻小孔。

● 钻半孔——可将两个工件夹在一起进行钻削。

2. 钻孔注意事项

(1) 钻床工作台面上不得放置刀具、量具和其他物品。钻孔时工件要夹紧。钻通孔时要加垫块或使钻头对准工作台的槽,以免损坏工作台。

(2) 钻孔时应戴安全帽,不得戴手套操作,清除切屑要用钩子或刷子。

(3) 孔即将钻穿时,要减小进给量,要变机动进给为手动进给。

(4) 钻床变速时要先停车。

(5) 利用钻夹头装卸钻头时,必须使用钥匙(即专用的紧固扳手),不得用敲打的办法装卸。从钻头套中退出钻头时要用楔铁敲出。

(6) 使用手电钻时,应戴橡皮手套,穿胶鞋,以防触电。

1.3.4 螺纹加工

1. 攻螺纹

用丝锥加工工件的内螺纹称为攻螺纹(俗称攻丝),如图 1-47 所示。

攻螺纹方法:

开始攻螺纹时,将丝锥垂直放入孔内,用铰杠轻压旋入 1—2 圈后,检查丝锥位置,使其与端面保持垂直。然后继续转动,当丝锥旋入 3—4 圈后,即只可转动,不施压,将丝锥旋转到底。为断屑和排屑,每转 1—2 圈后,轻轻反转 1/4 圈。攻通孔螺纹时,只要用头锥攻穿即可。

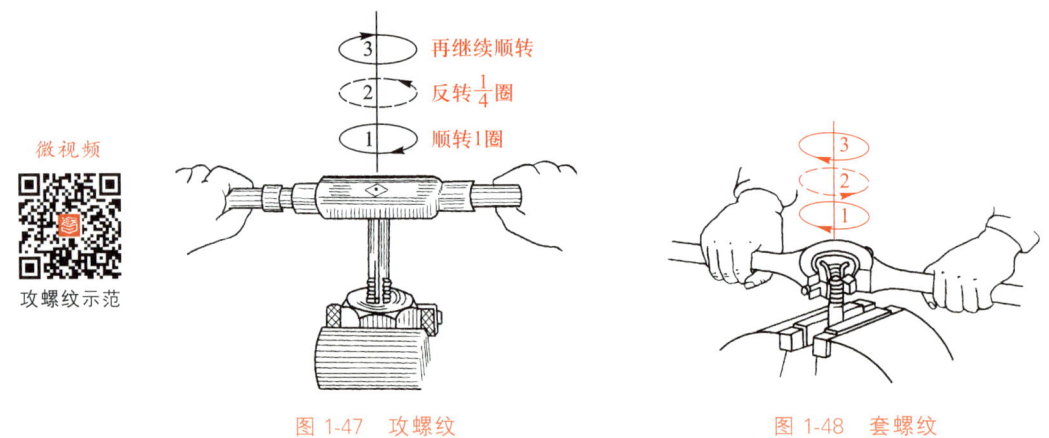

图 1-47 攻螺纹　　　　图 1-48 套螺纹

2. 套螺纹

用扳牙在工件外圆上切削出外螺纹的操作称为套螺纹(俗称套丝),如图 1-48 所示。

套螺纹方法:

套螺纹过程与攻螺纹相似,套螺纹时板牙端面应与圆杆严格地保持垂直,开始转动板牙时,要均匀地稍加压力,套入 3—4 圈后,可只转动不加压。套螺纹过程中,要经常反转 1/4—1/2 圈,以便断屑。

1.4 钳工初级综合技能训练

1.4.1 综合技能训练1

1. 加工准备

小榔头制作备料:45方钢棒料,规格 20 mm×20 mm×88 mm,划针、划规、手锤、样冲、90°角尺、游标卡尺、高度尺、手锯、锉刀、钻头、钻床。

2. 任务要求

小榔头加工图样和配分表如图 1-49 所示。按要求完成综合技能训练。小榔头加工工艺流程见表 1-2。

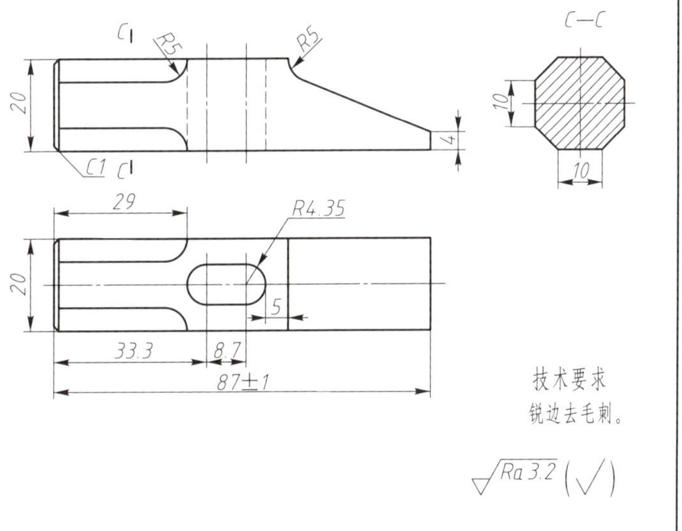

微视频
小榔头
八边形加工

微视频
小榔头
精加工

图 1-49 小榔头加工图样和配分表

表 1-2　小榔头加工工艺流程

序　号	操 作 内 容	加 工 简 图
1	锯料 88 mm 长	20 × 540/6
2	精锉一个基准面 要求：一端面与四周面⊥	B面　A面　87±1
3	划线 要求：六面上全部划线	
4	钻孔 要求：用圆锉或小方锉加工腰形孔，腰形孔对称居中	
5	做八面体 要求：先做四个圆弧，后做八面体	29
6	做斜面圆弧	51.4　R5
7	锯斜面 要求：工件斜夹，锯削时锯条沿斜线垂直于钳口	R5　4

序号	操作内容	加工简图
8	半精加工成形 要求：倒 C1 角	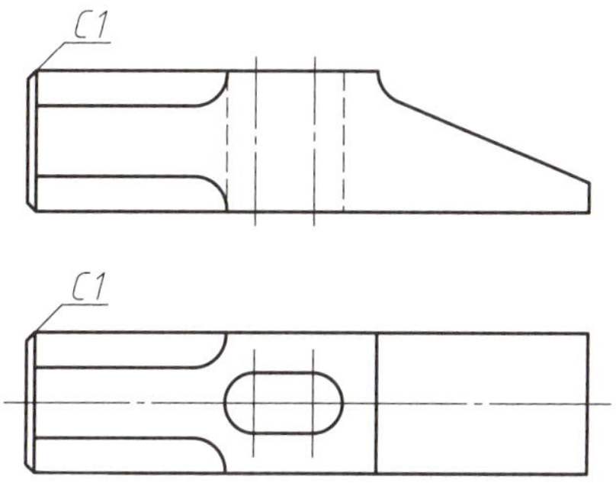
9	精加工成形 要求：保证各部分尺寸正确，表面粗糙度 Ra3.2	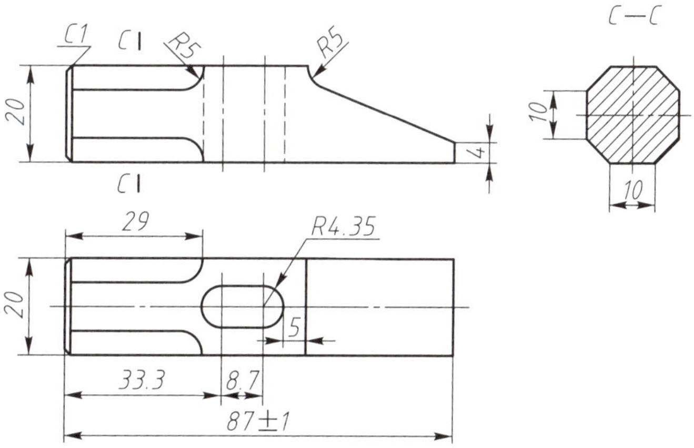

1.4.2 综合技能训练 2

1. 加工准备

鲁班锁加工备料：材料 6061 铝，规格 20 mm×20 mm×80 mm，划针、划规、手锤、90°角尺、游标卡尺、高度尺、手锯、锉刀。

2. 任务要求

鲁班锁加工图样一套六幅，如图 1-50 所示。分 6 组，每组按加工图样要求完成综合技能训练。鲁班锁装配占比评分 30%，其余参照小榔头的评分(图 1-49)。

1.4.3 综合技能训练 3

1. 加工准备

汽车 LOGO 加工图样如图 1-51 所示。备料：材料为 6061 铝，规格 100 mm×100 mm×4 mm，划针、划规、手锤、90°角尺、游标卡尺、高度尺、手锯、锉刀。

2. 任务要求

在 100×100×4 的铝板上设计一个仿汽车 LOGO 或自己设计的 LOGO，并用钳(焊)加工的方法加工制造。

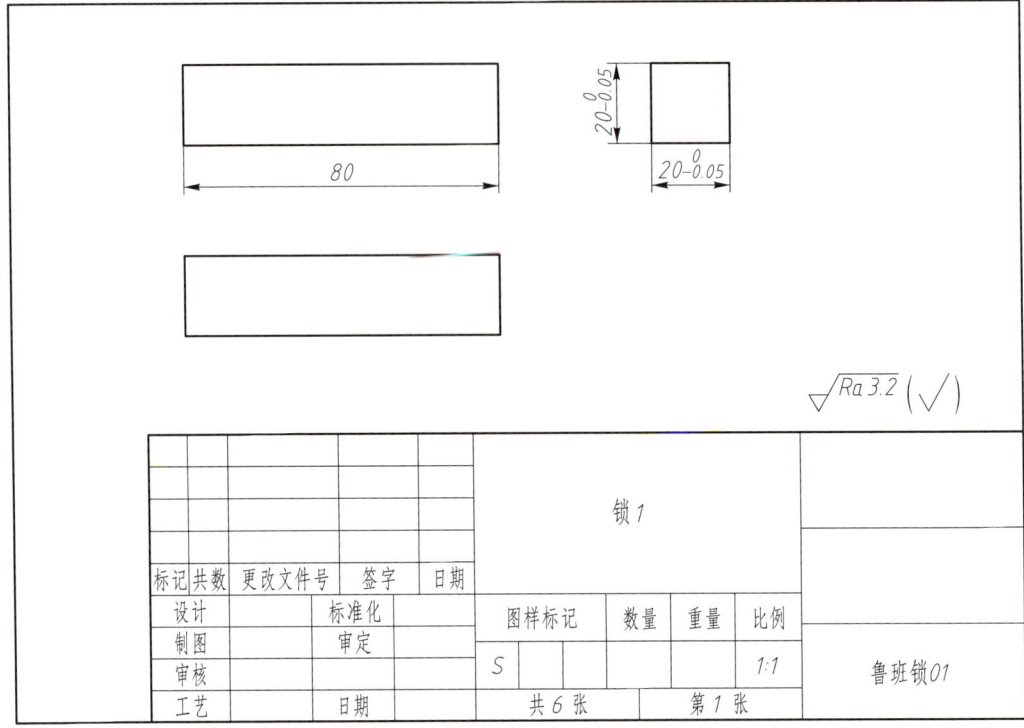

(a)鲁班锁加工图样1

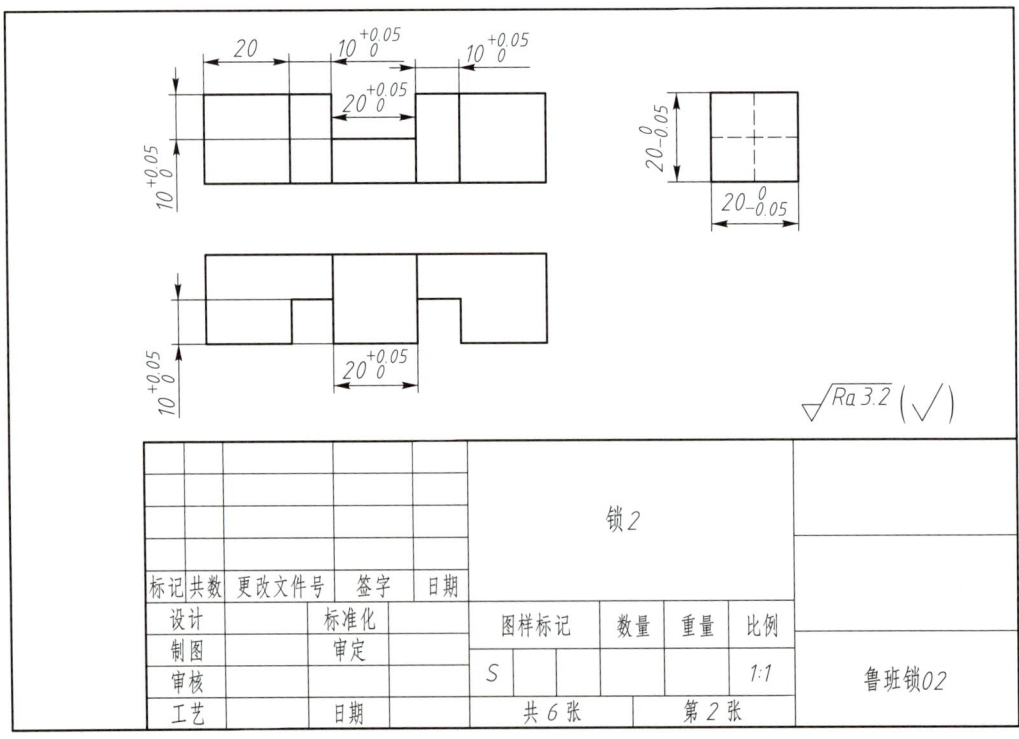

(b)鲁班锁加工图样2

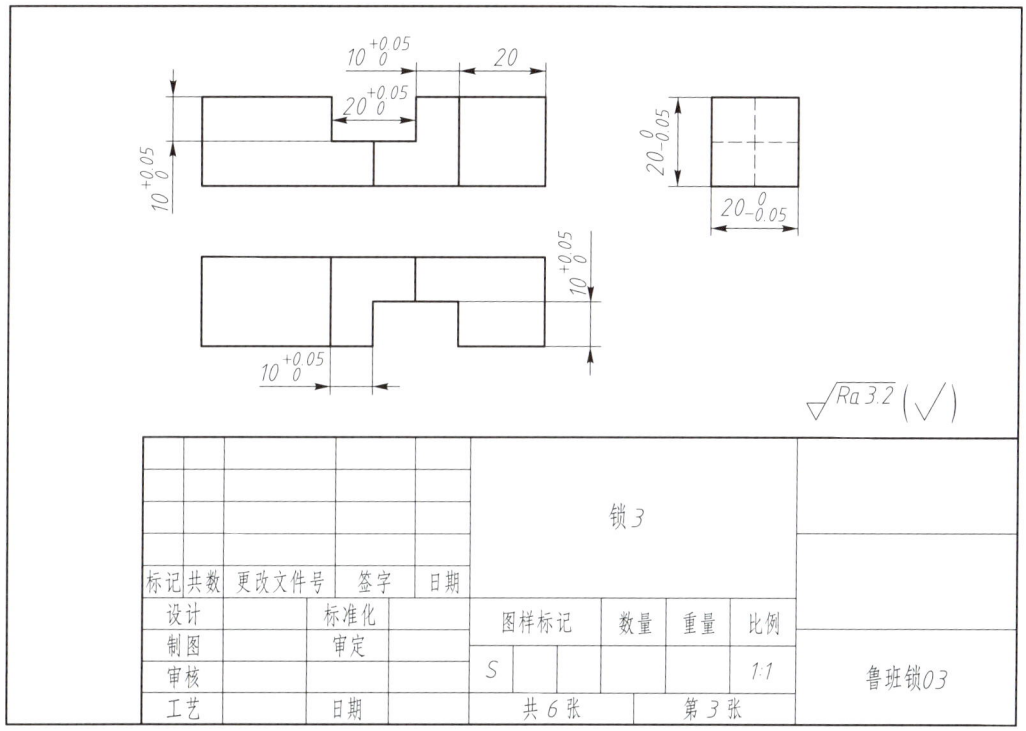

(c) 鲁班锁加工图样 3

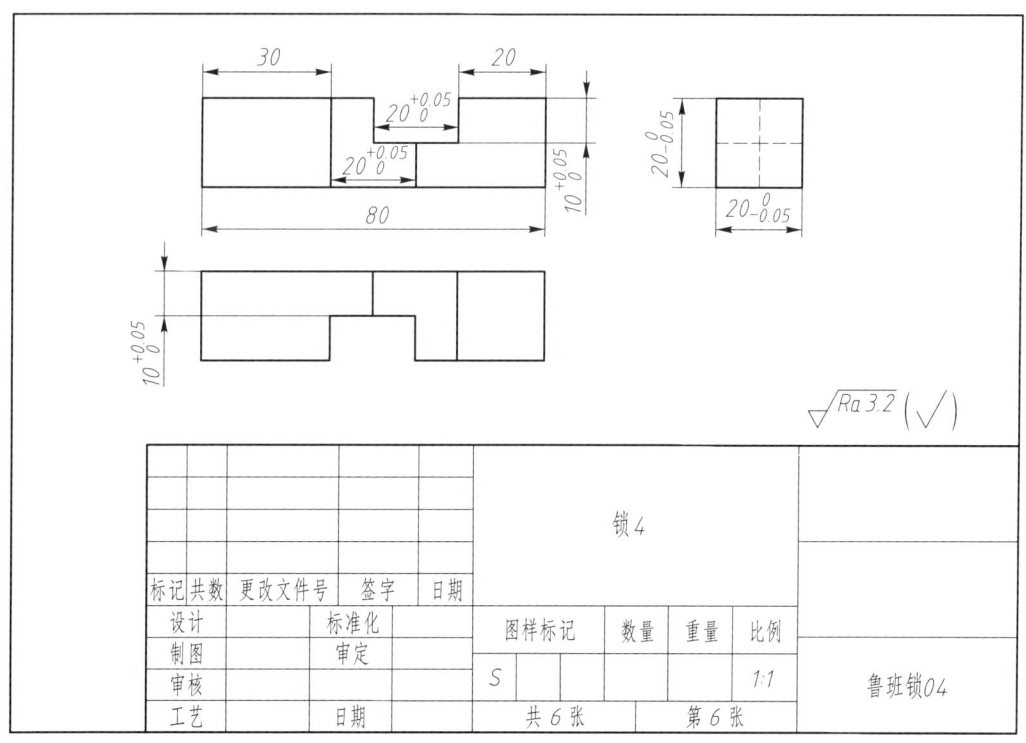

(d) 鲁班锁加工图样 4

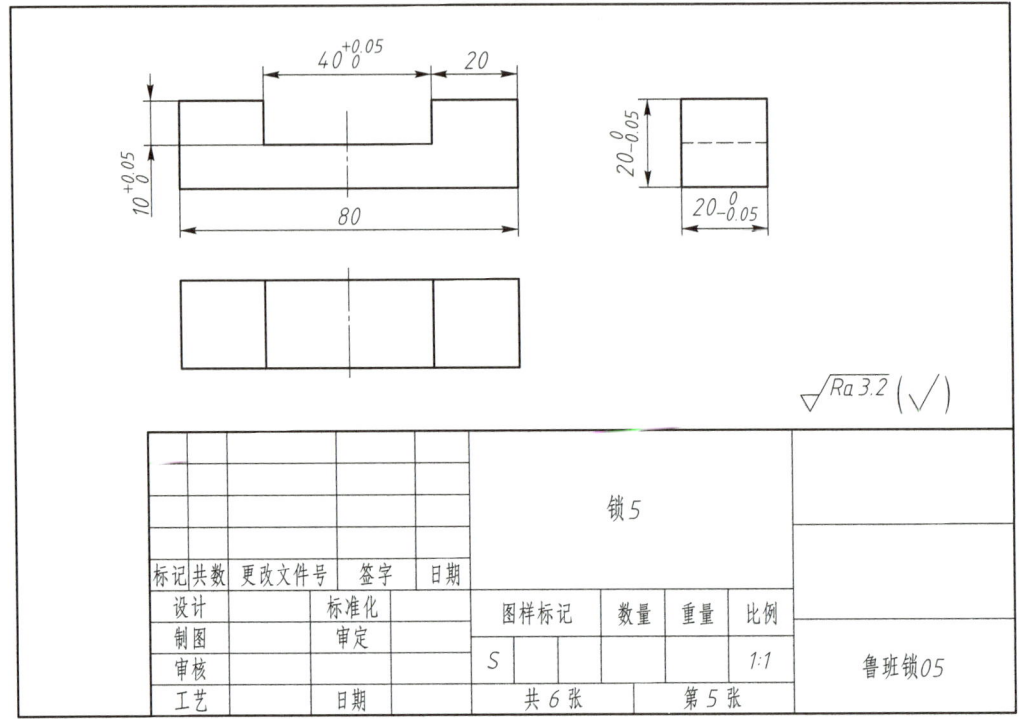

(e) 鲁班锁加工图样 5

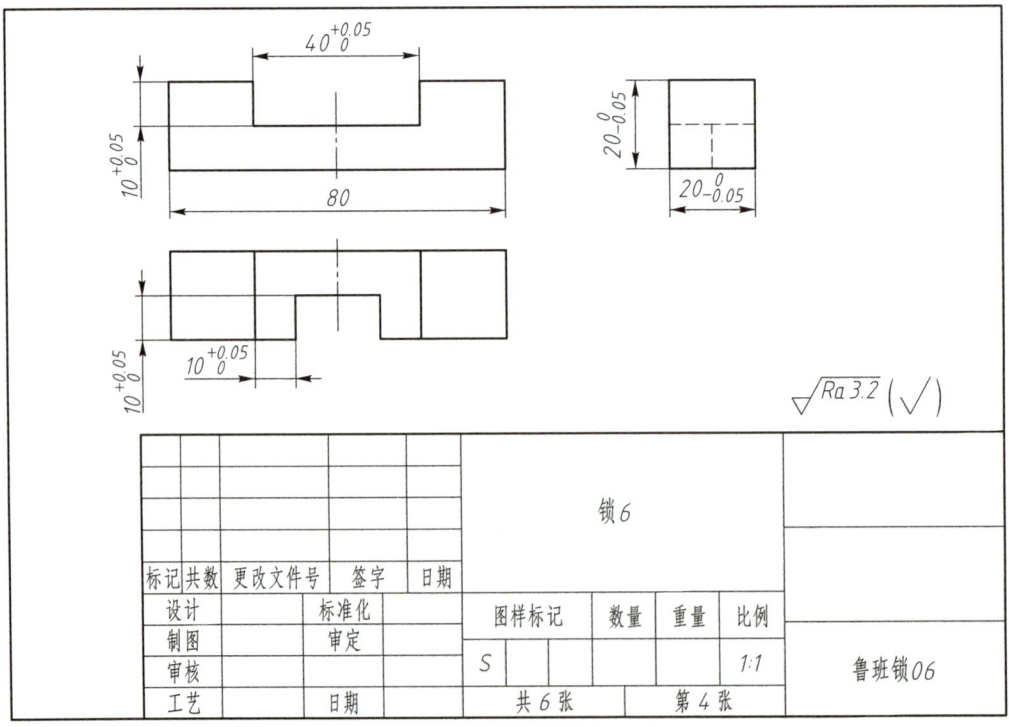

(f) 鲁班锁加工图样 6

图 1-50 鲁班锁加工图样

图 1-51 汽车 LOGO 加工图样

Module 2 模块 2

钳工中级技能训练

教学导航

知识目标	掌握孔加工的类型及镶配方法
技能目标	熟练孔的精加工、中等复杂零件的镶配
教学设施、设备	多媒体教学环境、工作台 40 台以上、台式钻床 5 台以上
职业道德规范	遵守操作规程,按时保养设备和清洁工量具
参考学时	28 学时

2.1 钳工中级专项技能训练

2.1.1 孔加工

1. 扩孔

扩孔是用扩孔钻扩大工件上已有孔(已铸出、锻出或钻出的孔)孔径的加工方法。扩孔钻及扩孔方法如图 2-1 所示,与麻花钻相比,其切削刃多(有 3~4 条),钻心粗实,刚性好,导向性好,切削平稳,可校正孔的轴线偏差,提高孔的加工质量。扩孔精度可达 IT9~IT10,表面粗糙度 Ra 值为 3.2~6.3 μm,扩孔加工余量为 0.5~4 mm。扩孔可作为终加工,也可作为铰孔前的预加工。

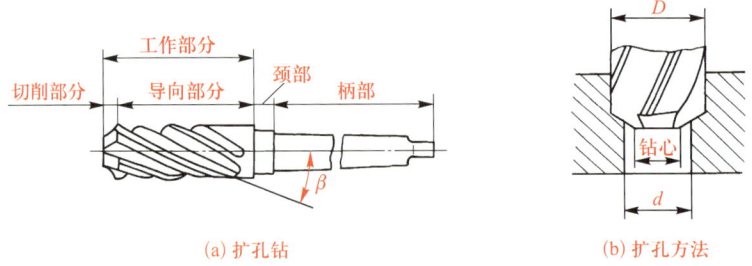

图 2-1 扩孔钻及扩孔方法

2. 锪孔

锪孔是用锪孔钻(或改制的平底钻头)进行孔口成形面的加工。

锪孔加工方法与钻孔方法基本相同。锪孔时存在的主要问题是所锪的端面或锥面易出现振痕,使用麻花钻改制的锪孔钻时,振痕尤为严重。

3. 铰孔

铰孔是用铰刀对已粗加工的孔进行半精加工和精加工的方法。铰刀是尺寸精度较高的多刃刀具,有 6~12 条切削刃,铰孔时导向性好。铰刀有手用铰刀、机用铰刀两种。按所铰孔的形状,铰刀又分为圆柱形和圆锥形两种。铰刀进给切削或退出时均不允许倒转,以免孔壁拉毛、铰刀增大磨损或崩刃。铰孔时要润滑冷却,如铰铸铁孔时用煤油,铰钢件孔时用乳化液。加工小直径锥孔时,可先按小头直径钻孔,再用相应锥度铰刀铰孔至要求尺寸;加工直径大而深的锥孔时,可先分别钻出不同直径的阶梯孔,再用相应锥度铰刀铰削至要求尺寸。在铰削的最后阶段,常用相应的锥销试配,以确认达到使用要求。孔的预加工质量直接影响铰孔精度,铰孔的加工精度可达 IT8~IT7,表面粗糙度 Ra 值为 $0.8~\mu m$,铰孔余量通常为 $0.05~0.2~mm$。

(1) 铰孔方法

首先确定铰孔余量,铰孔是对孔进行精加工,前道工序留下的余量应适当。余量过大,不但孔铰不好,而且铰刀易磨损;余量太小,则不能铰去上道工序的走刀痕迹,也达不到孔的尺寸、表面质量要求。一般应根据实际情况来决定铰孔余量,通常直径小于 5 mm 的孔,铰孔余量为 0.08~0.15 mm;直径 6~20 mm 的孔,铰孔余量为 0.12~0.25 mm;直径 20~35 mm 的孔,铰孔余量为 0.2~0.3 mm。

(2) 铰孔步骤

① 铰小圆柱孔的步骤:钻孔→粗铰→精铰。

② 铰较大圆柱孔的步骤:钻孔→扩孔→粗铰→精铰。

③ 铰尺寸较小的圆锥孔步骤:按圆锥小端直径钻孔→铰孔。

④ 铰尺寸较大的圆锥孔步骤:应先钻出阶梯孔(2~3 个台阶)→铰孔。

(3) 手动铰孔

放平铰杠,两手用力应均匀,旋转速度均匀而平稳,不能使铰杠摇摆,避免孔口加工成喇叭形或扩大孔径。进刀、退刀时,均要顺时针旋转,严禁反转。

(4) 机动铰孔

一般应一次装夹完成孔的钻、铰,以保证铰孔精度。退出铰刀时,铰刀不可反转,待铰刀全部退出后再停机。为避免铰孔时产生积屑瘤,采用高速钢铰刀铰孔时,粗铰取:$v_c=0.067$~$1.67~m/s$,精铰取:$v_c=1.5~5~m/s$,进给量取:$f=0.3~1.2~mm/r$。

4. 排孔

排孔属于粗加工,去除了大量的余量,但必须留一定的精加工余量,通常单边留 0.5~1 mm。排孔前一般先划出标准线,再划出安全线(留有余量),可先敲出样冲孔,再用小钻头钻出一排相切的孔。

5. 铰孔与排孔专项技能训练

(1) 加工准备

① 根据图样要求准备 300 mm 中齿和 150 mm 细齿锉刀,0~150 mm 游标卡尺,刀口角

尺,万能角尺,50～75 mm 和 75～100 mm 千分尺,φ4 和 φ7.8 钻头,φ8H7 铰刀,φ8H7 塞规。

② 82 mm×62 mm×8 mm 的 Q235 钢板一块。

③ 钢丝刷、油漆刷各一把,润滑油少许。

(2) 任务要求

四方件加工图样和配分表如图 2-2 所示。按要求完成铰孔与排孔的专项技能训练。

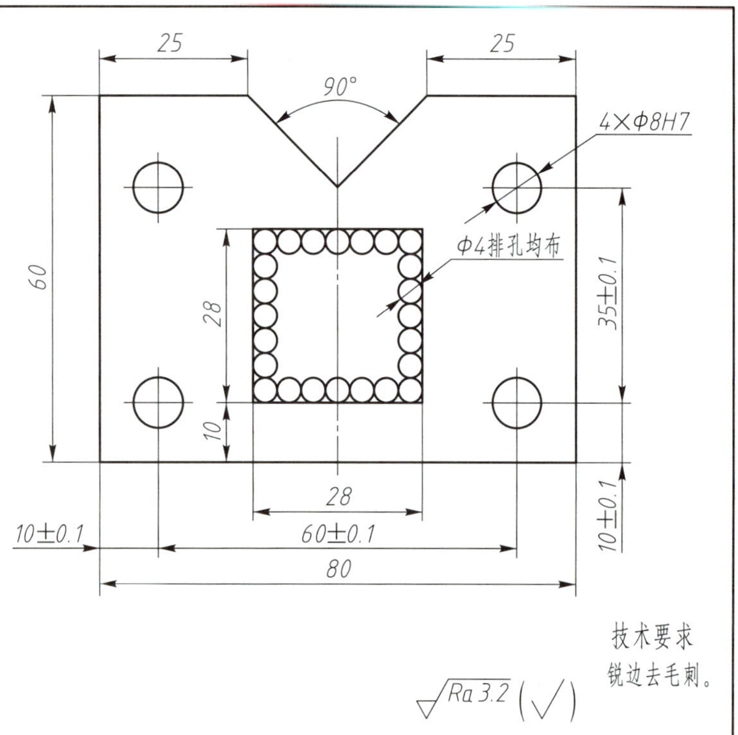

序号	项目	配分	评分细则
1	10±0.1	20	超差全扣
2	60±0.1	10	超差全扣
3	35±0.1	10	超差全扣
4	4×φ8H7	20	超差全扣
5	表面粗糙度	10	每降一级扣5分
6	28×28	20	超差全扣
7	安全文明生产	10	违规操作全扣

演示文稿
四方件加工

图 2-2 四方件加工图样和配分表

(3) 加工工序

① 划线(全部正反面划出)。

② 用 $\phi 4$ 的钻头先在右下 $\phi 8$ 的位置上试钻深为 $1 \sim 2$ mm 的孔,用游标卡尺测出到两基准面的距离为 8 mm,在公差内就继续钻穿;误差大则调一面重试钻。

③ 在左下 $\phi 8$ 的位置上试钻 $\phi 4$,保证两孔内侧距为 56 mm,到底边为 8 mm。

④ 在右上 $\phi 8$ 的位置上试钻 $\phi 4$,保证两孔内侧距为 31 mm,到右边为 8 mm。

⑤ 最后在左上 $\phi 8$ 的位置上钻 $\phi 4$,保证两孔内侧距为 56 mm 与 31 mm。

⑥ 扩孔至 $\phi 7.8$ 与铰孔 $\phi 8$。

⑦ 在 28 mm×28 mm 的四方线内钻排孔,去除中心余料。

2.1.2 镶配

1. 镶配方法

镶配,是通过锉削加工,将两个或几个零件配合在一起,并使配合松紧程度符合要求的加工。这种加工过程称为镶配,通常也称为锉配。

镶配工作有面的配合(如各种样板)和形体的配合(如四方体、六角形体)。

(1) 镶配基准的选择

一般先将镶配零件中的一件锉削到符合图样要求,再根据锉好的加工件镶配另一件。镶配时,由于外表面容易加工和测量,并易于达到较高精度,故一般选择凸件为基准镶配凹件的内表面。

(2) 镶配件加工

凸件基准面加工时,必须达到较高的精度,才能保证得到较高的锉配精度。在配锉凹件时,须用量具测出凸件的实际尺寸,再用量具控制凹件的尺寸精度。在作配合修锉时,可通过透光法或涂色显示法来确定其修锉部位的余量,并逐步达到正确的配合要求。镶配角度前,有时先制作角度样板,凹件的内角度的控制可使用镶配角度样板间接测量法。

在生产过程中,按照规定的技术要求,将若干个零件结合成部件或将若干个零件和部件组合成机器的过程,称为装配。目前,装配钳工中级和高级考工中除需要考理论、镶配与CAD外还包括机床装配内容,比如车床尾架装拆、主轴箱装拆、钻床平台精度检测、车床主轴精度检测、溜板箱装拆等。

2. 镶配专项技能训练

(1) 加工准备

① 根据图样要求准备 300 mm 中齿,150 mm 和 50 mm 细齿锉刀,三角锉,半圆锉,$0 \sim 150$ mm 游标卡尺,刀口角尺,万能角尺,$50 \sim 75$ mm 和 $75 \sim 100$ mm 千分尺,$\phi 3$ 和 $\phi 4$ 钻头。

② 60 mm×60 mm×8 mm 与 30 mm×30 mm×8 mm 的 Q235 钢板各一块。

③ 钢丝刷、油漆刷各一把,润滑油。

(2) 任务要求

四方件加工图样和配分表如图 2-3 所示。按要求完成四方件镶配的专项技能训练。

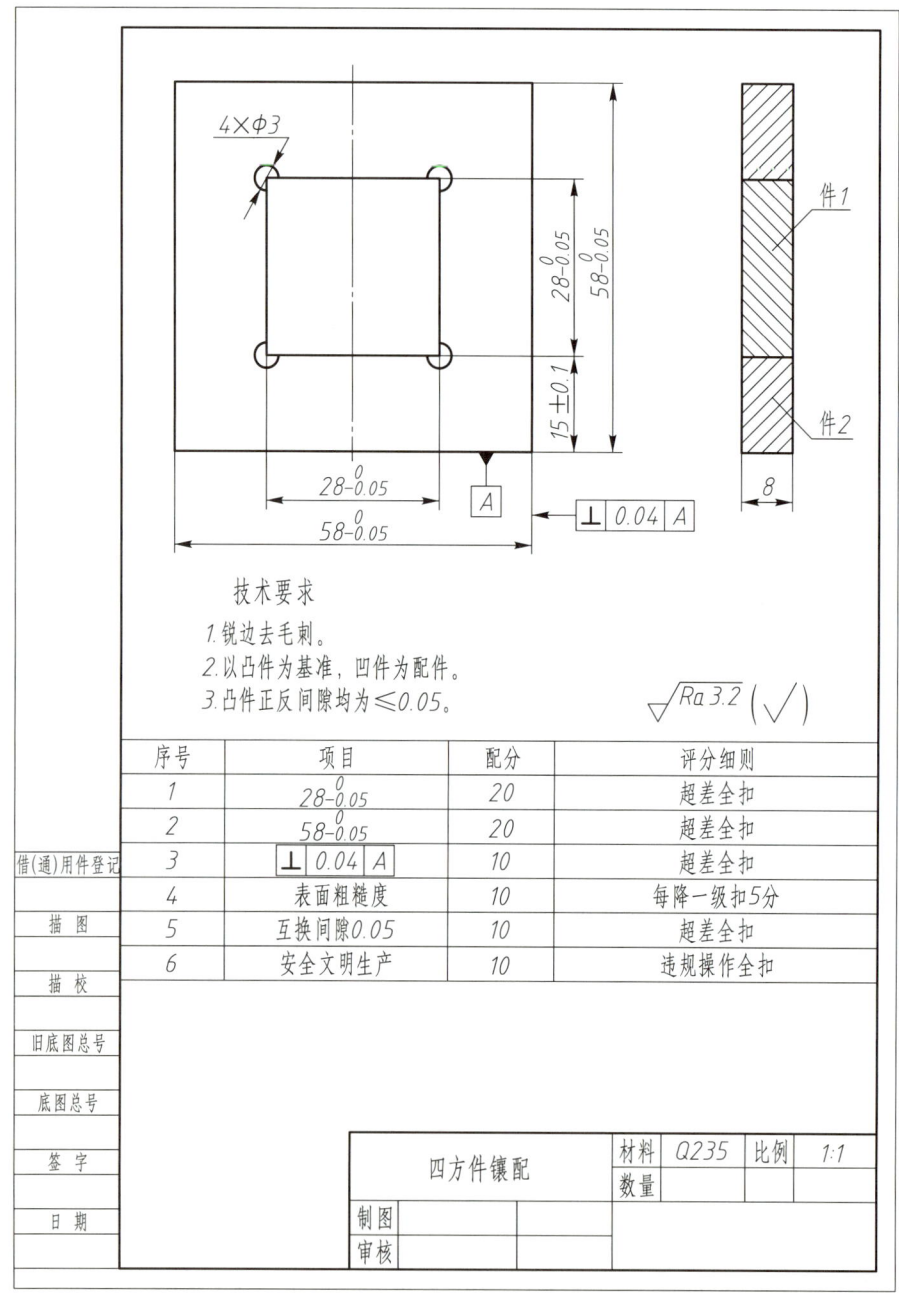

图 2-3　四方件加工图样和配分表

(3) 加工工序

① 锉配四方体件 1。

件 1 为边长 $28_{-0.05}^{0}$ 的正方形。因外形面作为测量基准，锉配前必须先保证选定基准面的精度要求。

② 锉配四方体件 2。

③ 锉配外四方形体。

锉四面保证尺寸 $58_{-0.05}^{0}$ 及形位公差。尺寸精度、平行度用千分尺测量,垂直度在平板上用 90°角尺测量。

④ 锉配内四方形体。

锉配内四方形体时,可先在四交角处钻 $\phi 3$ mm 工艺孔以获得内棱角。检查内四方形体各表面之间的垂直度,可用外四方形体作为基准检查。

⑤ 精锉修整各面。

用透光法检查接触部位,并进行修整。最后作转位互换的修整,达到能转位互换的要求。

2.2 钳工中级综合技能训练

2.2.1 综合技能训练 1

1. 加工准备

(1) 准备 300 mm 中齿、150 mm、50 mm 细齿锉刀各一把,三角锉、半圆锉各一把,0~150 mm 游标卡尺,刀口角尺,万能角尺,0~25 mm、25~50 mm、50~75 mm 千分尺各一把,$\phi 3$、$\phi 4$、$\phi 7.8$ 钻头,$\phi 8H7$ 铰刀,$\phi 8H7$ 塞规。

(2) 60 mm×60 mm×8 mm 的 Q235 钢板两块。

(3) 钢丝刷、油漆刷各一把,润滑油少许。

2. 任务要求

锁扣加工图样如图 2-4 所示。按要求完成锁扣镶配的综合技能训练。锁扣镶配评分表如图 2-5 所示。

3. 加工工序

① 加工凸件 1 作为基准。

② 在内孔尺寸接近凸件尺寸时,兼顾对称性以及与两侧面的垂直度,精推锉。

③ 试配,初始可用锉刀柄轻敲,然后用小锉推掉挤压痕迹。

④ 镶配,用手将凸件推进、推出无阻滞的感觉。

2.2.2 综合技能训练 2

1. 加工准备

(1) 准备 300 mm 中齿、150 mm、50 mm 细齿锉刀各一把,三角锉、半圆锉。0~150 mm 游标卡尺,刀口角尺,万能角尺、0~25 mm、25~50 mm、50~75 mm 千分尺各一把,$\phi 3$、$\phi 4$、$\phi 7.8$ 钻头,$\phi 8H7$ 铰刀,$\phi 8H7$ 塞规。

(2) 60 mm×60 mm×8 mm 与 70 mm×70 mm×8 mm 的 Q235 钢板各一块。

(3) 钢丝刷、油漆刷各一把,润滑油少许。

2. 任务要求

凹凸件加工图样如图 2-6 所示。按要求完成凹凸件角度镶配的综合技能训练。评分参照锁扣镶配评分表(图 2-5)。

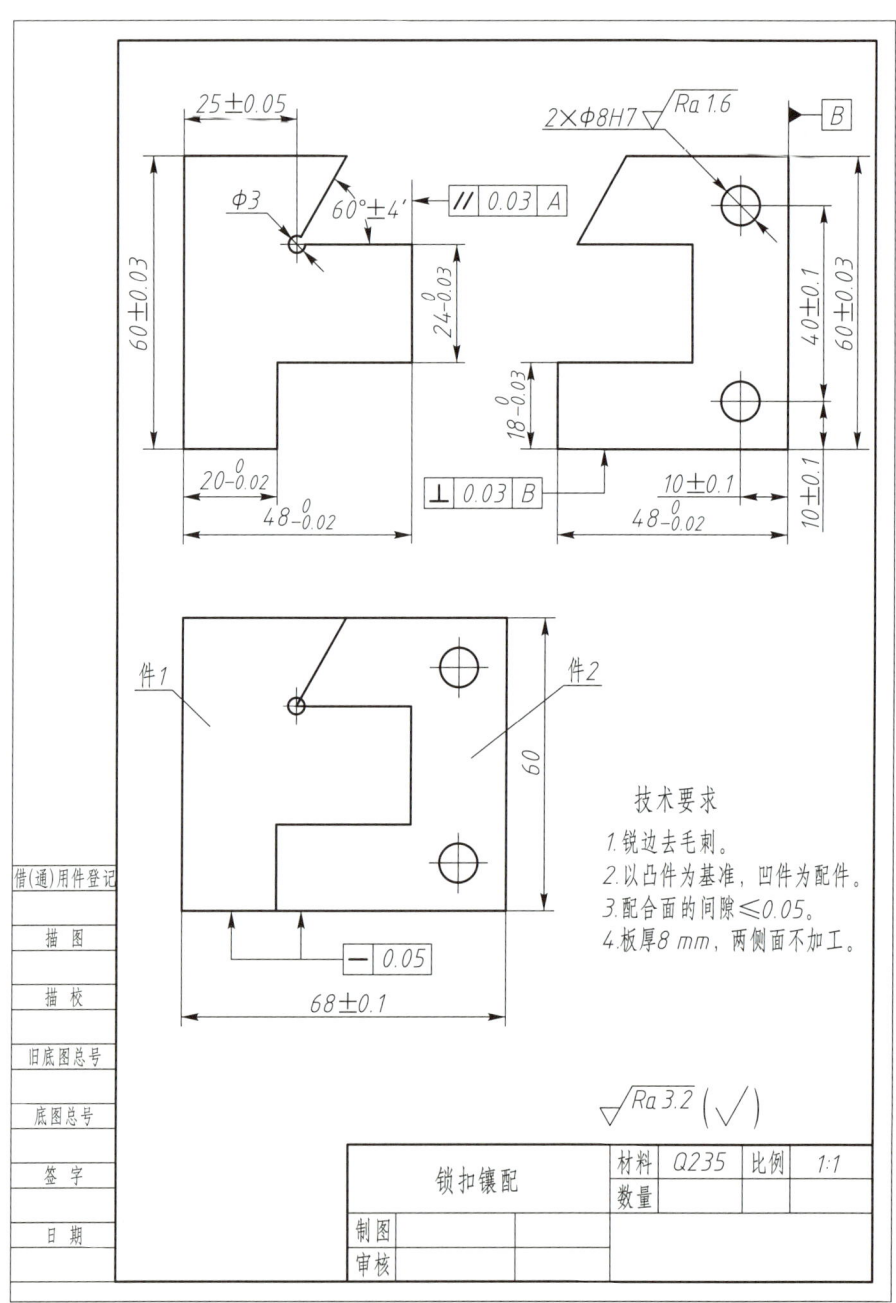

图 2-4　锁扣加工图样

评分表

序号	项目	技术要求	配分	评分细则	得分
1	凸件	68 ± 0.03	5	超差全扣	
2	凸件	$48_{-0.02}^{0}$	5	超差全扣	
3	凸件	$24_{-0.03}^{0}$	5	超差全扣	
4	凸件	25 ± 0.05	3	超差全扣	
5	凸件	$20_{-0.02}^{0}$	4	超差全扣	
6	凸件	// 0.03 A	4	每超差0.01扣2分	
7	凸件	$60°\pm4'$	5	超差全扣	
8	凸件	表面粗糙度*Ra* 3.2	8	每处降一级扣1分	
9	凹件	60 ± 0.03	4	超差全扣	
10	凹件	$48_{-0.02}^{0}$	4	超差全扣	
11	凹件	$18_{-0.03}^{0}$	4	超差全扣	
12	凹件	40 ± 0.01	3	超差全扣	
13	凹件	10 ± 0.1(2处)	6	超差全扣	
14	凹件	$2\times\Phi8H7$(*Ra* 3.2)	4	超差全扣	
15	凹件	⊥ 0.03 B	4	每超差0.01扣2分	
16	凹件	表面粗糙度*Ra* 3.2	8	每处降一级扣1分	
17	配合	— 0.05	5	每超差0.01扣2分	
18	配合	安全间隙0.05(5处)	15	超差全扣	
19	配合	68 ± 0.1	4	超差全扣	
20	其他	安全文明生产		违规操作扣5分	

锁扣镶配评分表		材料	Q235	比例	1:1
		数量			
制图					
审核					

借(通)用件登记

描图

描校

旧底图总号

底图总号

签字

日期

图 2-5 锁扣镶配评分表

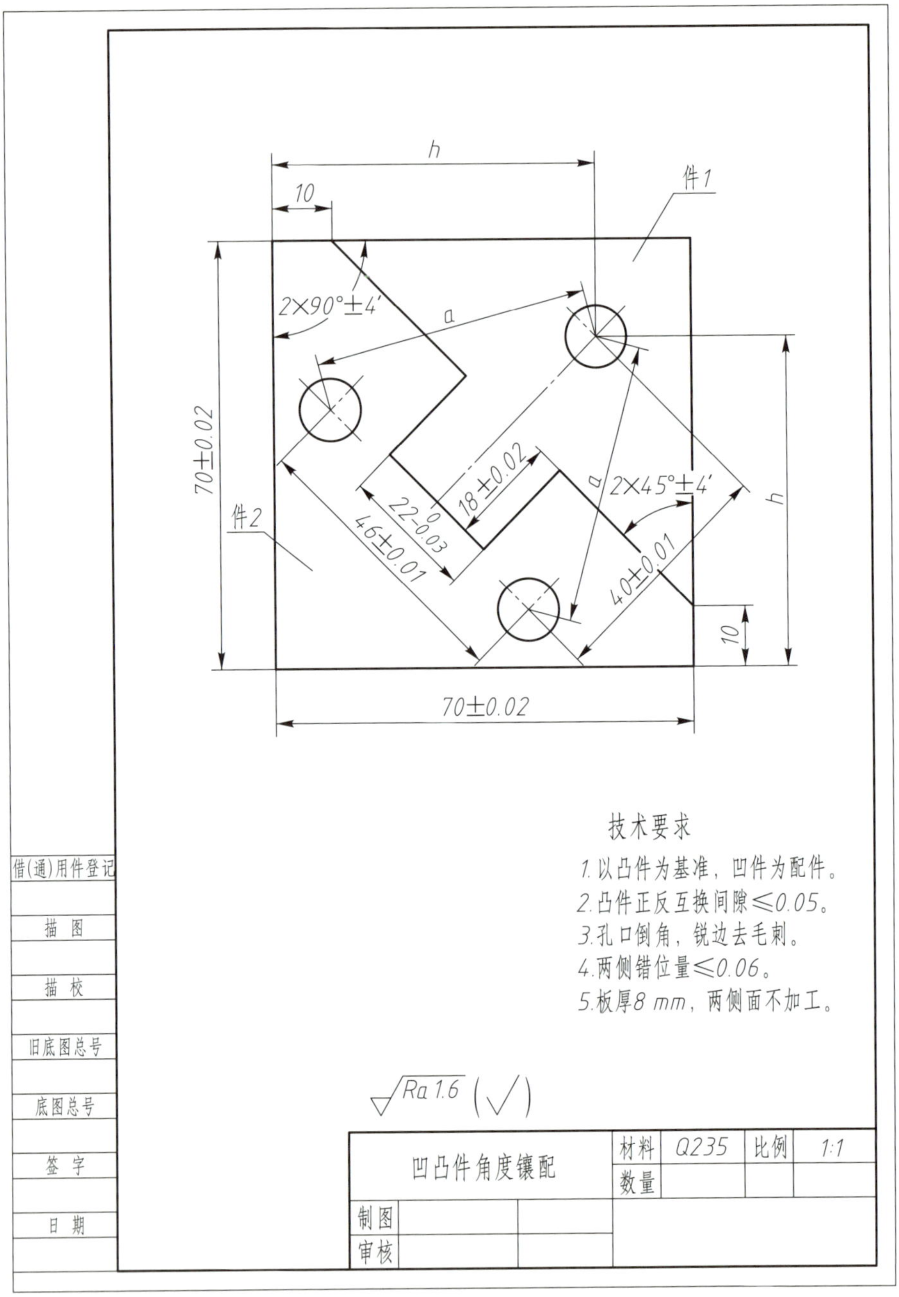

图 2-6 凹凸件加工图样

2.2.3 综合技能训练 3

1. 加工准备

(1) 准备 300 mm 中齿、150 mm、50 mm 细齿锉,三角锉,半圆锉,0~150 mm 游标卡尺,刀口角尺,万能角尺,0~25 mm、25~50 mm、50~75 mm 千分尺,$\phi 3$、$\phi 4$、$\phi 7.8$ 钻头,$\phi 8H7$ 铰刀,$\phi 8H7$ 塞规。

(2) 80 mm×70 mm×8 mm 与 55 mm×40 mm×8 mm 的 Q235 钢板各一块。

(3) 钢丝刷、油漆刷各一把,润滑油少许。

2. 任务要求

凹凸件加工图样如图 2-7 所示。按要求完成凹凸件角度圆弧镶配的综合技能训练。评分参照锁扣镶配评分表(图 2-5)。

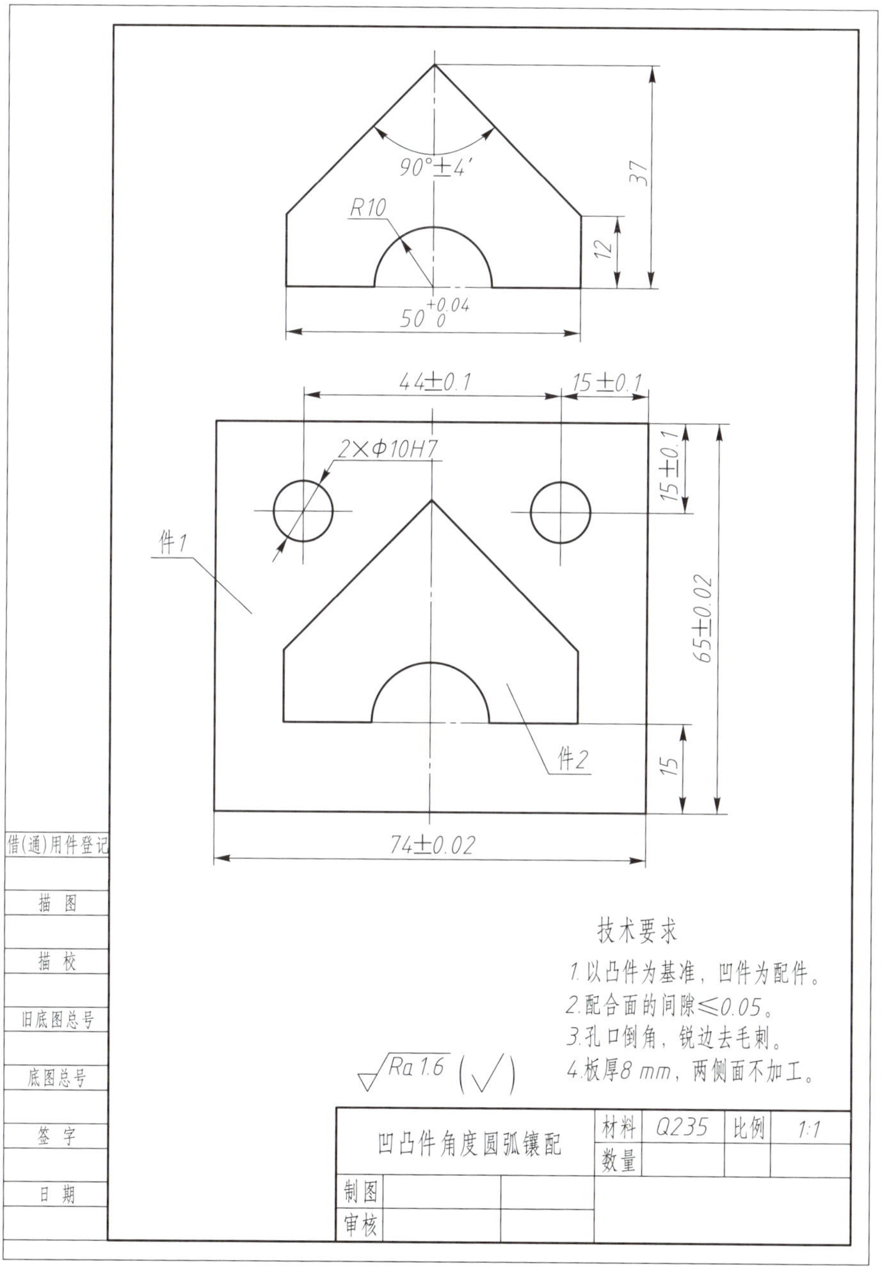

图 2-7 凹凸件加工图样

拓展阅读

"两丝"钳工 顾秋亮

第二篇

车　　削

本篇设有三个模块,主要介绍普通车床、数控车床的车削加工过程。通过基础、专项、综合技能训练,学生初步具备数控车工中级知识技能,为后续技能鉴定和相关专业课程学习奠定基础。

车床主要用于加工轴类回转体零件,采用金属刀具进行零件端面、外圆、轮廓、螺纹等的车削,利用尾架还可以进行孔的钻削加工。与普通车床相比,数控车床可加工产品的精度要求更高,表面粗糙度要求更高,表面形状更复杂,还可进行曲面加工和特殊螺纹的加工。在批量生产中,数控车床大大提高了生产效率。

在本篇的学习过程中,要安全操作车床设备完成车端面、车外圆、钻孔、切槽、车螺纹等加工任务,能正确使用单一/复合循环指令完成零件加工任务。

Module 3 模块 3

普通车削

 **教学导航**

知识目标	1. 了解普通车削典型设备及常用工量刀具 2. 掌握普通车削安全知识
技能目标	1. 能熟练使用工量刀具 2. 能熟练操作普通车床进行简单轴类零件加工
教学设施、设备	多媒体教室、普通车床 14 台以上
职业道德规范	遵守操作规程，按时保养设备和清洁工量具
参考学时	28 学时

3.1 普通车削基本知识

3.1.1 普通车削典型设备

车床的种类很多，按其用途和结构不同，主要分为：卧式车床、立式车床、仿形车床、仪表车床等，其中，卧式车床是机械制造中使用最广泛的机床。

1. 车床的编号

执行标准为《GB/T 15375—2008 金属切削机床型号编制方法》

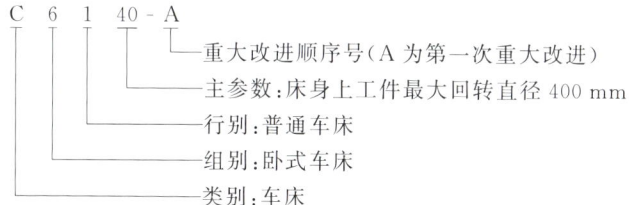

2. 卧式车床组成

卧式车床因主轴水平布置而得名，以 CA6140 为例，卧式车床（CA6140）如图 3-1 所示。

（1）主轴箱

主轴箱（又称床头箱），内装主轴和主轴变速机构。它主要实现车床主轴的

车床介绍

拓展阅读

机械产品绿色制造工艺规划导则

拓展阅读

车工国家职业技能标准

第二篇　车　削

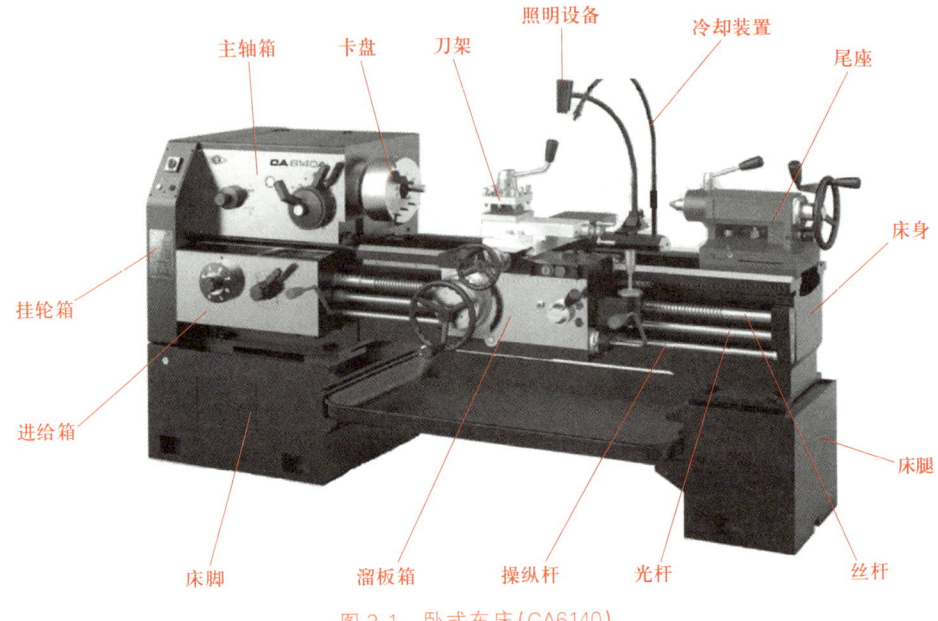

图 3-1　卧式车床(CA6140)

旋转，通过调节主轴箱正面的手柄控制主轴所需的转速。主轴箱的操纵机构可以控制主轴正反转和停车。

车床的主轴为空心结构，可装夹小于主轴孔径的长棒料。主轴箱还可以把主轴运动传给进给箱，以便使刀具实现进给运动。

(2) 进给箱

进给箱(又称走刀箱)，内装有进给运动的变速机构。通过调节进给箱外面的手柄，可获得不同的进给量和螺距，可实现光杆和丝杆之间的转换。

(3) 挂轮箱

挂轮箱是将主轴运动传给进给箱的机构。车削螺纹时，更换箱中挂轮可以得到不同的进给量。

(4) 溜板箱

溜板箱(又称拖板箱)，内装有进给运动的分向操纵机构，可变换溜板箱外面的手柄位置，实现车刀的纵向和横向运动。操纵开合螺母手柄，可实现车螺纹，溜板箱内设有互锁机构，使光杆和丝杆不能同时使用。

(5) 光杆和丝杆

光杆和丝杆将进给运动传给溜板箱。光杆使拖板和刀具作机动进给运动，用于车削各种内外表面。丝杆用于车削螺纹。

(6) 刀架

刀架安装在小拖板上，用来装夹刀具。方形刀架可以同时安装 4 把车刀，松开上面的锁紧手柄，可以转动方形刀架，实现将所需刀具更换到工作位置上。

(7) 尾座

尾座可以用来安装顶尖，可以顶夹较长的轴类零件。还可以安装各种切削刀具，如钻头、中心钻、丝锥或板牙等,可用来钻孔、钻中心孔、攻螺纹或套螺纹。

（8）床身

床身用来支持和安装车床的各个部件。床身上面有两条精确的导轨,拖板和尾座可以沿着导轨移动。

（9）床腿

床腿用来支承床身与地基连接。床腿内空腔中安装有电动机、开关等电气装置。

3. 车床的传动路线

CA6140 车床的传动路线如图 3-2 所示。

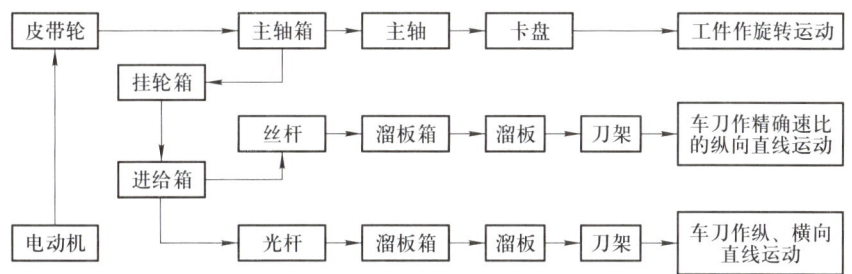

图 3-2　CA6140 车床传动路线

4. 车床的操纵手柄及控制按钮

CA6140 卧式车床操纵系统如图 3-3 所示。

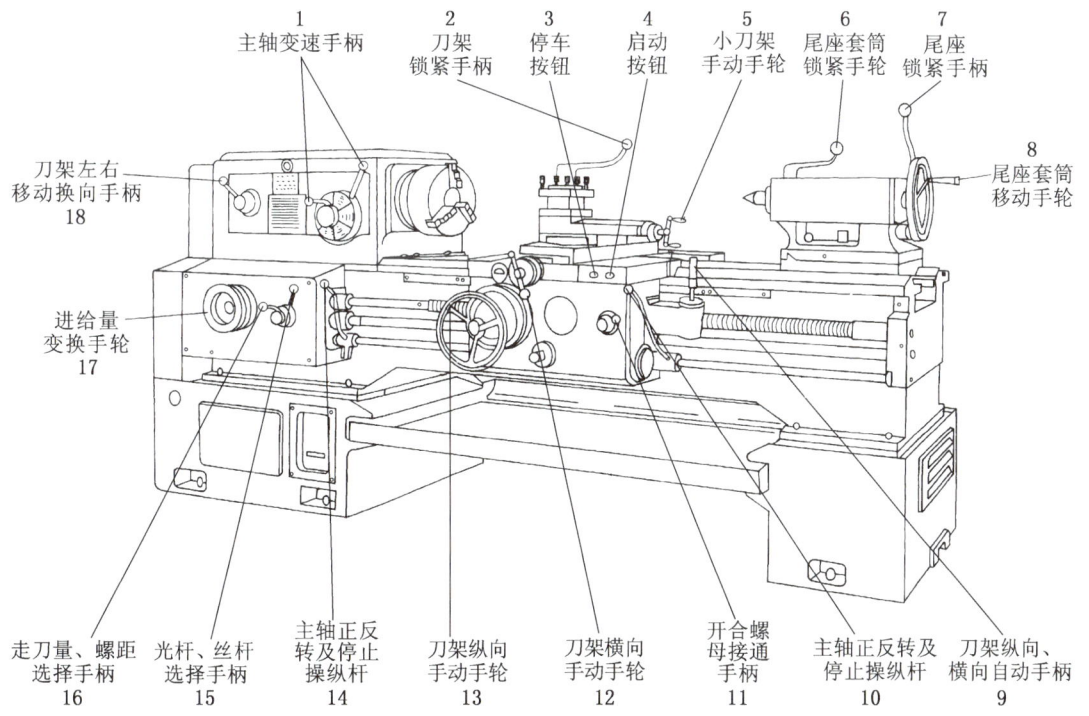

图 3-3　CA6140 卧式车床操纵系统

(1) 变换主轴转速　通过转动手柄 1 来实现。

(2) 变换进给量　通过转动手轮 17 来实现。

(3) 刀架纵向、横向手动进给　通过手轮 13 实现手动纵向进给；通过手柄 12 来实现手动横向进给。

(4) 刀架纵向、横向自动(机动)进给　通过手柄 9 来实现，并可控制纵向、横向自动进给。

(5) 尾座的操作　通过转动手轮 8 可使尾座套筒在尾座内纵向移动，用手柄 7 锁紧。

(6) 车螺纹　通过手柄 15 和 16、手轮 17 来实现。

(7) 主轴启动和停车　通过按钮 4 及将操纵杆 10 置于正反转位置来启动主轴；通过按钮 3 或将操纵杆 10 置于停止位置来停止主轴。

5. 车削加工主要特点

车削主要用来加工各种带有旋转表面的零件，车削的主要工作内容如图 3-4 所示。如果在车床上安装必要的附件和专用夹具，还可以扩大应用范围，如磨削、铣削、滚压、抛光等。

(1) 车削加工一般是连续切削，它具有较好的相对稳定性，为高速切削和强力切削创造了有利条件。

(2) 对不易进行磨削加工的有色金属及其合金能采用金刚石车刀进行精细车削，公差等级可达 IT6～IT5，表面粗糙度 Ra 值可达 $0.4\ \mu m$。

(3) 车刀为单刃刀具，结构简单，制造、刃磨和装夹都很方便，也便于根据具体要求选用合理的几何形状，有利于保证加工质量，提高生产率，降低加工成本。

(4) 加工塑性材料时不易断屑。因此，应合理地选择刀具的几何角度和切削用量，同时要考虑断屑问题。

车削加工的精度一般为 IT9～IT6，表面粗糙度 Ra 值一般为 $1.6～12.5\ \mu m$。

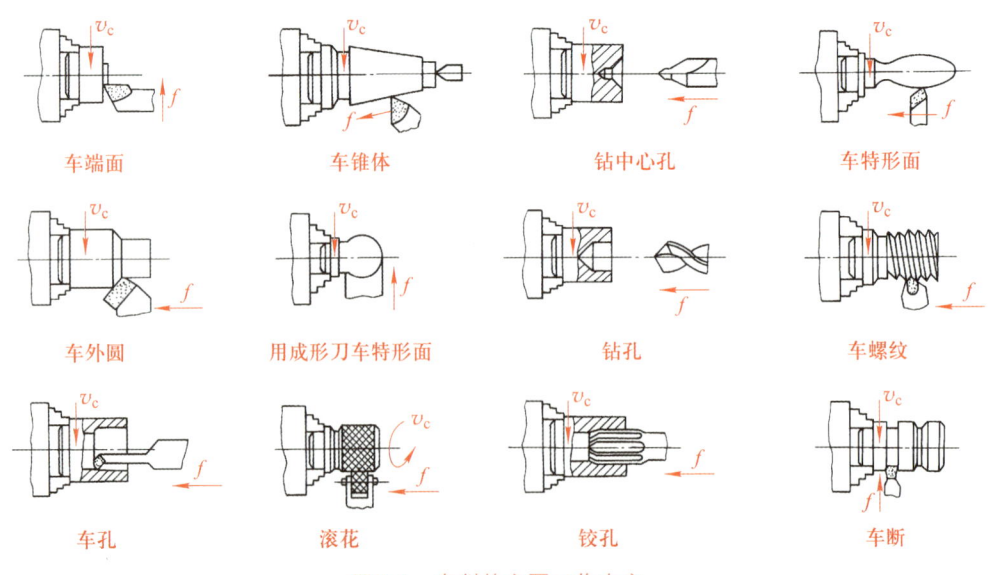

图 3-4　车削的主要工作内容

3.1.2 普通车削常用工量刀具

1. 常用工具

（1）卡盘扳手

卡盘扳手如图 3-5 所示，主要用于在三爪卡盘上装夹工件。

（2）刀架扳手

刀架扳手如图 3-6 所示，主要用于在车床刀架上装卸刀具。

图 3-5 卡盘扳手

图 3-6 刀架扳手

2. 常用量具

常用量具有游标卡尺、千分尺（螺旋测微器）、塞规（图 3-7）、内径百分表（内径量表）、万能角度尺和螺纹量规（图 3-8）等。

图 3-7 塞规

图 3-8 螺纹量规

常用量具介绍

3. 车刀

（1）车刀种类

车刀的种类很多，按结构形式可以分为整体车刀、焊接车刀、机夹车刀，如图 3-9 所示。

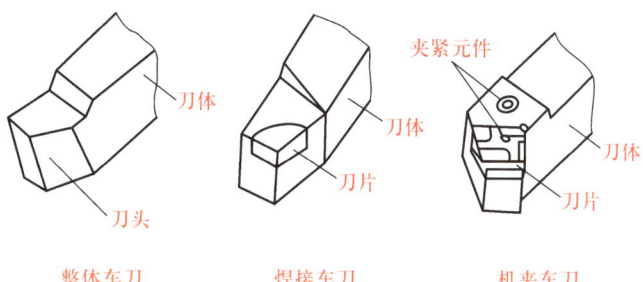

整体车刀　　焊接车刀　　机夹车刀

图 3-9 车刀

① 整体车刀 是指刀头部分和刀杆部分均为同一种材料。

② 焊接式车刀 是指在碳钢刀杆上按刀具几何角度的要求开出刀槽,用焊料将硬质合金刀片焊接在刀槽内,并按所选择的几何参数刃磨后形成的车刀。

③ 机夹车刀 是指采用硬质合金、超硬材料等刀片,用机械夹固的方法将刀片夹持在刀杆上形成的车刀。

车刀按车削工件和加工表面不同,又可以分为左偏刀、右偏刀、车断刀、螺纹车刀等,车刀的种类和用途如图 3-10 所示。

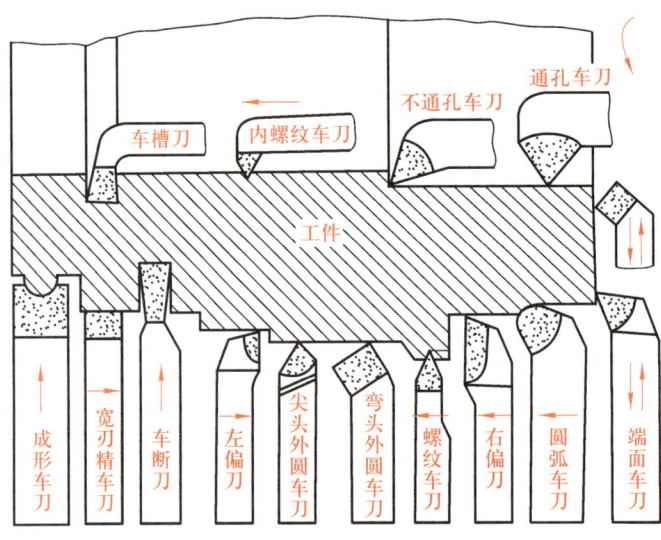

图 3-10 车刀的种类和用途

① 成形车刀 用于车削工件的圆角、圆槽或特殊表面形状的车刀。

② 宽刃精车刀 用于精加工,降低零件的表面粗糙度。

③ 车断刀 用于切断工件或在工件上车出沟槽。

④ 偏刀 根据进给方向从左往右或从右往左又称之为左偏刀和右偏刀,用于车削工件的外圆、阶台和端面。

⑤ 尖头外圆车刀 用于加工过程中刀具与工件可能发生干涉场合,故加大主、副偏角。

⑥ 弯头外圆车刀 用于车削工件的外圆、端面和倒角。

⑦ 螺纹车刀 有内、外螺纹车刀之分,主要用于车削螺纹。

⑧ 圆弧车刀 刀尖部分具有一圆度或线轮廓度误差很小的圆弧形切削刃,适合于车削各种光滑连接(凹形)的成型面。

⑨ 端面车刀 专门用于车削垂直于轴线的平面。

⑩ 镗刀 用于车削工件的内孔,根据是否加工通孔,分为不通孔和通孔车刀。

(2) 常用车刀材料

常用的车刀材料主要有高速钢和硬质合金,根据需要,有时也采用超硬材料。刀具材料必须具备高硬度、高耐磨性、足够的强度和韧性,还需具有高的耐热性(红硬性),即在高温下仍能保持足够硬度的性能。常用刀具材料如图 3-11 所示。

① 高速钢　高速钢(又称锋钢)是以钨、铬、钒、钼为主要合金元素的高速工具钢。高速钢淬火后的硬度为 63~67HRC,其红硬温度 550~600 ℃,允许的切削速度为 25~30 m/min。高速钢有较高的抗弯强度和冲击韧性,多用来制造形状复杂的刀具,如钻头、铰刀、铣刀等,亦常用作低速精加工车刀和成形车刀。常用的高速钢牌号为 W18Cr4V 和 W6Mo5Cr4V2 两种。

② 硬质合金　硬质合金是用高耐磨性和高耐热性的 WC(碳化钨)、TiC(碳化钛)和 Co(钴)的粉末经高压成形后再进行高温烧结而制成的,其中 Co 起黏结作用,硬质合金的硬度为 HRA89~94(约相当于 HRC74~82),有很高的红硬温度。在 800~1 000 ℃的高温下仍能保持切削所需的硬度,硬质合金刀具切削一般钢件的切削速度可达 100~300 m/min,可用这种刀具进行高速切削,其缺点是韧性较差,较脆,不耐冲击,硬质合金一般制成各种形状的刀片,焊接或夹固在刀体上使用。常用的硬质合金有钨钴类和钨钛钴类两大类:

a. 钨钴类(YG)　钨钴类刀具材类主要由碳化钨和钴组成,适用于加工铸铁、青铜等脆性材料。常用牌号有 YG3、YG6、YG8 等,后面的数字表示含钴量的百分比,含钴量愈高,其承受冲击的性能就愈好。因此,YG8 常用于粗加工,YG6 和 YG3 常用于半精加工和精加工。

b. 钨钛钴类(YT)　钨钛钴类刀具材料主要由碳化钨、碳化钛和钴组成,加入碳化钛可以增加合金的耐磨性,可以提高合金与塑性材料的黏结温度,减少刀具磨损,也可以提高硬度;但韧性差、更脆、承受冲击的性能也较差,一般用来加工塑性材料,如各种钢材。常用牌号有 YT5、YT15、YT30 等,后面数字是碳化钛含量的百分数,碳化钛的含量愈高,红硬性愈好;但钴的含量相应愈低,韧性愈差,愈不耐冲击,所以 YT5 常用于粗加工,YT15 和 YT30 常用于半精加工和精加工。

③ 超硬材料

a. 陶瓷　陶瓷刀具材料主要是以氧化铝(Al_2O_3)或以氮化硅(Si_3N_4)为基体,再添加少量金属化合物(ZrO_2、TiC 等),采用热压成形和烧结的方法获得的。陶瓷刀具常温硬度为 91~95HRA,耐磨性很好,常用的切削速度为 100~400 m/min,有的甚至可高达 750 m/min,切削效率可比硬质合金提高 1~4 倍,因此陶瓷刀具被认为是提高生产率的最有希望的刀具之一,它的主要缺点是抗弯强度低,冲击韧性差。陶瓷材料可做成各种刀片,主要用于高速精加工硬材料,一些新型复合陶瓷刀具也可用于半精加工或粗加工难加工的材料或间断切削。

b. 金刚石　金刚石刀具材料是在高温高压下将金刚石微粉聚合而成的多晶体材料,分人造和天然两种。金刚石刀具硬度极高(显微硬度达 10 000 HV),耐磨性极好,可切削极硬的材料而长时间保持尺寸的稳定性,金刚石刀具耐用度比硬质合金高几十倍至三百倍,但这种材料的韧性和抗弯强度很差,只有硬质合金的 1/4 左右;热稳定性也很差,当切削温度达到 700~

800 ℃时易脱碳面失去硬度,因而不能在高温下切削。此外,它对振动比较敏感,与铁有很强的亲和力,不宜加工黑色金属,主要用于加工铝,铜及铜合金等有色金属,以及用于陶瓷、合成纤维、强化塑料和硬橡胶等非金属的精加工、超精加工,或做磨具、磨料用。

c. 立方氮化硼:立方氮化硼刀具材料是由立方氮化硼(白石墨)在高温、高压下制成的新型超硬刀具材料,它的硬度仅次于金刚石,达7 000～8 000 HV,耐磨性很好,耐热温度可达1 400 ℃有很高的化学稳定性,抗弯强度和韧性略低于硬质合金。立方氮化硼可做成整体刀片,也可与硬质合金做成复合刀片,刀具耐用度是硬质合金和陶瓷刀具的几十倍。立方氮化硼主要用于高硬度、难加工材料的半精加工和粗加工。

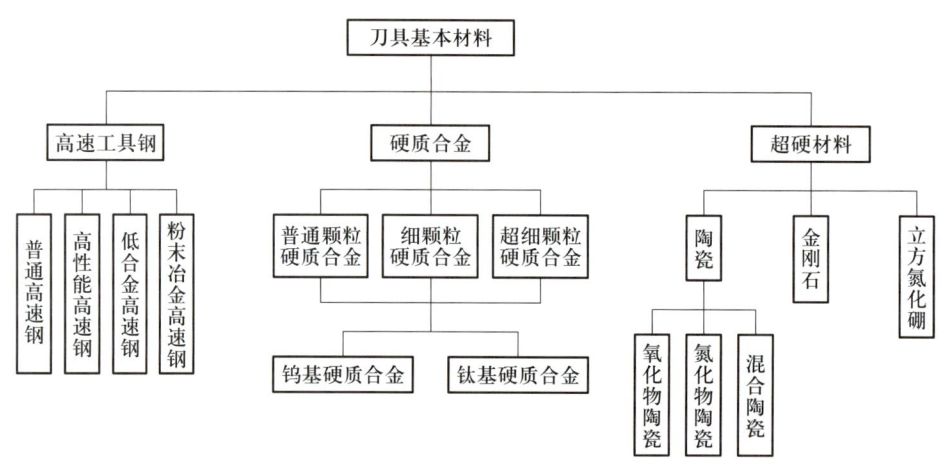

图 3-11 常用刀具材料

3.1.3 普通车削安全知识

(1) 工作时要穿好工作服,女生要戴工作帽,长发要塞进帽子中。

(2) 操作时,头部不应与工件靠得太近,以防切屑溅入眼中。当车削形成崩碎切屑的工件时,必须戴防护眼镜。

(3) 合理布置工作场地,工具、量具要放在适当位置;毛坯、半成品、成品应分别堆放。

(4) 不准戴手套操作车床。

(5) 切削前要夹紧工件,夹紧之后应立即拿掉扳手。

(6) 开车前要检查各手柄是否处于正确位置,开车后严禁变换主轴转速,否则会发生机床事故。

(7) 纵向和横向手动进退方向不能摇错,如把退刀摇成进刀,会使工件报废。

(8) 车床开动时,不准测量或用手摸工件;停车时不准用手去制动卡盘。

(9) 清除切屑要用专用钩子,不允许用扳手、量具清除,更不允许用手直接去拉切屑。

(10) 对车床的润滑部位定期加油润滑,以保证车床的正常运转。

3.2 普通车削基础技能训练

3.2.1 车刀安装

车刀的安装如图 3-12 所示。

1. 装夹前准备

首先转正刀架位置,锁紧刀架手柄;擦净刀架安装面及刀具表面;准备好合适的垫刀片。

2. 装夹方法

(1) 车刀伸出长度

车刀安装在刀架上伸出的长度应尽量短,一般为刀杆厚度的 1~1.5 倍。车刀下面垫刀片的数量也尽量少,车刀侧面与刀架边缘对齐,上平面至少用两个螺钉压紧,以防振动。如图 3-12a 所示。

演示文稿

工件与车刀的安装

(2) 车刀刀尖的高度

车刀刀尖应与工件中心等高,高于或低于工件中心,都会使工件端面中心留下凸台,且会损坏刀尖。若车刀刀尖高于工件中心,也会使车刀的实际后角减小,增大车刀后面与工件之间的摩擦;低于工件中心,会使车刀实际前角减小,切削阻力增大。如图 3-12b 所示。

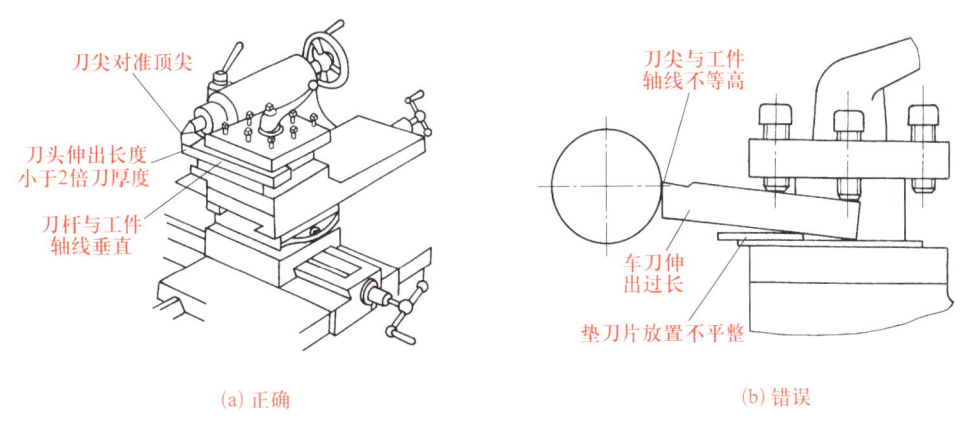

图 3-12 车刀的安装

(3) 操作注意事项

夹紧车刀时不得使用加力管,以免损坏刀架和车刀锁紧螺钉,同时,装夹时应确保车刀的刃磨角度不发生变化。

3.2.2 工件安装

切削加工前,必须将工件安装在车床夹具上,经过校正和夹紧,使工件在整个切削过程中始终保持正确稳固的位置。车削时,根据工件的形状、大小和所切削部位的不同,常用三爪自定心卡盘、四爪单动卡盘、两顶尖或一夹一顶来进行安装。

1. 用三爪自定心卡盘安装工件

（1）三爪自定心卡盘的工作原理

三爪自定心卡盘如图 3-13 所示。其工作原理为当用卡盘扳手转动小锥齿轮时，大锥齿轮也随之转动，在大锥齿轮背面平面螺纹的作用下，使三个爪同时向心移动或退出，以夹紧或松开工件。

（2）三爪自定心卡盘的特点

三爪自定心卡盘具有对中性好的特点，自动定心精度可达到 0.05～0.15 mm。可以装夹直径较小的工件（图 3-13 中的正爪装夹）。当装夹直径较大的外圆工件时可用三个反爪进行装夹（图 3-13 中的反爪装夹）。

三爪自定心卡盘由于夹紧力不大，所以一般只适宜于装夹截面为圆形、正六边形的重量较轻的中小型轴类、盘套类工件；当工件为重量较重的大型或形状不规则的工件时，宜用四爪单动卡盘或其他专用夹具。

（3）三爪自定心卡盘安装工件要领

为确保安全，将主轴置于空挡位置。用卡盘扳手将卡爪张开，张开量略大于工件直径，用右手持稳工件，将工件水平地放入卡爪内，并稍稍转动，使工件在卡爪内合适的位置，用左手转动卡盘扳手，将卡爪拧紧。待工件夹住后，右手方可松开工件。工件的安装如图 3-14 所示。

普通车削过程中，工件主要安装在三爪自定心卡盘上。

微视频

三爪卡盘拆装操作

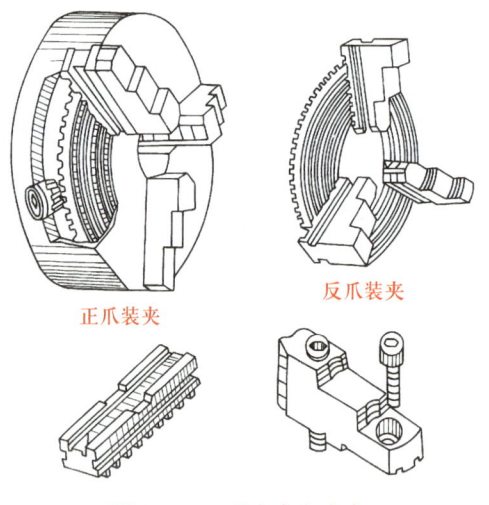

正爪装夹　反爪装夹

图 3-13　三爪自定心卡盘

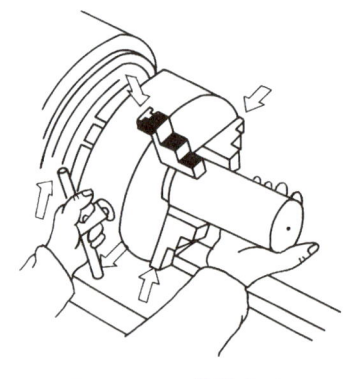

图 3-14　工件的安装

（4）三爪自动定心卡盘卡爪的装卸

① 首先关掉机床电源并将主轴放置空挡位置。

② 安装卡爪时，卡爪上的号码（1、2、3）要与卡盘上号码一致，并按编号依次安装。三只卡爪全部装入后，顺时针转动扳手，三爪中心合在一起，则安装正确；反之，则应卸下重新安装。

③ 卸卡爪时，左手逆时针转动卡盘扳手，右手扶住下面卡爪，避免掉落。

2. 一夹一顶安装工件

加工较长的轴类零件时,为了保证每道工序内及各道工序间的加工要求,通常以工件两端的中心孔作为定位基准。装夹的方法有两顶尖拨盘和鸡心夹装夹、一夹一顶装夹两种。

一夹一顶安装工件

（1）顶尖

顶尖的作用是确定中心,承受工件的重量及刀具作用在工件上的切削力。普通顶尖分为前顶尖及后顶尖,前顶尖不淬火,后顶尖淬火。这是因为前顶尖装在主轴前端的锥孔内与工件一起旋转,不发生摩擦；而后顶尖装在尾座套筒内不旋转,与工件有相对运动,产生摩擦,顶尖还分死顶尖和活顶尖。

（2）工件的安装

① 擦净工件端面的中心孔,并在中心孔内加注润滑脂。

② 将工件的一端夹在三爪自定心卡盘上,同时托住另一端；用右手摇动尾座手轮,使顶尖顶入工件中心孔内。一夹一顶安装工件如图 3-15 所示。

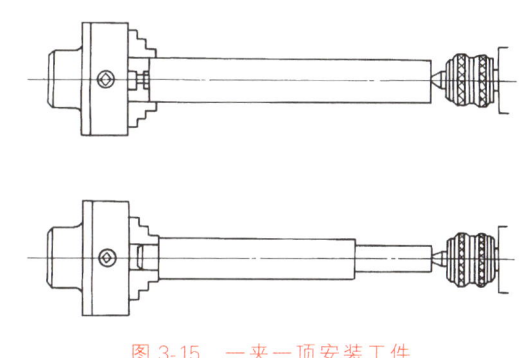

图 3-15 一夹一顶安装工件

③ 调整刀具位置。移动床鞍,使车刀刀尖离工件右端面距离不少于 5 mm,如距离太小,则中滑板与尾座相碰,应松开尾座重新调整套筒的伸出长度。

3.2.3 车削操作要点

1. 试切的方法与步骤

在切削加工前,要对车削工件的毛坯原始尺寸和图纸上所要求的尺寸的余量值有所了解,并且对切削用量有初步计算,才能够启动车床进行切削。所以,车削开始时应试切,以确定背吃刀量（切削深度）,然后合上自动进给手柄进行切削。

背吃刀量可通过中滑板丝杠上的刻度盘进行调整。刻度盘每转动一小格,车刀横向移动 0.05 mm,若要求背吃刀量 $a_p=0.4$ mm,则刻度盘应转过的格数 N＝0.4 mm/(0.05 mm)＝8 格。由于丝杠与螺母之间有间隙,当手柄转过了头或试切后发现尺寸不合适而需要退刀后重新切入时,应将刻度盘手柄反转一圈以上再顺转至所需刻度值上。这样可消除丝杠螺母的间隙误差,保证准确的背吃刀量。以车外圆为例说明试切的方法与步骤,如图 3-16 所示。

(1) 启动车床,移动床鞍与中滑板,使车刀刀尖与工件表面接触,如图 3-16a 所示,并记下中滑板刻度。

(2) 中滑板不动,移动床鞍,退出车刀离开工件端面 2～5 mm,如图 3-16b 所示。

(3) 按选定的背吃刀量 a_{p1},摇动中滑板手柄作横向进给,如图 3-16c 所示。

(4) 移动床鞍,试切长度为 2～3 mm,如图 3-16d 所示。

(5) 中滑板手柄不动,向右退出车刀,停车,测量工件尺寸,如图 3-16e 所示。

(6) 判断测量结果。如尺寸正确,即可进刀车削;若不符合要求,再调整背吃刀量 a_{p2},如图 3-16f 所示,进行第二次试切。直到试切尺寸合格后,才能进行正式自动车削。

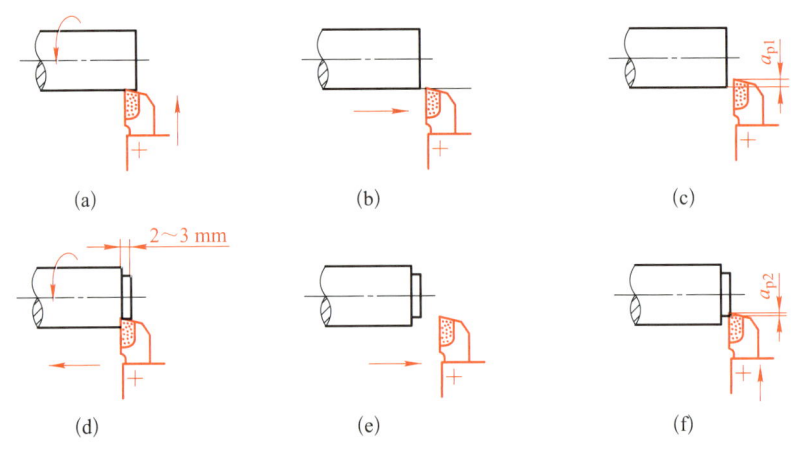

图 3-16 试切的方法与步骤

2. 车削加工顺序

为了提高生产率,保证加工质量,生产中常把车削加工顺序分为粗车和精车。

(1) 粗车

粗车的目的是尽快从工件上切去大部分加工余量,使工件接近最后的形状和尺寸,粗车后尺寸公差等级一般为 IT14～IT11,表面粗糙度 Ra 值一般为 3～12.5 μm。

实践证明加大背吃刀量不仅可提高生产率,而且对车刀的耐用度影响不大。因此粗车时要优先选用较大的背吃刀量,并适当加大进给量,选用中等或偏低的切削速度。

使用硬质合金车刀粗车时,切削用量的选用范围如下:背吃刀量 a_p 取 2 mm;进给量 f 取 0.15～0.4 mm/r;切削速度 v_c 因工件材料不同而略有不同,车钢时取 0.8～1.2 m/s,车铸铁时可取 0.7～1.0 m/s。

粗车铸件时,因工件表面有硬皮,若背吃刀量很小,刀尖容易被硬皮碰坏或磨损,因此第一刀背吃刀量应大于硬皮厚度,如图 3-17 所示。

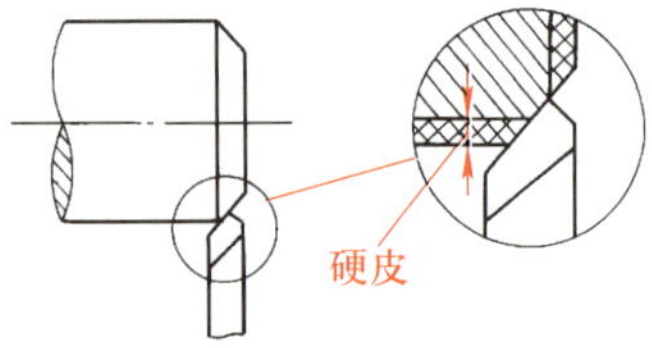

图 3-17 粗车铸件的背吃刀量

(2) 精车

精车的目的是要保证零件的尺寸精度和表面粗糙度等要求,尺寸公差等级可达 IT8～

IT7,表面粗糙度 Ra 值可达 1.6 μm。给精车留有的加工余量一般为 0.5~2 mm。

精车时保证零件表面粗糙度符合技术要求的主要措施有以下几点：

① 采用较小的副偏角 κ_r' 或刀尖磨出小圆弧。

② 选用较大的前角 γ_o，并用油石把车刀的前面和后面打磨得光一些。

③ 合理选择切削用量。精车的切削用量选择范围如下：背吃刀量 a_p 取 0.3~0.5 mm(高速精车)或 0.05~0.1 mm(低速精车)；进给量 f 取 0.05~0.2 mm/r；用硬质合金车刀高速精车钢件时，切削速度 v_c 取 1.7~3.3 m/s，精车铸铁时取 0.8 m/s。

④ 合理使用切削液。低速精车钢件时使用乳化液，低速精车铸铁件时常用煤油。

有时需在粗车与精车之间安排一个半精车。

3.3 普通车削专项技能训练

3.3.1 车端面和外圆

机器零件上有很多端面，端面一般用来支承其他零件的表面，用来确定其他零件的轴向定位，所以端面一般垂直于零件的轴线。

圆柱形表面是构成各种机器零件形状的基本表面之一。车外圆是车削工作中最常见、最普遍的一种加工，它与车床上其他加工方式有着密切联系，所以车外圆是车工必须熟练掌握的基本功之一。

1. 加工图及评分标准

车端面、外圆的加工图样和配分表如图 3-18 所示。

2. 加工准备

(1) 刀具

准备 45°车刀、90°车刀各一把。

(2) 工量具

准备 0~150 mm 游标卡尺一把。

(3) 工件

准备铸铁棒料一根，规格 $\phi 50 \times 120$。

(4) 安装工件

置变速手柄于空挡位置。将工件放在卡爪间，伸出长度 40~45 mm，右手边转动零件，左手边转动卡盘扳手轻轻夹紧。夹紧后，必须随即取下扳手，以保证安全。开机，使主轴低速旋转，检查工件有无偏摆。若有偏摆，应停车后，轻敲工件纠正或再次安装，然后拧紧三个卡爪。

(5) 安装刀具

先装 45°车刀，再转动刀架安装 90°车刀，方法同前。安装 90°车刀时，主切削刃和轴线的角度略大于 90°。

演示文稿

车端面

微视频

车端面

演示文稿

车外圆

微视频

车外圆

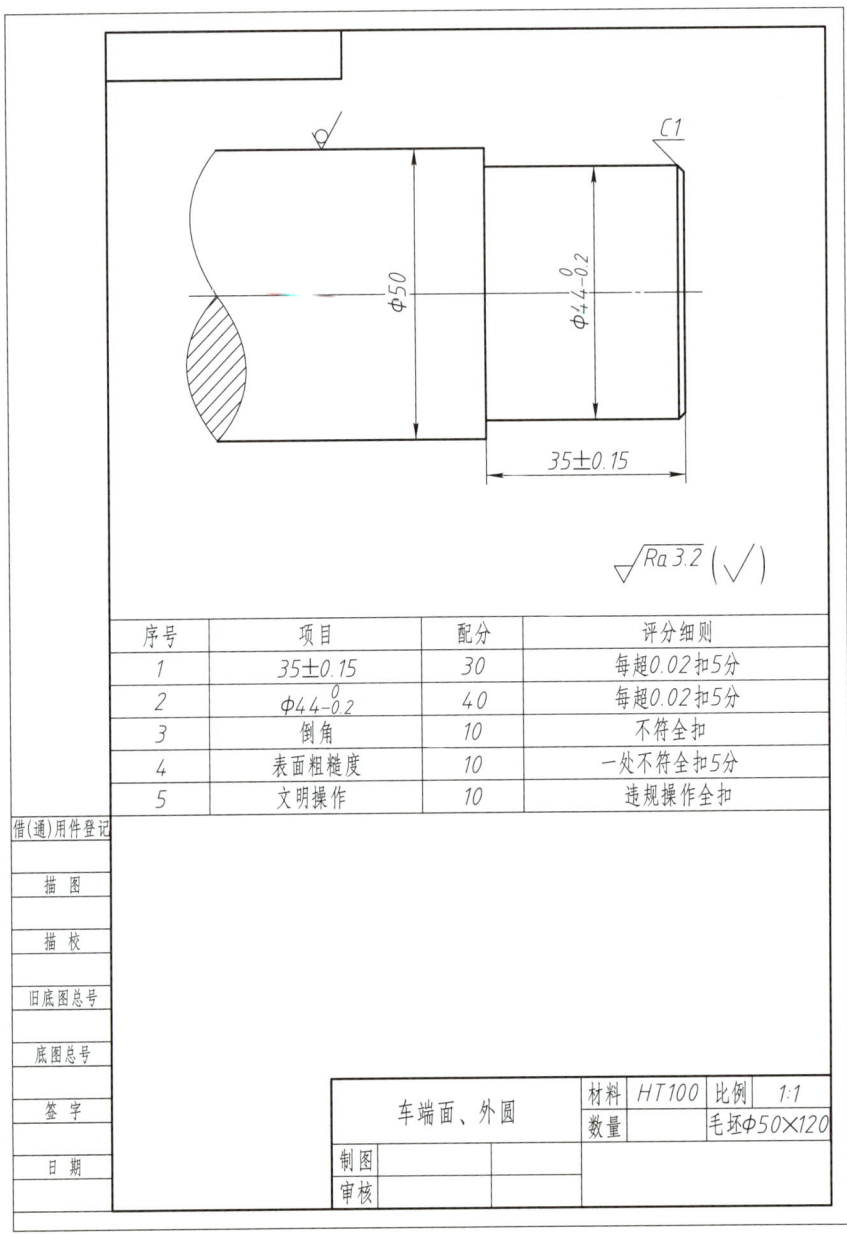

图 3-18 车端面、外圆的加工图样和配分表

(6) 调整主轴转速和进给量

粗车:$n=400$ r/min;$a_p=0.5\sim1.5$ mm;$f=0.2\sim0.3$ mm/r。

精车:$n=560$ r/min;$a_p=0.1\sim0.2$ mm;$f=0.1\sim0.15$ mm/r。

3. 加工工件

(1) 车端面

选用 45°车刀切削,车端面光出即可。用手动进给时,速度要均匀。用自动进给时,当刀尖离中心 5~10 mm，改用手动进给。端面的直径从外到中心是变化的，切削速度也在改变，在计算切削速度时必须按端面的最大直径计算。

（2）车外圆

① 对刀。

选用 90°车刀切削，移动大滑板与中滑板，使车刀刀尖与工件端面轻微接触，记下大滑板刻度，退出中滑板。大滑板向前移动 35 格（每格/mm），确定长度尺寸 35 mm，在大滑板的刻度做好记号。再在 $\phi 50$ 外圆上对刀，在中滑板的刻度做好记号。

② 试切。

试切就是使用游标卡尺或千分尺检查背吃刀量是否准确。中滑板进 10 格，（每格 0.05 mm）背吃刀量 $a_p \approx 0.5$ mm，先车出一小段外圆约 1~3 mm 长。大滑板纵向退出，中滑板不动。停车，用游标卡尺检测外圆尺寸是否 $\phi 49$，如不符合，则重新调整刻度进行试切，直至符合尺寸要求。

③ 切削。

根据实际测量外圆尺寸，结合图纸要求，计算出总的背吃刀量，调整中滑板刻度，自动进给车出外圆和全部长度。

④ 倒角。

用 45°车刀倒角 C1，去毛刺。

4. 检验

停车，用千分尺测量外径尺寸，游标卡尺测量长度尺寸，如符合图纸要求，则卸下零件。

车台阶外圆

车台阶外圆

3.3.2　车台阶外圆

参考专项技能训练 3.3.1 中车端面、外圆的方法，完成车台阶外圆的加工（图 3-19）。

3.4　普通车削综合技能训练

3.4.1　综合技能训练 1

1. 加工准备

工件毛坯是尺寸为 $\phi 60 \times 100$ 的圆棒料，材料为 45 钢。其他工量刀具以车间现场提供为准。

2. 任务要求

单向台阶轴加工图样和配分表如图 3-20 所示。按要求完成综合技能训练。

3.4.2　综合技能训练 2

1. 加工准备

工件毛坯是尺寸为 $\phi 35 \times 192$ 的圆棒料，材料为 45 钢。其他工量刀具以车间现场提供为准。

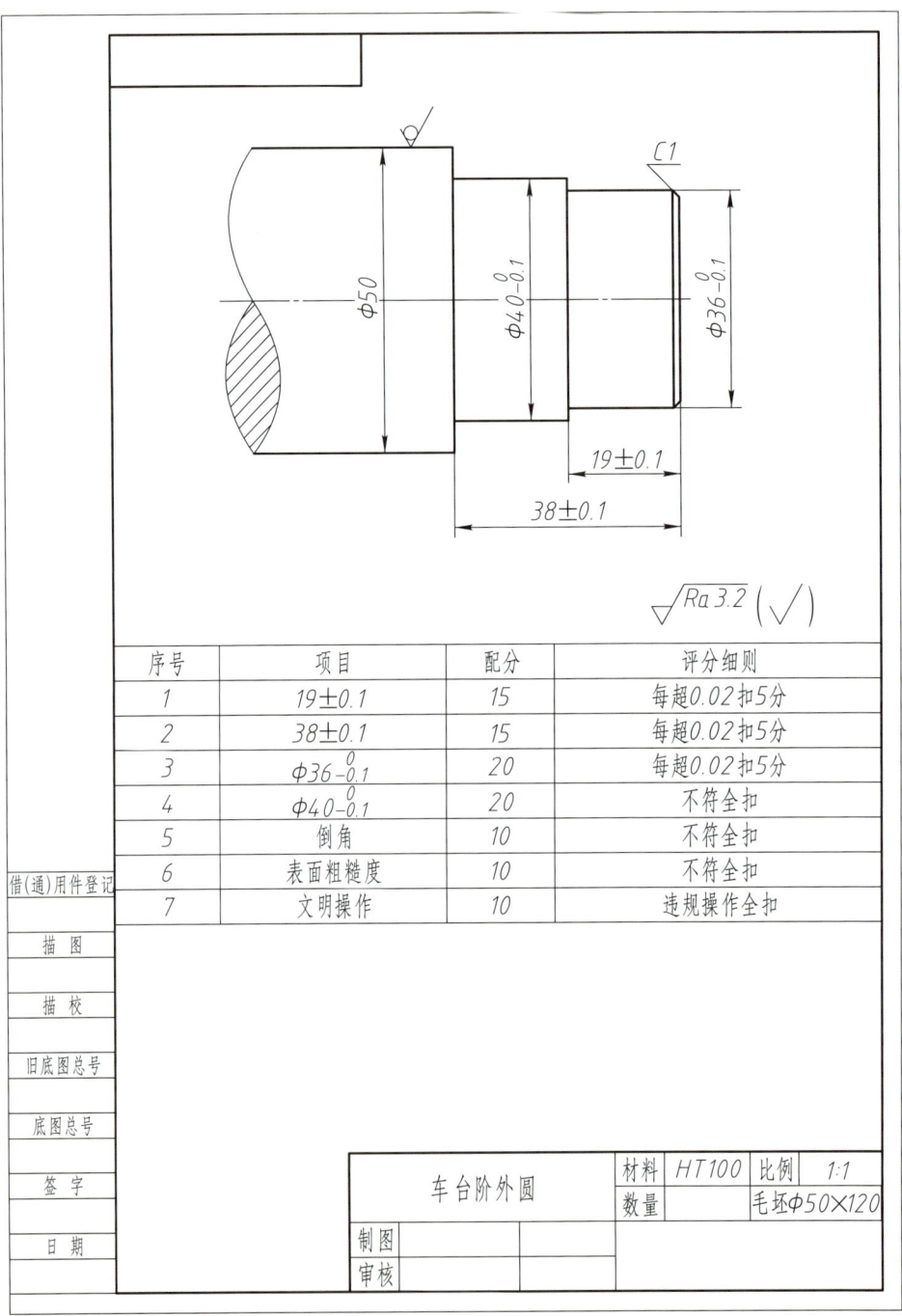

图 3-19 车台阶外圆的加工图样和配分表

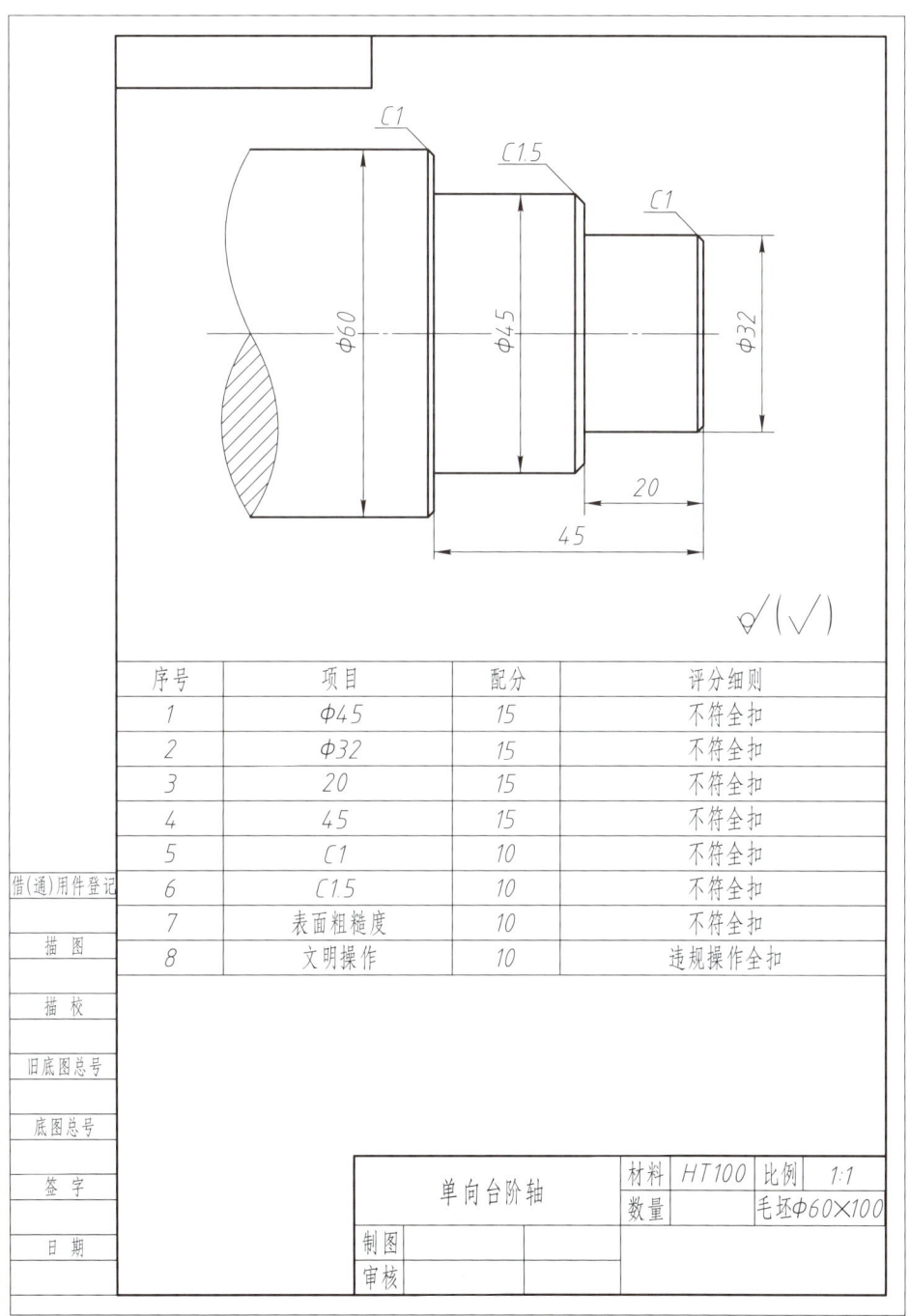

图 3-20 单向台阶轴加工图样和配分表

2. 任务要求

双向台阶轴加工图样和配分表如图 3-21 所示。按要求完成综合技能训练。

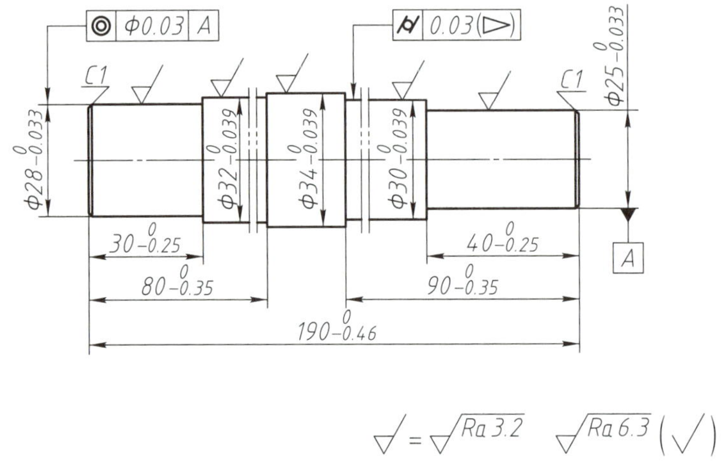

序号	项目	配分	评分细则
1	$\phi28_{-0.033}^{0}$ $\phi25_{-0.033}^{0}$	16	每超0.02扣3分
2	$\phi32_{-0.039}^{0}$ $\phi34_{-0.039}^{0}$	16	每超0.02扣3分
3	$\phi30_{-0.039}^{0}$	8	每超0.02扣3分
4	$30_{-0.25}^{0}$ $40_{-0.25}^{0}$	12	每超0.02扣3分
5	$80_{-0.35}^{0}$ $90_{-0.35}^{0}$	12	每超0.02扣3分
6	$190_{-0.46}^{0}$	6	每超0.02扣3分
7	◎ $\phi0.03$ A	5	不符全扣
8	⌿ 0.03 ▷	5	不符全扣
9	Ra 3.2	5	不符全扣
10	C1	5	不符全扣
11	表面粗糙度	5	不符全扣
12	文明操作	5	违规操作全扣

图 3-21 双向台阶轴加工图样和配分表

Module 4 模块 4

数控车削初级技能训练

教学导航

知识目标	1. 了解数控车床典型设备及常用工量刀具 2. 掌握数控车削安全知识 3. 掌握简单轴类零件的加工工艺和编程知识
技能目标	1. 能熟练使用常用的工量刀具 2. 能熟练操作数控车床完成简单轴类零件加工
教学设施、设备	多媒体教室、数控车床 10 台以上
职业道德与规范	遵守操作规程,按时保养设备和清洁工量具
参考学时	28 学时

4.1 数控车削基本知识

4.1.1 数控车削典型设备

演示文稿

数控车削
典型设备

数控车床品种繁多,规格不一。通常按车床主轴位置分可分为卧式数控车床和立式数控车床,按功能分可分为经济型数控车床、普通数控车床和车削加工中心。图 4-1 为卧式数控车床,它由数控装置、床身、主轴箱、刀架进给系统、尾座、液压系统、冷却系统、润滑系统、排屑器等部分组成。

由于数控车床在结构上应用了计算机数控系统,驱动部件为伺服电动机,使得主运动与进给运动系统的机械结构得到了极大的简化,尤其是进给系统与普通车床有着本质的区别。传统车床的运动是由进给箱、溜板箱和挂轮箱中众多齿轮啮合来传递动力的,因此总存在着一定的传动比。数控车床各轴的动力源是独立的,直接由伺服电机通过滚珠丝杆来带动拖板及刀架,并可实现两坐标系联动,这在加工螺纹时具有明显的优势,并能完成轴类与盘环类零件的外圆锥、圆弧、端面、内孔及螺纹等表面的加工。

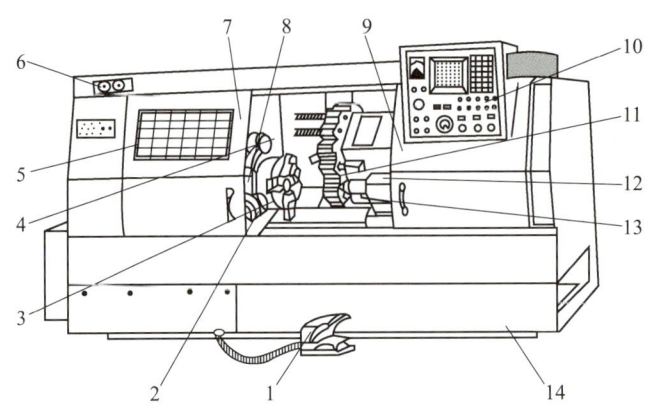

1—脚踏开关;2—对刀仪;3—主轴卡盘;4—主轴箱;5—防护门;6—压力表;
7、9—防护罩;8—转臂;10—操作面板;11—回转刀架;12—尾座;13—滑板;14—床身。

图 4-1 卧式数控车床的组成

4.1.2 数控车削常用刀具

数控车削刀具一般是指可转位的机夹式刀具,这类刀具采用刀片与刀杆通过机械夹紧的方式连结,故称为机夹式刀具。因为刀片不需要刃磨,且一般一个刀片有3~8条切削刃,当某一条切削刃磨损后,可以通过旋转换用其他几条切削刃,效率较高。机夹式刀具由于调整迅速,对刀方便,在数控加工中得到了广泛应用。

1. 对刀具的要求

为了保证数控机床的加工精度、生产率及降低刀具的损耗,在选用数控机床刀具时对刀具提出了较高的要求,如足够的硬度、强度和韧性,高的耐磨性和耐热性,良好的导热性,良好的工艺和经济性,良好的抗粘接性等。

(1) 硬度　刀具材料的硬度必须高于加工工件材料的硬度,否则在高温高压下,就不能保持刀具锋利的几何形状,这是刀具材料应具备的最基本特征。

(2) 强度和韧性　刀具切削部分的材料在切削时要承受很大的切削力和冲击力。例如,车削45钢时,当$a_p=4$ mm,$f=0.5$ mm/r 时,刀具要承受大约4 000 N的切削力。因此,刀具材料必须要有足够的强度和韧性。

(3) 耐磨性和耐热性　刀具材料的耐磨性是指抵抗磨损的能力。一般说来,刀具材料硬度越高,耐磨性越好。其耐热性通常用它在高温下保持较高硬度的性能即高温硬度来衡量,或叫红硬性。高温硬度越高,表示耐热性越好,刀具材料在高温时抗塑变形的能力、抗磨损的能力也就越强。

(4) 导热性　刀具材料的导热性用热导率[单位为 W/(m·K)]来表示。热导率大,表示导热性好,切削时产生的热量容易传导出去,从而降低切削部分的温度,减轻刀具磨损。此外,导热性好的刀具材料其耐热冲击和抗热龟裂的性能增强,这种性能对采用脆性材料进行断续切削,特别是在加工导热性能差的工件时尤为重要。

(5) 工艺和经济性　为了便于制造,要求刀具材料有较好的可加工性,包括锻压、焊接、切削加工、热处理、可磨性等。

(6) 抗粘接性　足够的抗粘接性可以防止工件与刀具材料分子间在高温高压作用下发生相互吸附产生粘接。

2. 刀具的分类

① 按刀具切削部分的材料,可分为高速钢、硬质合金、陶瓷、立方氮化硼和聚晶金刚石等刀具。

② 按刀具的结构形式,可分为整体式、焊接式、机夹可转位式和涂层刀具(数控机床广泛使用机夹可转位式刀具)、减振式、内冷式和一些特殊形式刀具。

③ 从切削工艺划分,车削刀具有:外圆、内孔、外螺纹、内螺纹、切槽、切端面、切端面环槽、切断等刀具。

3. 可转位刀片的 ISO 符号标记

可转位刀片的 ISO 符号标记由字母和数字组成,如图 4-2 所示。

A	P	H	W	20	04	60	T	R	-A27
1	2	3	4	5	6	7	8	9	12

图 4-2　可转位刀片的 ISO 符号标记

第 1 位——刀片的几何形状及其夹角。

第 2 位——刀片主切削刃后角(法角)。

第 3 位——刀片内接圆直径与厚度的精度级别。

第 4 位——刀片型式、紧固方法或断屑槽。

第 5 位——刀片边长、切削刃长度。

第 6 位——刀片厚度。

第 7 位——刀尖圆角半径或主偏角或修光刃后角。

第 8 位——切削刃状态,刀尖切削刃或倒棱切削刃。

第 9 位——进刀方向或倒刃宽度。

第 10~12 位——厂商的补充符号或倒刃角度。

4. 车刀刀片夹紧方式

(1) 杠杆式夹紧系统

杠杆式夹紧系统是最常用的刀片夹紧方式,如图 4-3 所示。其特点为:

① 夹紧系统较为牢固可靠;

② 调节距离较大;

③ 定位精度高,切屑流畅,操作简便,可与其他系列刀具产品通用;

④ 结构复杂,制造工艺差和加工成本高,故适合专业厂集中生产。

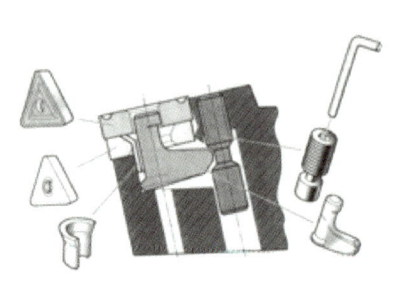

图 4-3　杠杆式夹紧系统

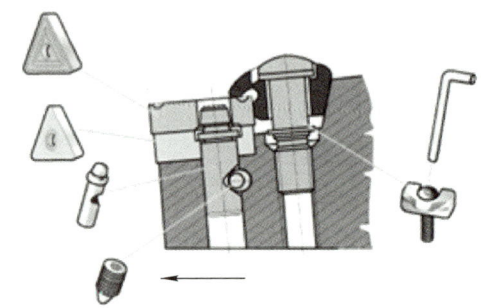

图 4-4　锲销压紧式夹紧系统

(2) 锲销压紧式夹紧系统

锲销压紧式夹紧系统如图 4-4 所示，它常用于仿形加工，具有以下特点：

① 调节距离大，能可靠地夹紧刀片；

② 锁紧稳定，能抑制振动和承受大的切削力。

(3) 螺钉锁紧式夹紧系统

螺钉锁紧式夹紧系统如图 4-5 所示，它适用于小孔径内孔以及长悬伸加工，具有以下优点：

① 可用来夹紧小型刀片；

② 出屑流畅。

但使用时也会有以下缺点：

① 螺丝出现疲劳现象时难以保证可转位刀片的定位可靠；

② 在装卸刀片时螺丝容易滑落；

③ 螺丝顶部可能会被出屑损坏，尤其在内部加工时容易出现这种现象。

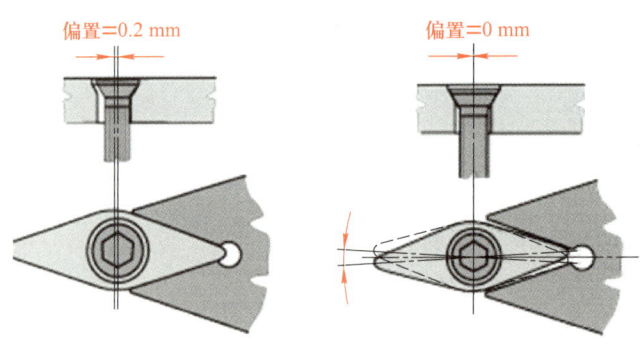

图 4-5　螺钉锁紧式夹紧系统

(4) 弹性刀槽压紧式/弹性刀槽自锁式夹紧系统

弹性刀槽压紧式夹紧系统如图 4-6 所示，弹性刀槽自锁式夹紧系统如图 4-7 所示。这两种刀片都具有以下特征：

① 结构简单，夹紧力可靠；

② 弹性刀槽压紧式可使用双头刀片,弹性刀槽自锁式可使用单头刀片;
③ 弹性刀槽自锁式无需人工夹紧。

图 4-6 弹性刀槽压紧式夹紧系统

图 4-7 弹性刀槽自锁式夹紧系统

(a) 外圆车刀

(b) 35度菱形刀

(c) 内孔车刀

(d) 切槽刀、切断刀

(e) 螺纹车刀

图 4-8 常用数控车刀

5. 常用数控车刀

常用数控车刀如图 4-8 所示,分别为外圆车刀、35 度菱形刀、内孔车刀、切槽刀、切断刀、螺纹车刀等常用数控车刀。

4.1.3　数控车削安全知识

1. 文明生产

文明生产是现代企业制度中一项十分重要的内容,所以操作者除了掌握好数控机床的性能、精心操作外,还要一方面管好、用好和维护好数控机床;另一方面必须养成文明生产的良好工作习惯和严谨的工作作风,应具有较好的职业素质、责任心和良好的合作精神。

2. 安全操作规程

为了正确合理地使用数控机床,减少其故障的发生。操作人员必须按以下机床操作规程进行操作。

(1) 开机过程注意事项

① 严格按机床说明书中的开机顺序进行操作。

② 一般情况下开机过程中必须先进行回机床参考点操作,建立机床坐标系。

③ 开机后让机床空运转 15 min 以上,使机床达到热平衡状态。

④ 关机后必须等待 5 min 以上才可以进行再次开机,没有特殊情况不得随意频繁进行开机或关机操作。

(2) 调试过程注意事项

① 编辑、修改、调试好程序。若是首件试切必须进行空运行,确保程序正确无误。

② 按工艺要求安装、调试好夹具,并清除各定位面的铁屑和杂物。

③ 按定位要求装夹好工件,确保定位准确可靠,以免在加工过程中出现工件松动现象。

④ 安装好所要用的刀具,若是加工中心,则必须使刀具在刀库上的刀位号与程序中的刀号严格一致。

⑤ 按工件上的编程原点进行对刀,建立工件坐标系。若用多把刀具,则其余各把刀具分别进行长度补偿或刀尖位置补偿。

⑥ 设置好刀具半径补偿。

(3) 加工过程注意事项

① 加工过程中,不得调整刀具和测量工件尺寸。

② 加工过程中,自始至终监视运转状态,严禁离开机床,遇到故障立即急停,防止发生不必要的事故。

③ 在批量生产中,定时对工件进行检验。确定刀具是否磨损。

④ 机床各轴在关机时远离其参考点,或停在中间位置。使工作台重心稳定。

⑤ 关机或交接班时对加工情况,重要数据等作好记录。

3. 数控车床维护及保养知识

数控车床使用寿命的长短和故障发生率的高低,不仅取决于车床本身的精度和性能,而且在很大程度上也取决于操作者对它的正确使用和维护。数控车床的维护保养要做到"定时、定

期",责任到人。数控车床日常维护与保养要求如下:

① 检查确认各润滑油箱的油量是否符合要求,各手动加油点,按规定加油。
② 注意观察机器导轨与丝杠表面有无润滑油,使之保持良好的润滑状态。
③ 检查确认液压夹具运转情况、主轴运转情况。
④ 工作中随时观察积屑情况,有积屑严重应停机清理;随时观察切削液系统工作是否正常。
⑤ 如果离开机器时间较长要关闭电源,以防非专业者操作。
⑥ 操作者在每天任务完成后,应将各伺服轴回归原点后按下急停按钮、停机、断电;清扫干净切屑、油垢并在设备滑动导轨部位涂润滑油。

4.1.4 数控车削常用编程知识

车削加工一般是通过工件旋转和刀具进给完成切削过程的,其主要加工对象是回转体零件。由于回转体类零件在零件设计和尺寸标注时,在径向方向的尺寸总是以中心轴线为基准,标注时常常以直径尺寸来标注,因此,为简化编程计算,数控车床编程时,统一采用直径编程的方法,即在编程时,径向尺寸均用直径值。

一般来说,车床出厂时设定为直径编程,如特殊需要用半径编程,则要改变系统中相关的设定参数,使系统处于半径编程状态。

1. 数控车削程序及其编制过程

在数控车床上加工零件,首先需要根据零件图样分析零件的工艺过程、工艺参数等内容,用规定的代码和程序格式编制出合适的数控加工程序,这个过程称为数控编程。数控编程可分为手工编程和自动编程(计算机辅助编程)两大类。不同的数控系统,甚至不同的数控机床,它们的零件加工程序的指令是不同的。编程时必须按照数控机床的规定进行编程。

编程过程依赖人工完成的称为手工编程,手工编程主要适合编制结构简单,并可以方便使用数控系统提供的各种简化编程指令的零件的加工程序。由于数控车床主要加工对象是回转类零件,零件程序的编制相对简单,因此,车削类零件的数控加工程序主要依靠手工编程完成,本章以手工编程为主,来介绍数控车床(系统 FANUC Series 0i-TD)的编程知识与技巧。

手工编程的一般过程如下:
① 分析零件图样,明确加工要求,确定工艺过程,选择数控机床,选择刀具和夹具。
② 建立工件坐标系,根据零件图样、零件加工允许的误差,计算出零件轮廓的坐标值,或采用计算机辅助计算。
③ 确定走刀路线。
④ 根据所使用系统的编程要求,按照规定的编程格式,编写加工程序单及程序检验。

2. 程序的一般结构和程序段的格式

(1) 程序的一般结构

一个完整的程序由开始符、程序号、程序主体以及程序结束组成,如表 4-1 所示:

(2) 程序段的格式

一个程序段定义一个将由数控装置执行的指令行。程序段的格式定义了每个程序段中功能命令的句法。

表 4-1　程序结构

程　　序	程序注释
％ O4001；	开始符 程序号
M03 S300； T0101； G00 X38 Z3； …； G00 X100 Z100； T0100；	程序主体
M30； ％	程序结束

程序由若干个程序段构成的,每个程序段又是由若干个程序字组成的。一般来说,每个程序段占一行。程序段可作为一个单位来处理的、连续的字组,是数控加工程序中的一条语句。

程序段格式是指一个程序段中各自的特定排列顺序及表达形式。不同的数控系统,程序段格式不一定相同。格式不合规定,数控装置会发出出错报警。

目前国内外应用最广泛的是字地址可变程序段格式,前面所举例子就是使用这种程序段格式。字地址可变程序段格式具有如下特点:

① 在程序段中,每个字都是由英文字母开头,后面紧跟数字。字母代表字的地址,故称为字地址格式。

② 一个程序段中各字的排列顺序并不严格,但习惯上仍按一定顺序排列,以便于阅读和检查。

③ 尺寸数字可只写有效数字,不必写满规定位数。

④ 不需要的字及与上一程序段相同的模态字可以省略。模态字也称续效字,指某些经指定的 G 功能和 M、S、T、F 功能,它一经被运用,就一直有效,直到出现同组的其他模态字时才被取代。

采用这种程序段格式,即使对同一程序段,写出的字符数也可以不等,因此称为可变程序段格式。优点是程序简短、直观、不易出错。

如下所示为一典型的程序段。

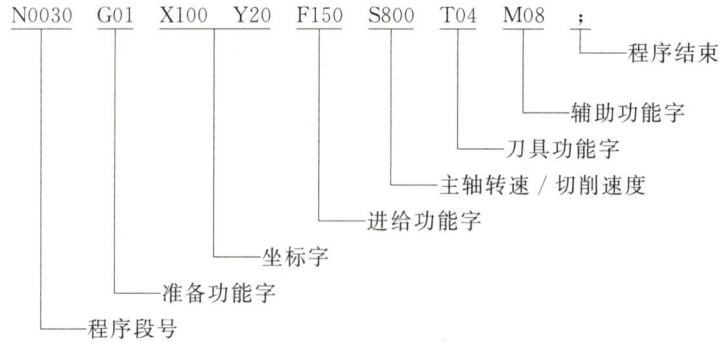

3. 基本常用指令的介绍

FANUC 数控车床常用的 G 功能指令、M 功能指令及常用的地址符含义见表 4-2、表 4-3 和表 4-4。

表 4-2 常用 G 功能指令

G 代码	功 能	G 代码	功 能
G00	定位(快速定位)	G70	精车循环
G01	直线插补(切削进给)	G71	内、外径粗车循环
G02	圆弧插补	G72	端面粗车循环
G03	圆弧插补	G73	成型车削循环
G04	暂停	G76	车削螺纹循环
G41	左刀补	G90	单一形状固定循环
G42	右刀补	G92	螺纹切削循环
G40	取消刀补	G96	恒线速度控制
G65	宏程序调用	G97	恒线速度控制取消

表 4-3 常用 M 功能指令

M 代码	功 能	M 代码	功 能
M00	程序停止	M08	冷却液开
M02	程序结束	M09	冷却液关
M03	主轴正转	M30	程序结束并返回程序起点
M04	主轴反转	M98	子程序调用
M05	主轴停止	M99	子程序结束

表 4-4 常用地址符含义

字 符	功 能	意 义
O	程序号	程序的起始符,后跟 4 位数字或字母
N	程序段号	顺序号
G	准备功能	定义运动方式(直线、圆弧等)
X、Y、Z	尺寸字	轴向运动指令
U、V、W	尺寸字	附加轴运动指令
A、B、C	尺寸字	旋转坐标轴
R	尺寸字	圆弧半径或固定循环的参数
I、J、K	尺寸字	圆弧起点相对圆心的增量坐标或固定循环的参数
F	进给速度	定义进给速度;mm/r(FANUC 系统);单位 mm/min(华中系统)
S	主轴转速	定义主轴转速;单位 r/min
T	刀具功能	定义刀具号刀补号
M	辅助功能	机床的辅助动作
P	子程序号	子程序号
L	重复次数	子程序的循环次数

4.2 数控车削基础技能训练

4.2.1 数控车床的操作面板

数控车床手动输入模式(MDI)操作面板与系统有关,不同的数控系统其面板也不同,由系统制造厂家确定,图 4-9 为 FANUC Series 0i-TD 操作面板。

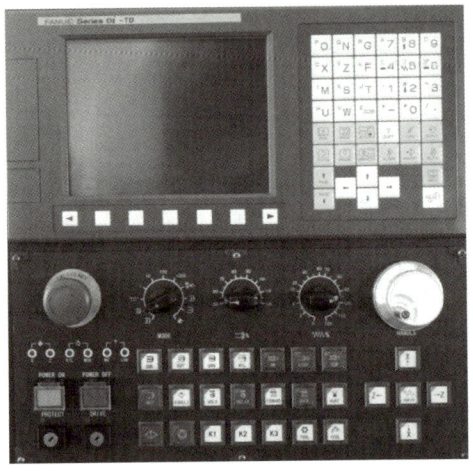

图 4-9　FANUC Series 0i-TD 操作面板

数控车床 MDI
运行视频

1. MDI 键盘说明

MDI 键盘如图 4-10 所示。

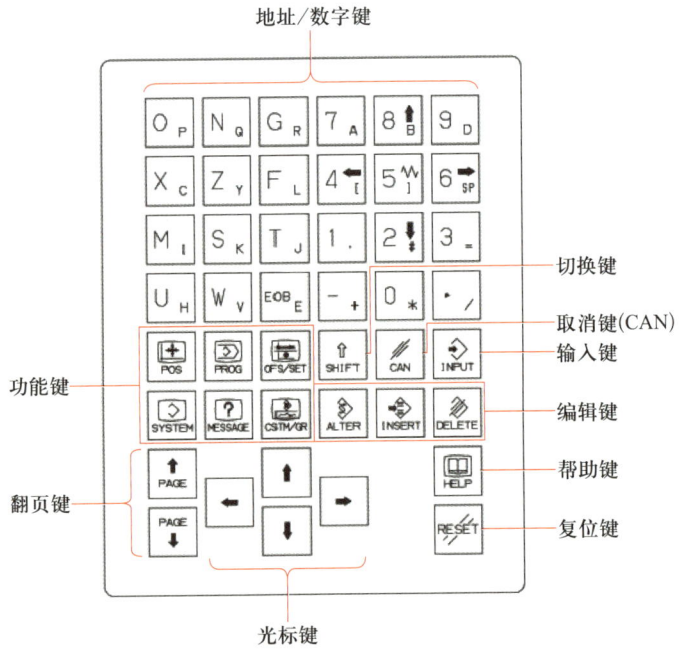

图 4-10　MDI 键盘

(1) 地址/数字键用于输入数据到输入区域,系统自动判别取字母还是取数字。

(2) 编辑键

【ALTER】替换键,用输入的数据替代光标所在的数据。

【INSERT】插入键,把输入域之中的数据插入到当前光标之后的位置。

【DELETE】删除键,删除光标所在的数据,或者删除一个数控程序或者删除全部数控程序。

(3) 功能键

【POS】坐标位置显示页面键,位置显示有三种方式,可用 PAGE 按钮选择。

【PROG】数控程序显示与编辑页面键。

【OFS/SET】参数输入页面键,按第一次进入坐标系设置页面,按第二次进入刀具补偿参数页面。进入不同的页面以后,用 PAGE 按钮切换。

【SYSTEM】系统参数页面键。

【MESSAGE】信息页面键,如显示"报警信息"。

【CSTM/GR】图形参数设置页面键。

(4) 其他键

【INPUT】输入键,把输入域内的数据输入到参数页或者输入一个外部的数控程序。

【SHIFT】切换键。

【CAN】取消键,消除输入域内的数据。

【EOB】换行键,结束一行程序的输入并且换行。

【HELP】系统帮助页面键。

【RESET】复位键,可以使 CNC 复位或者解除报警。

2. 控制按钮功能说明

【EMERGENCY STOP】(紧急停止)当出现紧急情况时按下该按钮,液压站和控制单元的伺服系统电源即切断,整个机床就停止,控制单元进入复位状态,屏幕显示"NOT READY"。要关闭机床电源也可按此按钮。

【POWER ON/OFF】(电源开/关)按下此按钮激活数控装置,液压泵随即开动,机床处于准备完成状态。

【EDIT】编辑方式旋钮,显示当前加工状态。

【MDI】手动数据输入方式旋钮。

【JOG】手动控制方式旋钮。

【HND】手摇轮控制方式旋钮。

【AUTO】自动运行方式旋钮。

【REF】返回参考点方式旋钮。

【SBK】单段运行方式按钮。

【BDT】程序跳转按钮。

【DRN】空运行按钮。

【AFL】M、S、T辅助机能锁住按钮。

【CYCLE START/FEED HOLD】循环启动/进给保持按钮。

【MACHINE LOCK】机床锁定按钮。

4.2.2 数控车床操作方法与步骤

1. 机床的开机和关机

(1) 开机

① 首先检查机床的初始状态以及控制柜的前、后门是否关好。

② 机床电源开关一般位于机床的侧面或背面,使用时必须先将主电源开关置于【ON】挡。

③ 确定电源接通后,按下机床操作面板上的【POWER ON】按钮,系统自检后显示器上出现位置显示画面。注意在出现位置显示画面和报警画面之前,请不要接触 CRT/MDI 操作板上的键,以防引起意外。

④ 顺时针方向松开急停【EMERGENCY STOP】按钮。

⑤ 绿灯亮后,机床液压泵已启动,机床进入准备状态。

(2) 关机

① 确认机床的运动全部停止,将各伺服轴回归参考点后按下机床操作面板上的【POWER OFF】按钮约 5 秒,CNC 系统电源被切断。

② 将主电源开关置于【OFF】挡,切断机床的电源。

2. 机床回参考点

(1) 旋转机床操作面板上【REF】旋钮。

(2) 分别使各轴向参考点方向手动进给,先按下＋X【↓】按钮再按下＋Z【→】按钮,当机床面板上的【X 轴回零】和【Z 轴回零】的指示灯亮时,表示已回到参考点。

注意,系统上电后,必须回参考点;发生意外而按下急停按钮时,则必须重新回到参考点;为了保证安全,防止刀架与尾座相撞,在回参考点时应首先 X 轴回零,然后再 Z 轴回零。

3. 换刀操作(两种方法)

(1) 手动方式

① 旋转机床操作面板上的【JOG】旋钮。

② 按下【TOOL】按钮,按钮按一次刀盘以正方向旋转到下一个刀位。

(2) MDI 方式

① 旋转机床操作面板上的【MDI】旋钮。

② 按下【PROG】按钮,进入【MDI】输入窗口。

③ 在数据输入行输入 T××××(后面跟四位数字,前面两位表示刀位号,后面两位表示刀补号),按下【EOB】按钮,再按下【INSERT】按钮确定。

④ 按下【CYCLE START】按钮,执行输入的命令。

4. 程序的编辑操作方式

旋转机床操作面板上的【EDIT】旋钮。在系统操作面板上,按下【PROG】按钮,系统显示屏(CRT)上出现编程界面,系统处于程序编辑状态,按程序编制格式进行程序的输入和修改,然后将程序保存在系统中。也可以通过系统软功能键的操作,对程序进行程序选择、程序复制、程序改名、程序删除、通信、取消等操作。

微视频

数控程序的检索、建立与删除

(1) 程序的输入

① 置于【EDIT】方式。

② 按下【PROG】按钮,进入程序界面。

③ 输入地址"O"及要存储的程序号(四位数字或字母),输入的程序名不可以与已有的程序名重复。

④ 先按下【EOB】按钮,再按下【INSERT】按钮,可以存储程序号,然后在每个程序号的后面输入程序,先按下【EOB】按钮,再按下【INSERT】按钮存储程序。

(2) 程序的检查、修改

① 置于【EDIT】方式。

② 按下【PROG】按钮,键入地址选择要编辑的程序。

③ 按下【PAGE↑】与【PAGE↓】按钮,或者使用光标移动键来检查程序。

④ 光标移动到要变更的字,进行【CAN】、【ALTER】、【DELETE】、【SHIFT】等操作。

(3) 程序的删除

① 置于【EDIT】方式。

② 按下【PROG】按钮,键入地址"O××××"选择要删除的程序。

③ 按下【DELETE】按钮,"O××××"NC 程序被删除。

④ 删除全部程序,输入"0-9999",按下【DELETE】按钮,全部程序删除。

(4) 程序的检索

① 置于【EDIT】方式。

② 按下【PROG】按钮,键入地址和要检索的程序号。

③ 按下【O 检索】按钮,检索结束时,在 CRT 画面的右上方显示已检索的程序号。

(5) 后台编辑

① 置于【AUTO】方式。

② 先按下【PROG】按钮,再按下【BG-EDIT】按钮,进入后台编辑功能界面,可进行程序的编辑。

4.2.3 坐标系与对刀操作

1. 坐标系

(1) 机床坐标系

为了保证数控机床的运动、操作及程序编制的一致性,数控机床统一规定了机床坐标系统,编程时采用统一的标准坐标系。

① 坐标系建立的基本原则　坐标系采用右手笛卡儿坐标系,假设工件固定不动,刀具相对工件移动。取刀具远离工件的方向为正方向,反之则为负方向,如图 4-11 所示。基本坐标轴为 X、Y、Z 坐标轴,相应各坐标轴的旋转坐标轴的正方向按右手螺旋定则确定为 $+A$、$+B$、$+C$。

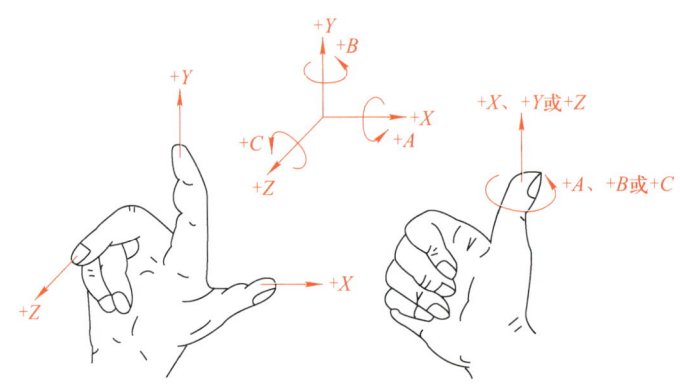

图 4-11　右手笛卡尔坐标系

② 各坐标轴的确定　确定机床坐标轴时,一般先确定 Z 轴,然后确定 X 轴和 Y 轴。

Z 轴——Z 轴由传递切削力的主轴所决定,规定与数控机床主轴轴线平行的坐标轴即为 Z 轴。

X 轴——X 坐标轴通常位于水平面内,且平行于工件的主要装夹面及主要的切削方向,与 Z 轴相互垂直,X、Z 轴的正方向为刀具远离工件的方向。

Y 轴——垂直于 X 轴及 Z 轴,按右手螺旋定则确定其方向。

③ 机床原点与参考点　现代数控机床都有一个基准位置,称为机床原点(机械原点),即机床坐标系的原点。它是机床制造厂家设置在机床上的一个物理位置,机床一经设计和制造出来,机械原点就已经被确定下来。数控机床的原点与参考点如图 4-12 所示。

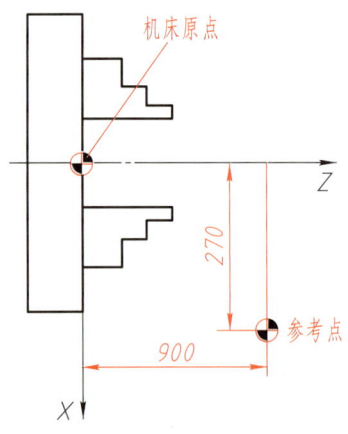

图 4-12　数控机床的原点与参考点

机床原点也是数控机床上的一个固定点。数控车床的机床原点一般定义在主轴旋转中心线与卡盘后端面的交点或参考点上(图 4-12)。

机床参考点也称为零点,是机床上一固定点(图 4-12)。在机床每次通电后,通常要先进行回机床参考点操作,使刀架运动到机床参考点,其位置由机械挡块确定。

回机床参考点

机械挡块一般设定在 Z 轴和 X 轴的正向最大位置处,当进行回机床参考点的操作时,装在纵向和横向拖板上的行程开关在碰到挡块后,向数控系统发出信号,由系统控制拖板停止运动,从而确认参考点的位置,进而根据参考点在机床坐标系中的坐标值间接确定机床原点的位置,建立起机床坐标系。

(2) 工件坐标系

工件坐标系是编程人员根据零件图样及加工工艺等建立的坐标系,也称为编程坐标系。编程坐标系的原点称为加工原点。它是程序编制人员在编程时使用的坐标系,工件坐标系坐标轴的确定与机床坐标系坐标轴方向一致。

确定工件坐标系时不必考虑工件毛坯在机床上的实际装夹位置。如图 4-13 所示,是数控车床上加工零件时所设定的工件坐标系,其中 O 点即为工件坐标系的原点。

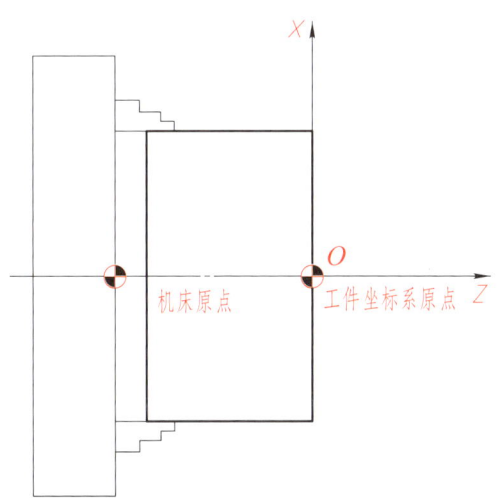

图 4-13 工件坐标系

(3) 绝对坐标系与相对坐标系(图 4-14)

① 绝对坐标系 刀具(或机床)运动轨迹的坐标值是以相对于固定的坐标原点 O 给出的,即称为绝对坐标,如图 4-14a 所示,A 点的坐标值为(10,10)、B 点的坐标值为(30,40),均是相对于 XOY 这个坐标系的绝对坐标值。

② 相对坐标系 刀具(或机床)运动轨迹的坐标值是相对于前一位置(或起点)来计算的,该坐标系称为相对坐标系,也称为增量坐标系,如图 4-14b 所示,A 点的坐标值为(0,0)、B 点的坐标值为(20,30),是以前一位置 A 点为坐标系原点建立起来的相对坐标系 $UO'V$ 中的坐标值。

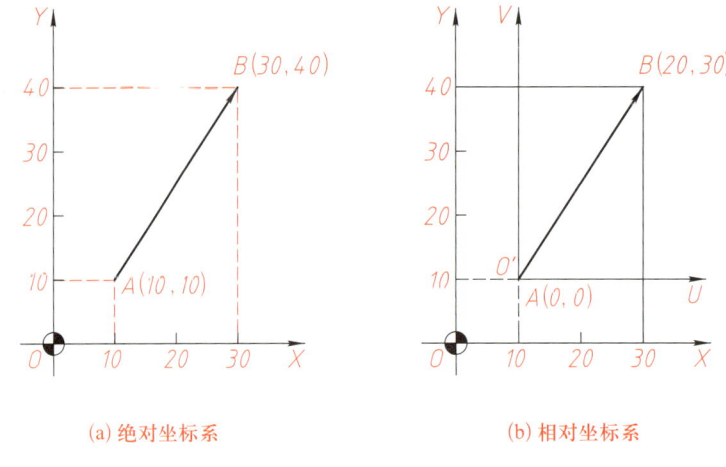

(a) 绝对坐标系　　　　　　　　　(b) 相对坐标系

图 4-14　绝对坐标系与相对坐标系

2. 对刀操作

对刀就是在机床上设置刀具偏移值或设定工件坐标系的过程。数控车床一般将工件右端面中心点设为工件坐标系的原点,其操作步骤如下:在工件、刀具装夹之后,启动主轴正转,然后按如下步骤操作:

按下控制面板下方的【OFS/SET】按钮,再按屏幕下方的软功能【刀偏】→【形状】按键,如图 4-15 所示。

微视频

数控车床
对刀

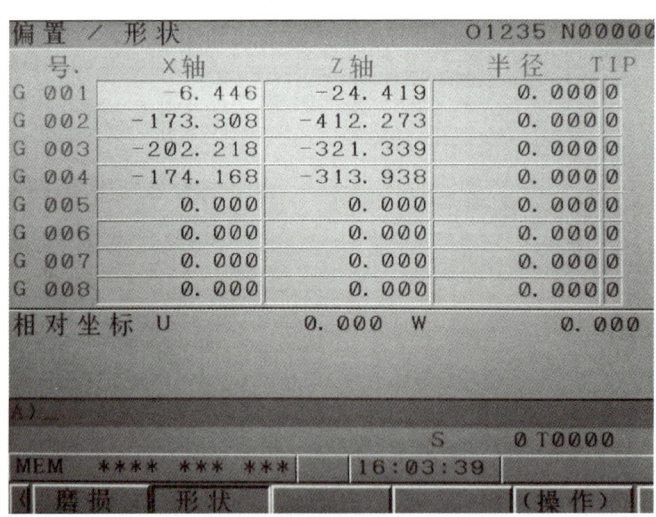

图 4-15　FANUC Series 0i-TD 系统刀具补正界面

(1) 将光标移至即将设置补偿值的刀号位置,即 01、02、03、04、…、11、12 等。

(2) 在【HND】方式下摇手轮至刀尖接触工件端面,车削端面,完成后刀具应仅能沿 X 轴移动,离开工件,通过【INPUT】按钮输入"0",设定 Z 轴补偿值。

(3) 试车削外径,长度控制在 1~3 mm,完成后刀具仅能沿 Z 轴移动,离开工件,停车测量,通过【INPUT】按钮输入"测量出来的直径值",设定 X 轴补偿值。

3. 车床刀具补偿参数的设置

车床的刀具补偿参数包括刀具的磨损量补偿参数和形状补偿参数两类。操作步骤分别如下:

在 MDI 键盘上点击【OFS/SET】键,再按屏幕下方的软功能【刀偏】→【形状】|【磨损】按键,进入偏置/形状补偿参数设定界面。

用方位键【↓】【↑】选择所需的刀号,并用【→】【←】确定所需补偿的值。点击数字键,输入补偿值到输入域。按【INPUT】键将参数输入到指定区域。

4.2.4 程序输入与运行

1. 自动方式

(1) 自动加工流程 检查机床是否回零,若未回零,先将机床回零。导入数控程序或自行编写一段程序。旋转操作面板上【AUTO】旋钮,使其指示灯变亮。点击操作面板上的【CYCLE START】键,程序开始执行。

数控车床单段
自动运行

(2) 中断运行 数控程序在运行过程中可根据需要暂停、急停和重新运行。数控程序在运行时,按【FEED HOLD】键,程序停止执行;再点击【CYCLE START】键,程序从暂停位置开始执行。数控程序在运行时,按下【EMERGENCY STOP】,数控程序中断运行,继续运行时,先将【EMERGENCY STOP】松开,再按【CYCLE START】键,余下的数控程序从中断行开始作为一个独立的程序执行。

2. 单段方式

检查机床是否回零。若未回零,先将机床回零;再导入数控程序或自行编写一段程序;点击操作面板上的【SBK】按钮。使其指示灯变亮;点击操面板上的【CYCLE START】键,程序开始执行。

需要注意的是,单段方式执行每一行程序均需点击一次【CYCLE START】按钮。可以通过主轴倍率旋钮和进给倍率旋钮来调节主轴旋转的速度和刀架移动的速度。

4.3 数控车削专项技能训练

4.3.1 倒角外圆的编程与加工

1. 快速定位指令 G00

G00 指令是刀具以点定位控制方式从刀具所在点快速运动到下一个目标位置。它只是快速定位,而无运动轨迹要求,且无切削加工过程。

演示文稿

倒角外圆的
编程与加工

(1) 指令格式　G00　X(U)_　Z(W)_;

(2) 说明

① X、Z 为刀具所要到达点的绝对坐标值;U、W 为刀具所要到达点的相对坐标值。

② 移动速度不用程序指令设定，而是由厂家预先设置的；快速移动速度可以通过面板上的【快速修调】旋钮修正。

③ G00 一般用于加工前的快速定位或加工后的快速退刀。

2. 直线插补指令 G01

G01 指令是直线运动命令，规定刀具在两坐标以插补联动方式按指定的进给速度 F 做任意的直线运动。

(1) 指令格式　G01　X(U)_　Z(W)_　F_；

(2) 说明

① 进给速度由 F 指令决定。FANUC 系统中如果在 G01 程序段之前的程序段没有 F 指令，且现在的 G01 程序段中没有 F 指令，则机床不运动。因此，G01 程序中必须含有 F 指令。

② 程序中 F 指令进给速度在没有新的 F 指令以前一直有效，不必在每个程序段中都写入 F 指令。

3. 编程实例

车削如图 4-16 所示的工件单外圆，选择 90°正偏刀。

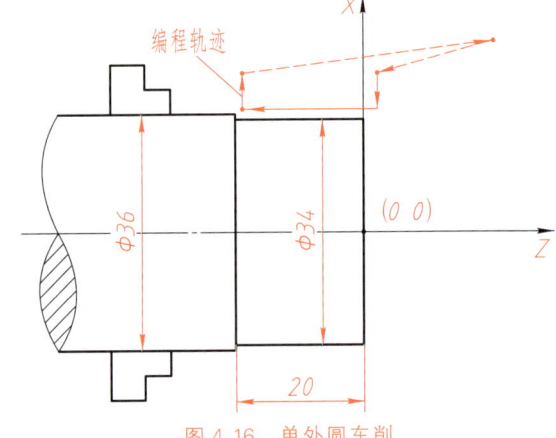

图 4-16　单外圆车削

程序编写步骤如下：

① 建立工件坐标系。

② 确定走刀路线。

③ 选择切削用量（n、a_p、f）。

④ 编制程序见表 4-5。

4. 专项技能训练

(1) 加工准备

工件毛坯尺寸为 $\phi 36 \times 100$ 圆棒料，材料为 6061 铝合金。其他工量刀具以车间现场提供为准。

表 4-5　外圆编程实例

O2001；	程序号
N10 M03 S300；	设定主轴正转，转速 300 r/min
N20 T0101；	调用 1 号刀具，1 号刀补
N30 G00 X38 Z3；	快速定位到(38,3)的位置
N40 G01 X34 Z3 F0.2；	以进给速度 0.2 mm/r 的速度走刀至(34,3)的位置
N50 G01 X34 Z-20；	以进给速度 0.2 mm/r 的速度车削直径 34，长 20 的外圆
N60 G01 X38 Z-20；	以进给速度 0.2 mm/r 的速度退刀至(38,-20)的位置
N70 G00 X100 Z100；	快速退刀至(100,100)的位置
N80 T0100；	取消刀补
N90 M30；	程序结束并返回程序起点

（2）任务要求

倒角外圆加工图样和配分表如图 4-17 所示。按照要求完成倒角外圆的编程与加工。

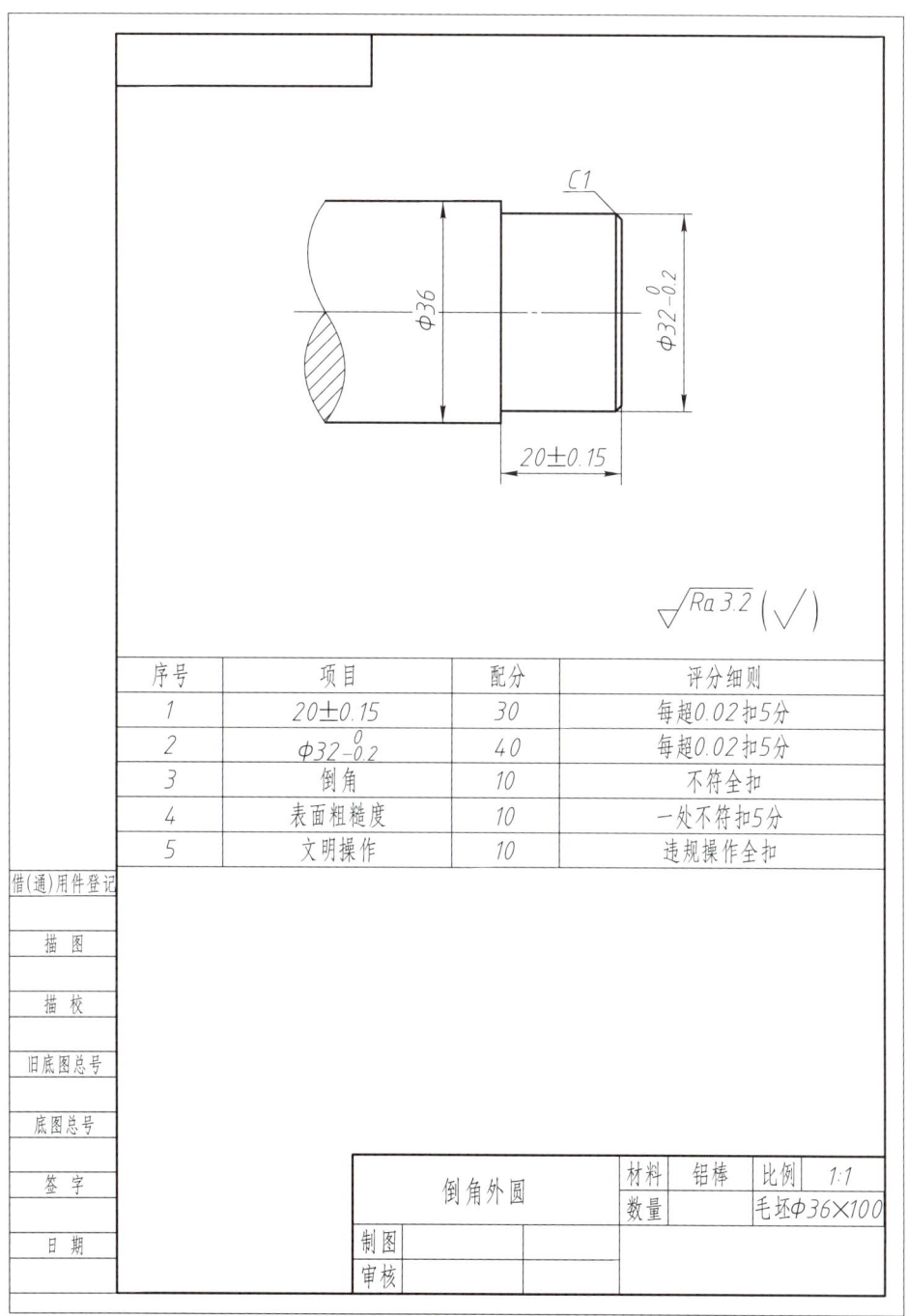

图 4-17 倒角外圆加工图样和配分表

4.3.2 圆弧外圆的编程与加工

1. 圆弧插补指令 G02/G03

圆弧外圆的编程与加工

G02/G03 指令是刀具相对工件以指定的速度从当前点(起始点)向终点做圆弧运动,车削出圆弧轮廓。

(1) 指令格式　G02/G03　X(U)_　Z(W)_　R_　F_；

或：G02/G03　X(U)_　Z(W)_　I_　K_　F_；

(2) 说明

① X、Z 为圆弧终点坐标；U、W 为圆弧切削终点相对于圆弧起点的增量坐标。

② R 为圆弧半径,当圆弧所对的圆心角为 0~180°时,R 取正值,当圆弧所对的圆心角为 180°—360°时,R 取负值。

③ I、K 为圆弧起点到圆心的增量坐标(其值为圆心坐标减去圆弧起点坐标),I、K 为零时可以省略。

④ 圆弧顺、逆的判别如图 4-18 所示。普通卧式车床中 G02、G03 顺/逆时针的判别是从第三坐标轴的正方向向负方向看时：顺时针则为 G02,逆时针则为 G03。

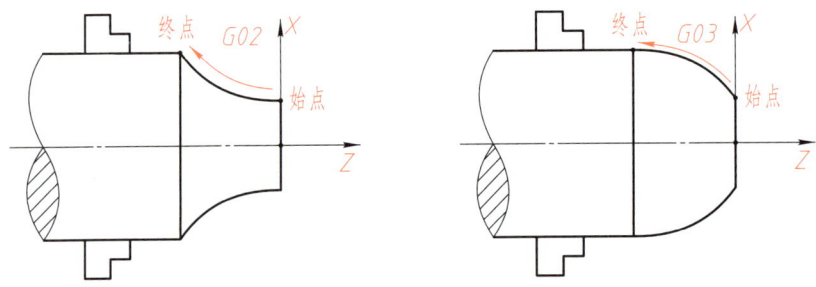

图 4-18　圆弧顺、逆的判别

2. 专项技能训练

(1) 加工准备

工件毛坯尺寸为 $\phi 36 \times 100$ 圆棒料,材料为 6061 铝合金。其他工量刀具以车间现场提供为准。

(2) 任务要求

圆弧外圆加工图样和配分表如图 4-19 所示。按照要求完成圆弧外圆的编程与加工。

4.3.3 单一固定循环指令的编程与加工

单一固定循环指令的编程与加工

数控车床上单件被加工零件的毛坯常用棒料,所以车削加工时加工余量大,一般需要多次循环加工才能去除全部加工余量,为了简化编程,FANUC 数控系统设置了许多循环功能,若恰当地使用这些循环功能可免去许多复杂的计算,并使程序简化。

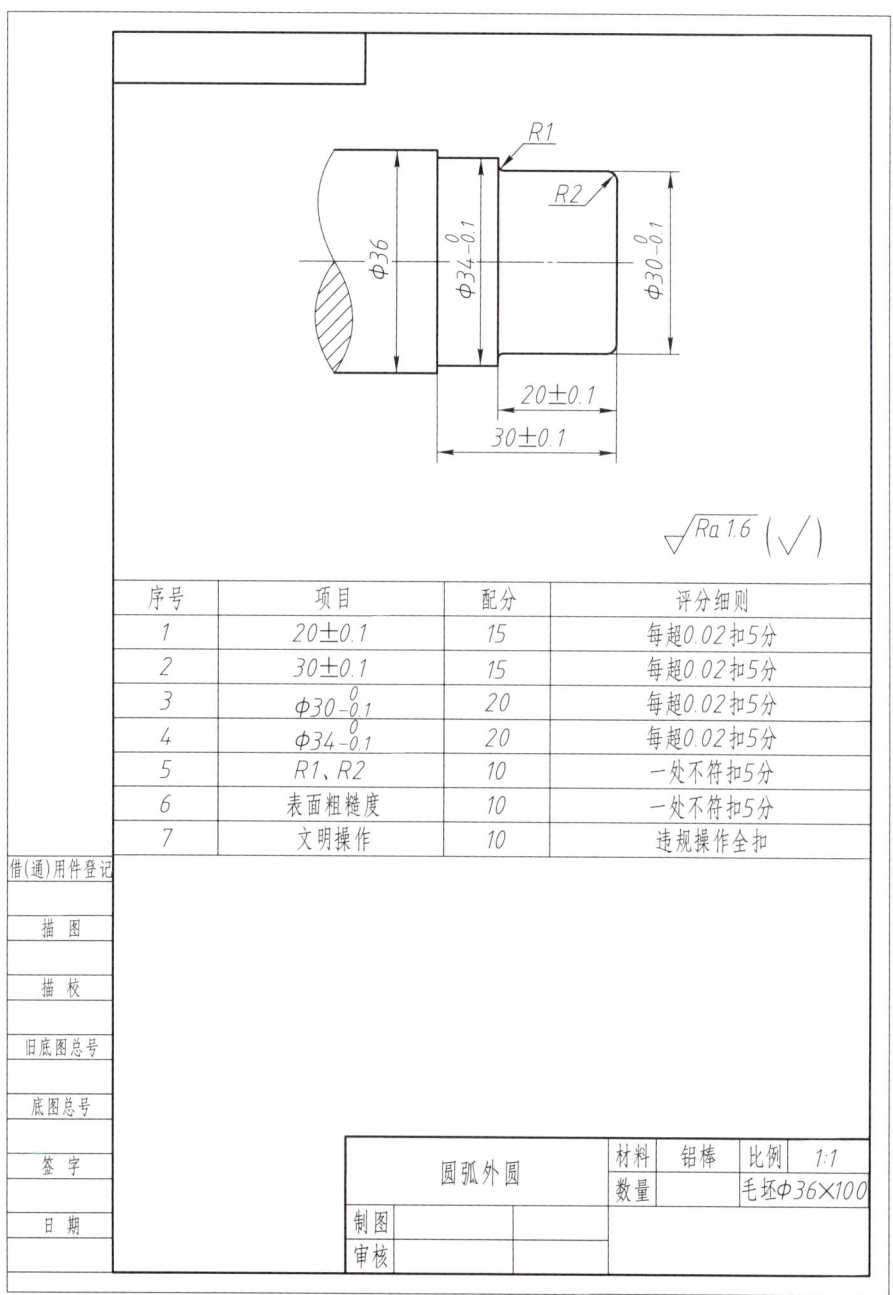

图 4-19 圆弧外圆加工图样和配分表

1. 单一固定循环指令 G90

G90 指令适用于在零件的内、外圆柱面(或圆锥)上毛坯余量较大或直接从棒料车削零件时进行精车前的粗车,以去除大部分毛坯余量。

(1) 圆柱切削循环

① 指令格式　G90　X(U)_　Z(W)_　F_；

② 说明　X、Z 是圆柱面切削终点坐标;U、W 是圆柱面切削终点相对循环起点的增量坐标;F 是进给速度。

圆柱切削循环如图 4-20 所示,刀具从循环起点开始按矩形 1→2→3→4 循环,最后又回到循环起点。图中,虚线表示快速移动,实线表示按指定的工件进给速度 F 移动。

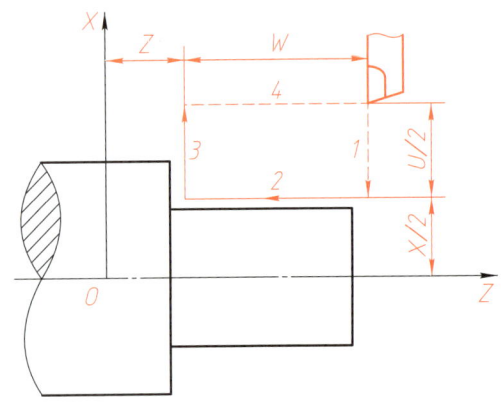 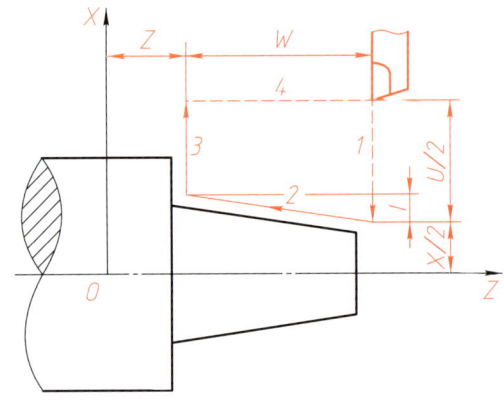

图 4-20　圆柱切削循环　　　　　　　　图 4-21　圆锥切削循环

(2) 圆锥切削循环

① 指令格式　G90　X(U)_　Z(W)_　I_　F_;

② 说明　I 是加工起点与加工终点的半径差。编程时,应注意 I 的符号,锥面起点坐标小于终点坐标时为负,反之为正。

圆锥切削循环如图 4-21 所示,刀具从循环起点开始按 1→2→3→4 循环,最后又回到循环起点。图中,虚线表示快速移动,实线表示按指定的进给速度 F 移动。

③ 圆锥各部分尺寸计算

锥度 C 的计算　$C=(D-d)/L$

I 值计算　$I=(D-d)/2$

式中,D 为圆锥大径,d 为圆锥小径,L 为圆锥长度。

④ 注意事项　如果 X 轴向切削起点坐标值小于切削终点坐标值,则 I 为负值;反之 I 为正值。

2. 专项技能训练

(1) 加工准备

工件毛坯尺寸为 $\phi 36 \times 100$ 圆棒料,材料为 6061 铝合金。其他工量刀具以车间现场提供为准。

(2) 任务要求

用单一固定循环指令的加工图样和配分表如图 4-22 所示,按照要求完成单一固定循环指令的编程与加工。

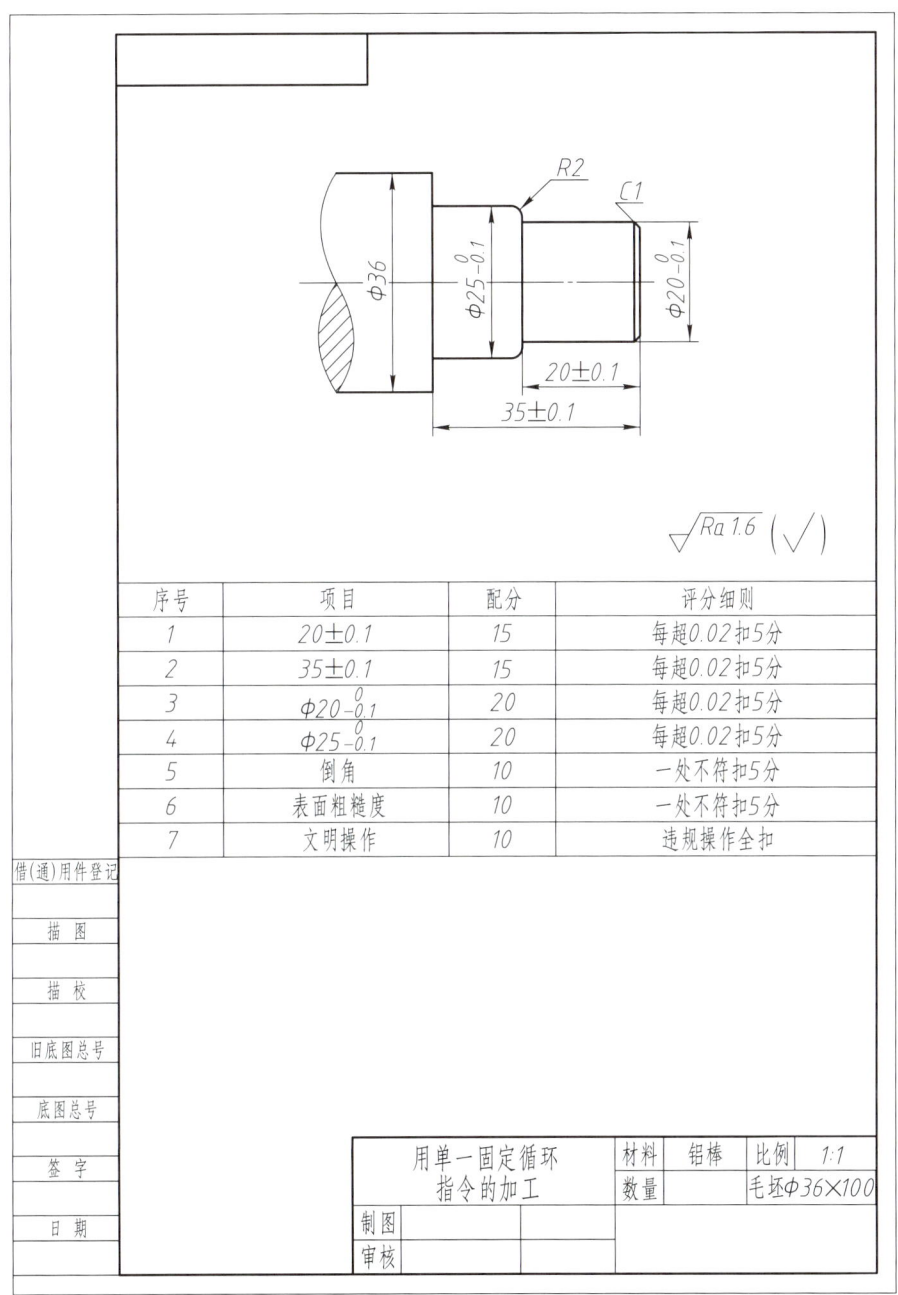

图 4-22 用单一固定循环指令的加工图样和配分表

4.4 数控车削综合技能训练

4.4.1 综合技能训练 1

1. 加工准备

工件毛坯尺寸为 $\phi36\times100$ 圆棒料,材料为 6061 铝合金。其他工量刀具以车间现场提供为准。

2. 任务要求

综合技能训练 1 加工图样如图 4-23 所示。按要求完成综合技能训练。数控车削综合技能训练 1 评分表见表 4-6。

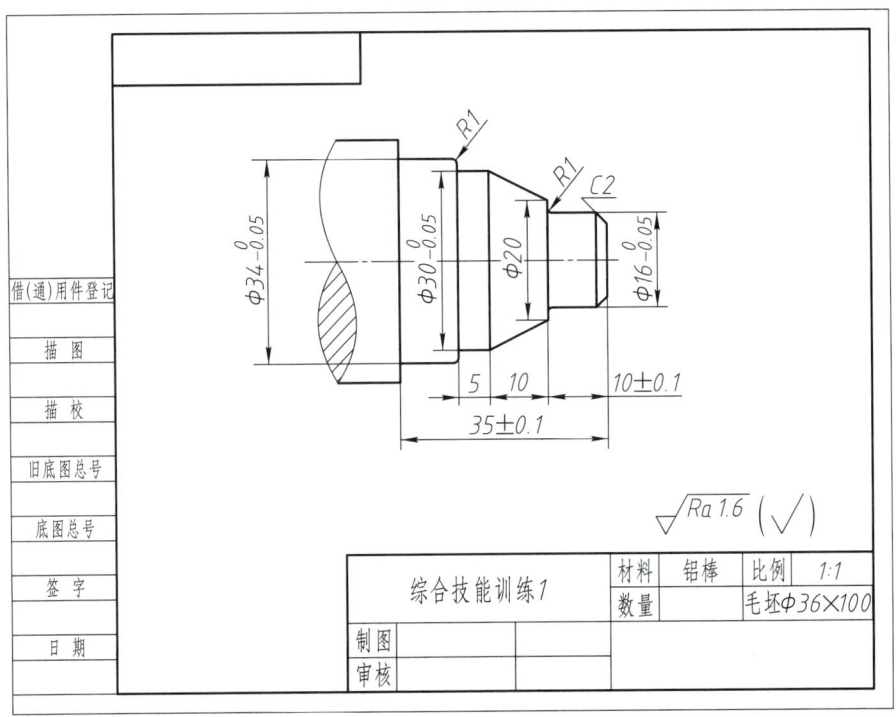

图 4-23 综合技能训练 1 加工图样

表 4-6 数控车削综合技能训练 1 评分表

序号	项目	考核内容	配分 IT	配分 Ra	检测结果	得分
1	加工准备及工艺制定		10			
2	数控编程		20			
3	数控车床操作与工量刀具使用		5			
4	外圆	$\phi 34_{-0.05}^{0}$ Ra 1.6	10	1		
5	外圆	$\phi 30_{-0.05}^{0}$ Ra 1.6	10	1		
6	外圆	$\phi 16_{-0.05}^{0}$ Ra 1.6	10	1		
7	圆弧	R1	8			
8	长度	35±0.1	3			
9	长度	10±0.1	3			
10	长度	10	3			
11	长度	5	3			

续　表

序号	项目	考核内容	配分		检测结果	得分
			IT	Ra		
12	其他	轮廓形状有无缺陷	4			
13		倒角、倒钝	3			
14	数控车床维护与精度检验		5			
	合　　计		100		总得分	

评分标准：尺寸和形状位置精度每超差 0.01 mm 扣 2 分，粗糙度增值时扣该项全部分。
否定项：零件上有未加工形状或形状错误的，此件视为不合格。

4.4.2　综合技能训练 2

1. 加工准备

工件毛坯尺寸为 φ36×100 圆棒料，材料为 6061 铝合金。其他工量刀具以车间现场提供为准。

2. 任务要求

综合技能训练 2 加工图样如图 4-24 所示。按要求完成综合技能训练。数控车削综合技能训练 2 评分表见表 4-7。

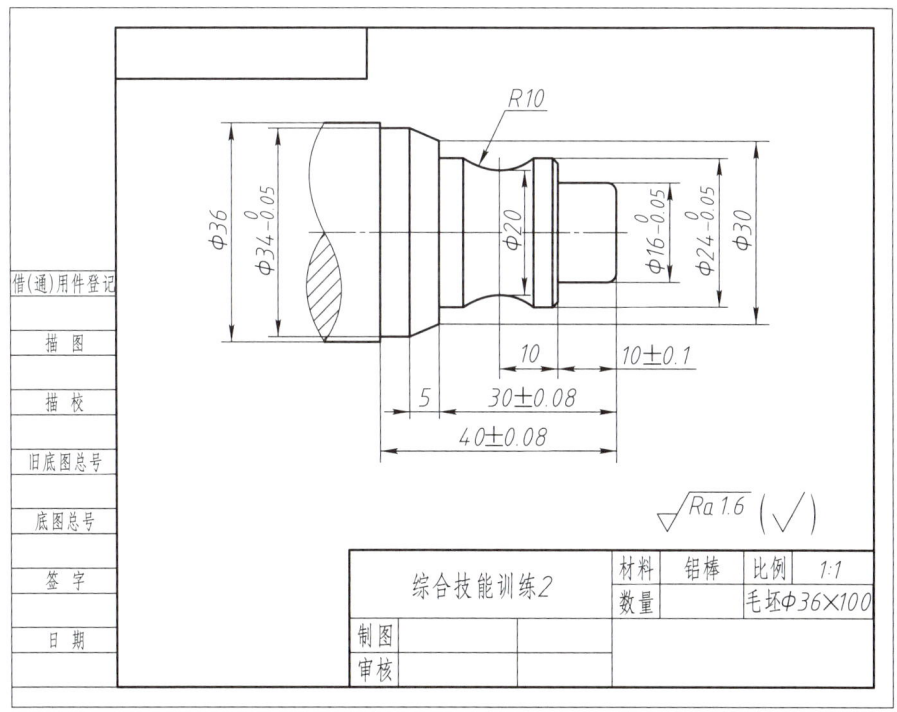

图 4-24　综合技能训练 2 加工图样

表 4-7 数控车削综合技能训练 2 评分表

序号	项目	考核内容		配分		检测结果	得分
				IT	Ra		
1	加工准备及工艺制定			10			
2	数控编程			20			
3	数控车床操作与工量刀具使用			5			
4	外圆	$\phi 34_{-0.05}^{0}$	Ra1.6	10	1		
5		$\phi 24_{-0.05}^{0}$	Ra1.6	10	1		
6		$\phi 16_{-0.05}^{0}$	Ra1.6	10	1		
7		$\phi 20$	Ra1.6	5	1		
8	圆弧	R10		3			
9		R2		2			
10	长度	40±0.08		3			
11		10±0.1		3			
12		30±0.08		3			
13	其他	轮廓形状有无缺陷		4			
14		C1		3			
15	数控车床维护与精度检验			5			
	合　　计			100		总得分	

评分标准:尺寸和形状位置精度每超差 0.01 mm 扣 2 分,粗糙度增值时扣该项全部分。
否定项:零件上有未加工形状或形状错误的,此件视为不合格。

微视频

家国情怀
民族自豪

Module 5
模块 5

数控车削中级技能训练

 **教学导航**

知识目标	掌握较复杂零件的加工工艺和编程
能力目标	能熟练操作数控车床完成较复杂轴类零件的编程与加工
教学设施、设备	多媒体教室、数控车床10台以上
职业道德与规范	遵守操作规程,按时保养设备和清洁工量具
参考学时	28学时

5.1 数控车削中级专项技能训练

5.1.1 孔的编程与加工

1. 孔的类型

孔可分为通孔和不通孔,如图5-1所示,不通孔又可分为盲孔或台阶孔。不同的孔在加工时所选用的刀具角度也不同。

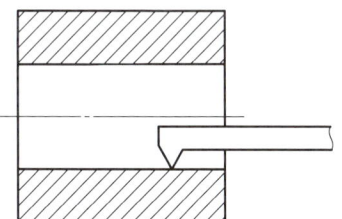 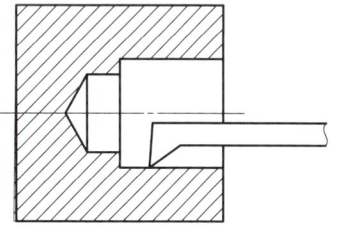 

演示文稿

孔的编程
与加工

图5-1 通孔和不通孔

2. 孔的编程及加工

数控车床车削内孔是指用车削方法扩大工件的孔或加工空心工件的内表面。孔的编程与加工基本和外圆相同,只是 X 轴的进退刀的方向相反。编写程序时,要注意定位点/循环起点及退刀点的位置坐标。

3. 孔的检验

① 粗加工时或孔的尺寸精度要求较低时用游标卡尺的上量爪测量,注意和工件母线平行。

② 精加工时对于精度要求较高的孔用游标卡尺测量很难保证时,可采用塞规或内径百分表来测量圆柱孔。

4. 专项技能训练

(1) 加工准备

工件毛坯尺寸为 $\phi 36 \times 100$ 圆棒料,材料为 6061 铝合金。其他工量刀具以车间现场提供为准。

(2) 任务要求

孔加工图样和配分表如图 5-2 所示。按照要求完成孔的编程与加工。

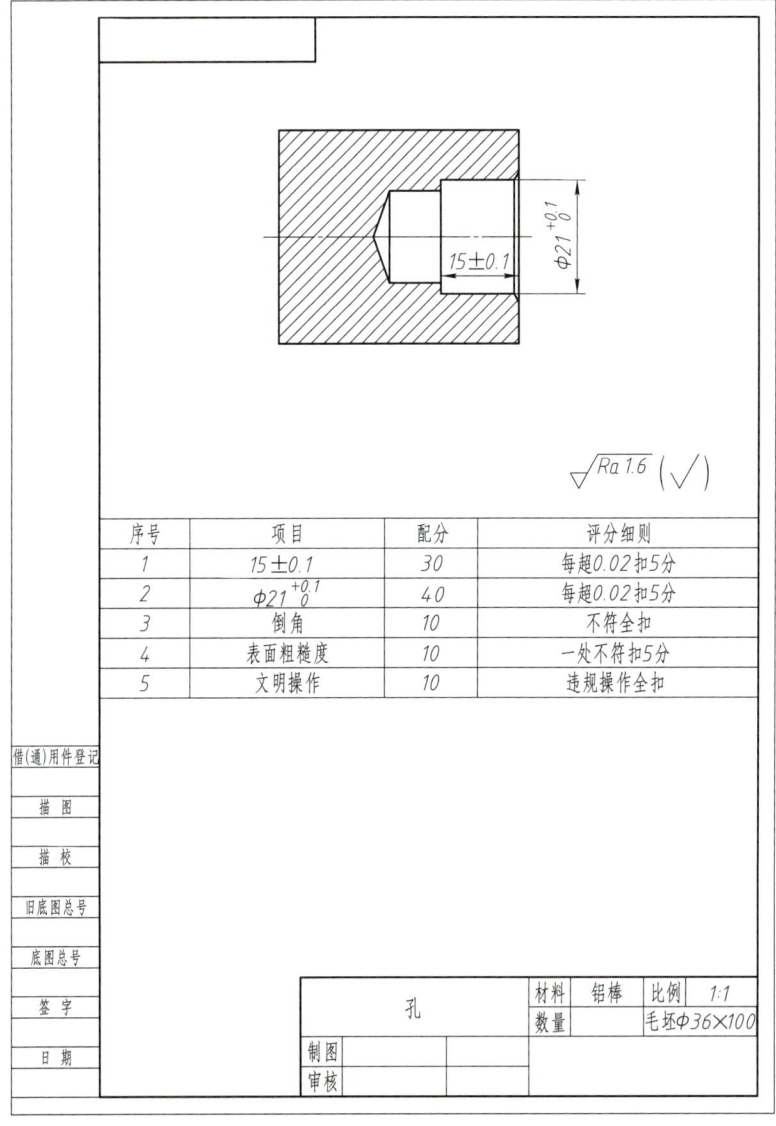

图 5-2 孔加工图样和配分表

5.1.2 复合循环指令的编程与加工

单一固定循环已经使程序简化了一些,但是还有一些外形较为复杂的轴类零件,采用单一固定循环指令编程仍不能满足要求。这时,利用复合循环功能,就能使程序得到极大的简化。编程时,只需要指定精加工的形状、给出每次切除的余量深度或循环次数,就可完成从粗加工到精加工的全部过程。

1. 径向粗车循环指令 G71

演示文稿

复合循环指令的编程与加工

(1) 指令格式　　G71　U(Δd)　R(e);
　　　　　　　　G71　P(ns)　Q(nf)　U(Δu)　W(Δw)　F_　S_　T_;

(2) 说明

① Δd 是粗加工每次车削深度(半径量);

② e 是粗加工每次车削循环的 X 向退刀量;

③ ns 是精加工形状程序段中的开始程序段号;

④ nf 是精加工形状程序段中的结束程序段号;

⑤ Δu 是 X 向精车余量(直径值);

⑥ Δw 是 Z 向精车余量。

G71 指令适用于粗车需多次走刀才能完成的阶梯轴类零件。如图 5-3 所示为用 G71 指令粗车外圆的走刀路线。图中 C 点为起刀点,A 点是毛坯外径与端面轮廓的交点。虚线表示快速进给,实线表示切削进给。

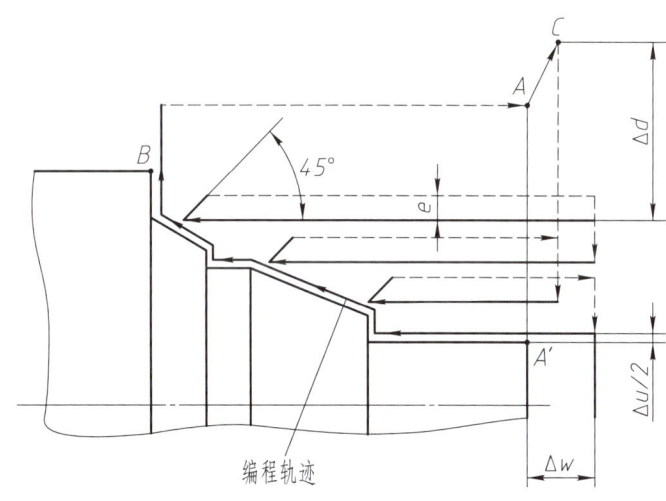

图 5-3　外圆粗加工循环的走刀路线

(3) 使用径向粗车循环 G71 指令时的注意事项

① 粗车循环使用 G71 程序段或以前指令的 F、S、T 功能,顺序号 ns 至 nf 之间的 F、S、T 功能无效。当有恒线速控制功能时,在 A→B 之间移动指令中指定的 G96 或 G97 也无效。

② 在顺序号 ns 的程序段中指定 A→A' 之间的刀具轨迹。可以用 G00 或 G01 指令,但不

能指定 Z 轴的运动。用 G00 方式移动时,在指令 A 点时,必须保证刀具在 Z 轴方向上位于零件之外。顺序号 ns 的程序段,不仅用于粗车,还要用于精车时的进刀,一定要保证进刀的安全。

③ $A'→B$ 之间的零件形状在 X 轴和 Z 轴方向都必须是单调增大或减小的图形。否则,在粗加工时,会忽略掉内凹或外凸的部分,在精加工时一次性切除,可能会因切削力过大而使刀具损坏。

2. 固定形状车削循环指令 G73

适用于毛坯轮廓形状与零件轮廓形状基本接近时的粗车,如一些锻件、铸件的粗车。

(1) 指令格式　　G73　U(Δi)　W(Δk)　R(Δd);
　　　　　　　　G73　P(ns)　Q(nf)　U(Δu)　W(Δw)　F_　S_　T_;

(2) 说明

① Δi 是粗切时径向切除的总余量(半径值);

② Δk 是粗切时轴向切除的总余量;

③ Δd 是循环次数;

④ 其余的参数与 G71 相同。

G73 循环的走刀轨迹如图 5-4 所示。执行 G73 功能时,每一刀的切削路线的轨迹形状是相同的,只是位置不同。每走完一刀,就把切削轨迹向工件移动一个位置,因此对于经锻造、铸造等粗加工已初步成型的毛坯,可高效加工。

3. 精车循环加工指令 G70

采用 G71、G73 指令进行粗车后,用 G70 指令可以进行精车循环,切除粗加工中留下的精加工余量。

(1) 指令格式　　G70　P(ns)　Q(nf);

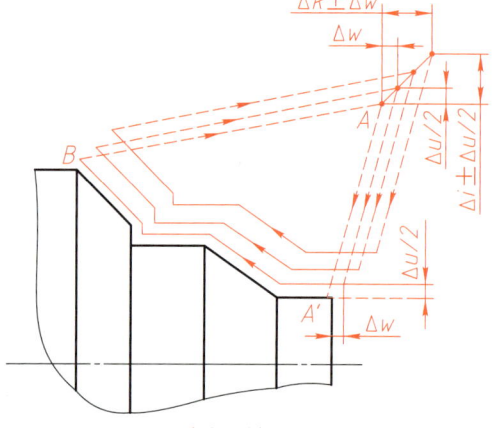

图 5-4　固定切削循环的走刀路线

(2) 说明

① ns 是精车循环的第一个程序段号;

② nf 是精车循环的最后一个程序段号;

③ 在精车循环 G70 状态下,顺序号 ns 到 nf 中指定的 F、S、T 有效;如果顺序号 ns 到 nf 中不指定 F、S、T,粗车循环中指定 F、S、T 有效。在使用 G70 精车循环时,要特别注意快速退刀路线,防止刀具与工件发生干涉。

4. 专项技能训练

(1) 加工准备

工件毛坯尺寸为 $\phi 36 \times 100$ 圆棒料,材料为 6061 铝合金。其他工量刀具以车间现场提供为准。

(2)任务要求

用复合循环指令的加工图样和配分表如图 5-5 所示。按照要求完成零件的复合循环指令的编程与加工。

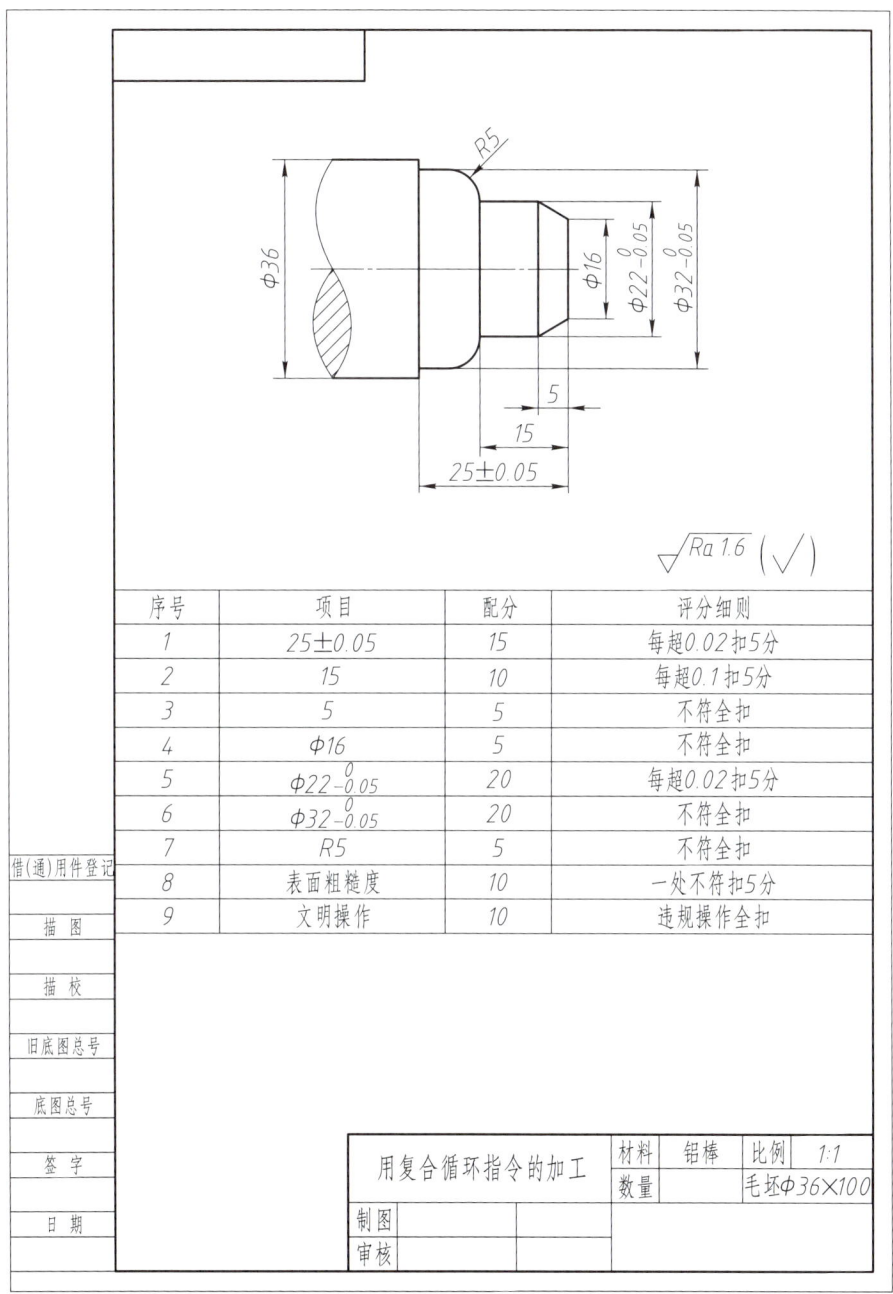

图 5-5 用复合循环指令的加工图样和配分表

5.1.3 槽的编程与加工

槽加工是轴类零件常见的加工内容之一,其编程难点是切削用量的合理选择以及梯形槽的尺寸计算等。

槽的编程
与加工

1. 槽的类型及加工要求

（1）槽的类型

槽可以分为直角沟槽和斜沟槽。

（2）槽的加工要求

车削精度不高和宽度较窄的直角沟槽,可以用刀宽等于槽宽的切槽刀,采用直进法车削。

车削较宽的沟槽,车刀主切削刃宽度达不到槽宽的要求,可用分段多次直进法车削,并在槽的两侧和底部留一定的精车余量见图 5-6a、b 所示,然后根据槽深、槽宽精车至尺寸,见图 5-6c 所示。

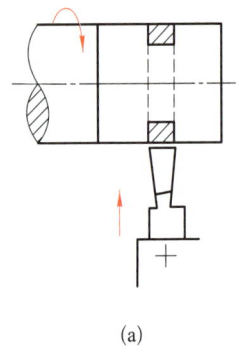
(a)
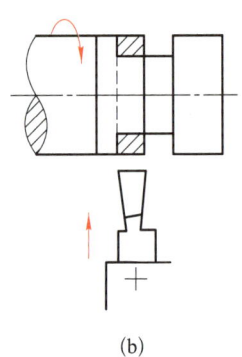
(b)
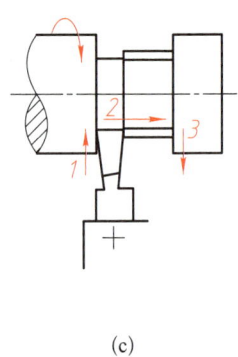
(c)

图 5-6 分段多次直进法

（3）槽加工的注意事项

① 尽量使刀头宽度与槽宽一致;若车削宽槽,可用排刀法。

② 注意 Z 轴方向对刀基准为左刀尖还是右刀尖,以免编程时 Z 轴方向尺寸错误。

2. 专项技能训练

（1）加工准备

工件毛坯尺寸为 $\phi 36 \times 100$ 圆棒料,材料为 6061 铝合金。其他工量刀具以车间现场提供为准。

（2）任务要求

槽加工图样和配分表如图 5-7 所示。按照要求完成槽的编程与加工。

螺纹的编程
与加工

5.1.4　螺纹的编程与加工

螺纹加工是轴类零件常见的加工内容,由于数控车床各轴运动相对独立,相比普通车床,数控车床加工螺纹更具优势。本节以普通三角螺纹为例介绍编程指令和操作。

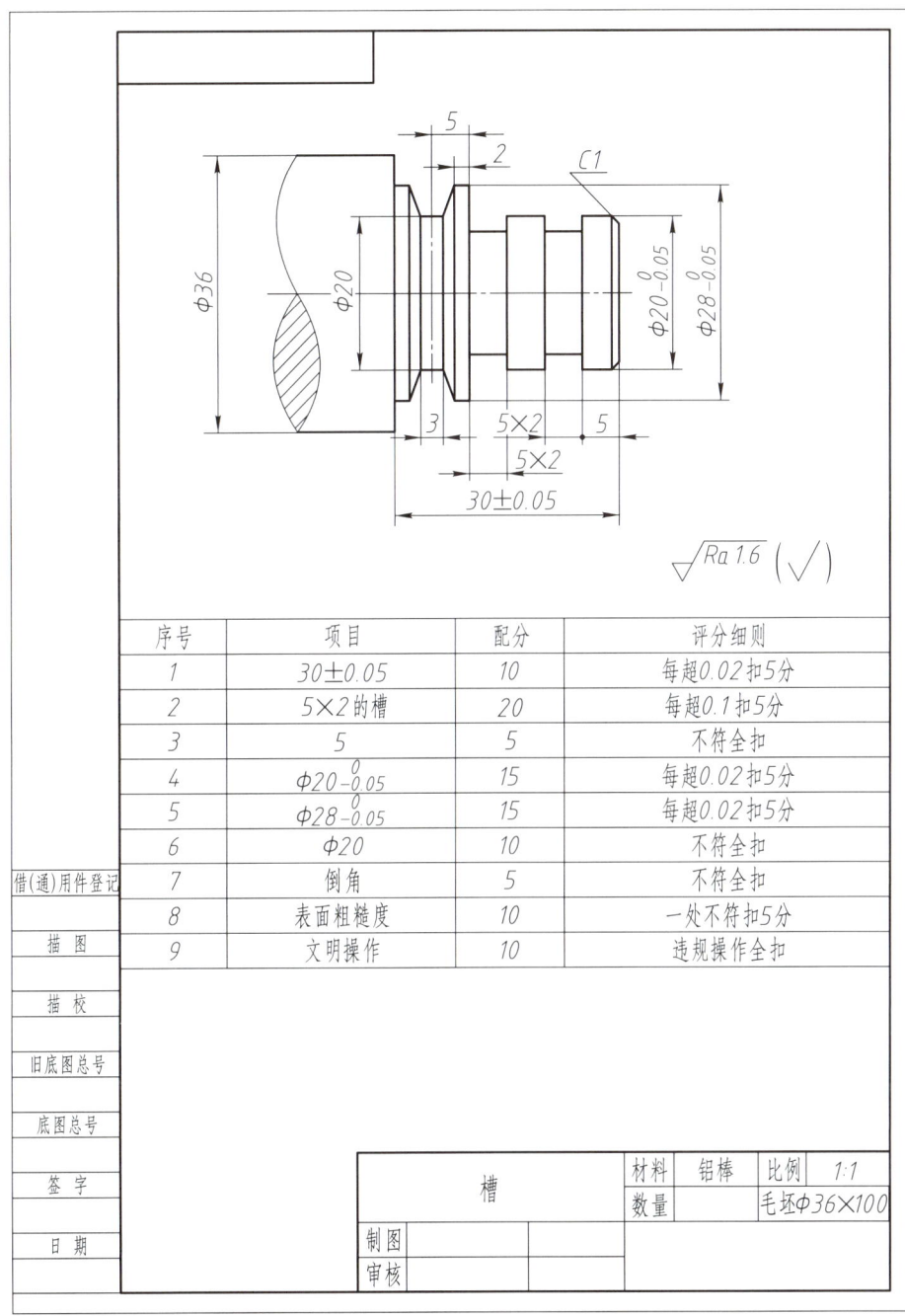

图 5-7 槽加工图样和配分表

1. 普通三角螺纹的基本尺寸计算

如图 5-8 所示,普通三角螺纹基本尺寸计算如下:

① 三角螺纹的基本尺寸;

② 牙形角 $\alpha = 60°$;

③ 外螺纹大径——D、d（公称直径）$D=d$；

④ 外螺纹中径——$D_2=D_2$、$d_2=d-0.650p$；

⑤ 外螺纹小径——$D_1=D_1$、$d_1=d-1.083p$；

⑥ 理论牙形高——$H=0.866p$；

⑦ 工作牙高——$h=0.541p$。

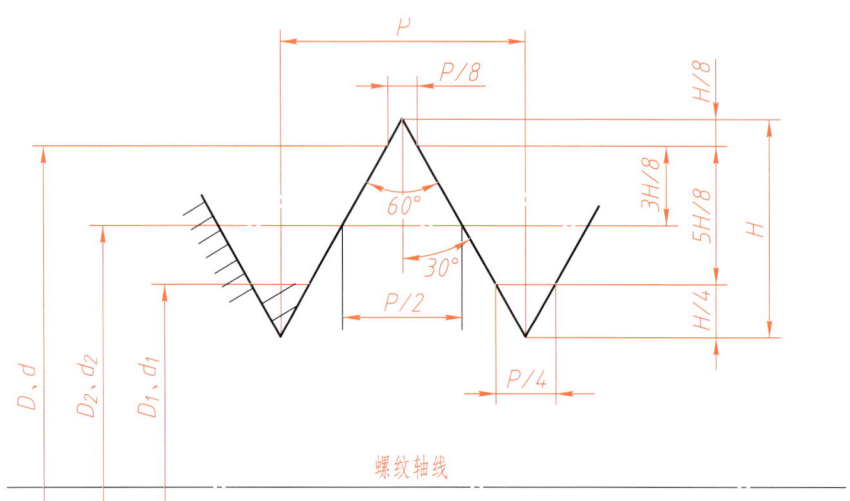

图 5-8　普通三角螺纹基本尺寸计算

2. 螺纹切削循环指令 G92

数控车床可以加工直螺纹、锥螺纹和端面螺纹，常见的螺纹切削指令有单行程螺纹切削指令 G32、变螺距螺纹切削指令 G34、螺纹切削循环指令 G92、螺纹切削复合循环指令 G76。这里我们主要介绍 G92 指令的格式及编程。

切削循环 G92 为单一螺纹循环。利用 G92 可以将螺纹切削过程中，从始点出发"切入—切螺纹—让刀—返回始点"的 4 个动作作为一个循环用一条程序指令完成。

(1) 指令格式　G92　X(U)_ Z(W)_ I_ F_；

(2) 说明

① 当 I(螺纹切削起点与切削终点的半径之差)后面的值为 0 时，为圆柱螺纹切削循环，如图 5-9 所示；否则为圆锥螺纹切削循环，如图 5-10 所示。I 后面的正负号可以参见 G90 的用法。

② 式中 X(U)、Z(W) 为终点坐标，F 为导程。

(3) 切削螺纹注意事项

① 螺纹切削往往是零件加工的最后几个环节，因此在车削螺纹时要尽量避免出错，以免前功尽弃。

② 要留有足够的升速、降速退刀段，保证牙形正确。

③ 螺纹连接属于间隙配合，因此，在车削螺纹底杆时实际尺寸要比标注尺寸小 0.10～

0.20 mm 左右。螺纹车削切削力大,在加工过程中不可避免地存在变形,因此,往往在螺纹加工完毕后,在不进刀的情况下(背吃刀量为0),走刀几次以消除加工过程中形成的弹性变形。

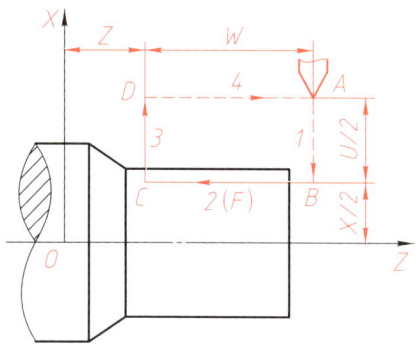

图 5-9　G92 圆柱螺纹切削循环

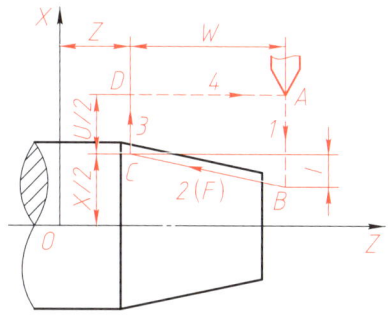

图 5-10　G92 圆锥螺纹切削循环

④ 车削螺纹时,应在保证生产效率和正常切削的情况下,选择较低的主轴转速。因为对于单头螺纹切削来说,进给量就等于主轴转速和导程的乘积,其值要比一般的外圆切削进给量大许多。

3. 专项技能训练

(1) 加工准备

工件毛坯尺寸为 $\phi 36 \times 100$ 圆棒料,材料为 6061 铝合金。其他工量刀具以车间现场提供为准。

(2) 任务要求

螺纹加工图样和配分表如图 5-11 所示。按照要求完成螺纹的编程与加工。

5.2　数控车削中级综合技能训练

5.2.1　综合技能训练 1

1. 加工准备

工件毛坯尺寸为 $\phi 50 \times 100$ 圆棒料,材料为 45 钢。其他工量刀具以车间现场提供为准。

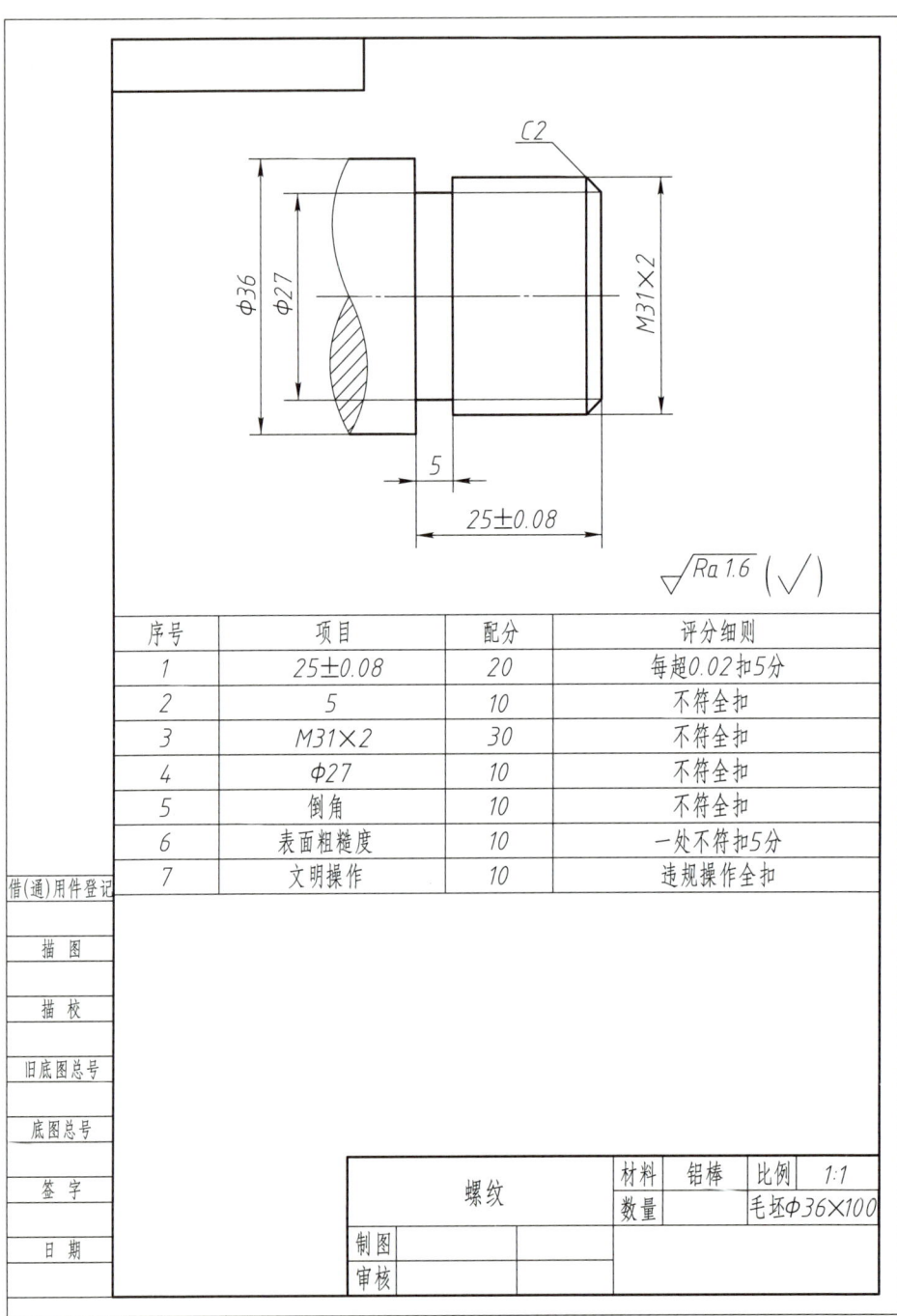

图 5-11 螺纹加工图样和配分表

2. 任务要求

综合技能训练 1 加工图样如图 5-12 所示。按要求完成综合技能训练。数控车削综合技能训练 1 评分表见表 5-1。

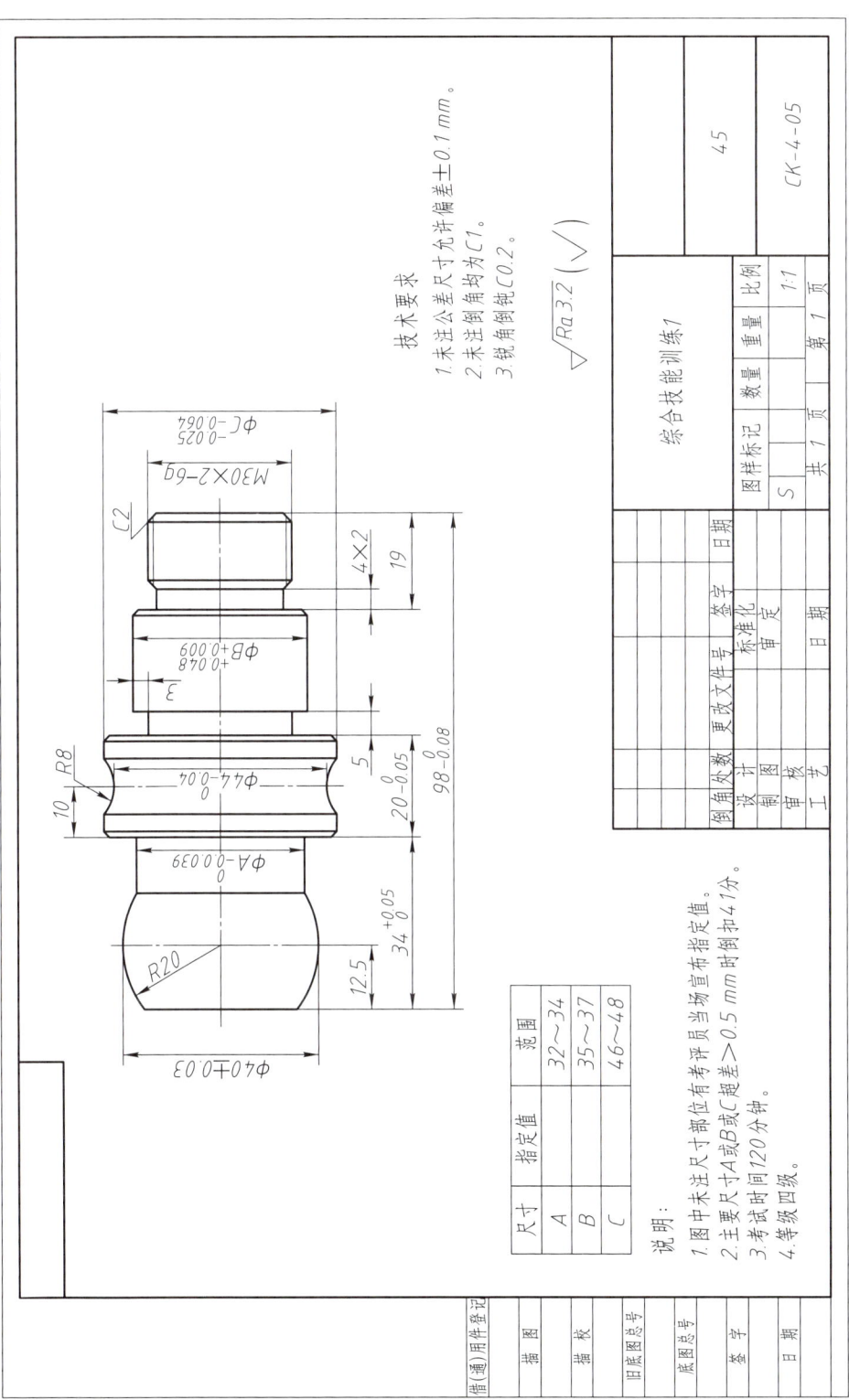

图 5-12 综合技能训练 1 加工图样

表 5-1 数控车削综合技能训练 1 评分表

序号	项目	考核内容		配分 IT	配分 Ra	检测结果	得分
1	加工准备及工艺制定			10			
2	数控编程			20			
3	数控车床操作与工量刀具使用			5			
4	外圆	$\phi A_{-0.039}^{0}$	$Ra\,3.2$	5	1		
5	外圆	$\phi B_{+0.009}^{+0.048}$	$Ra\,3.2$	5	1		
6	外圆	$\phi C_{-0.064}^{-0.025}$	$Ra\,3.2$	5	1		
7	圆弧	R20	$Ra\,3.2$	3	1		
8	圆弧	$\phi 40\pm0.03$		1			
9	圆弧	12.5		5			
10	圆弧	R8	$Ra\,3.2$	3	1		
11	圆弧	$\phi 40_{-0.04}^{0}$		5			
12	圆弧	10		1			
13	槽	5×3	$Ra\,3.2$		1		
14	槽	4×2	$Ra\,3.2$		1		
15	螺纹	M30×2	$Ra\,3.2$	5	1		
16	长度	$98_{-0.08}^{0}$		3			
17	长度	$34_{0}^{+0.05}$		2			
18	长度	$20_{-0.05}^{0}$		2			
19	长度	19		1			
20	其他	轮廓形状有无缺陷		3			
21	其他	倒角、倒钝		3			
22	数控车床维护与精度检验			5			
合计				100		总得分	

评分标准:尺寸和形状位置精度每超差 0.01 mm 扣 2 分,粗糙度增值时扣该项全部分。
否定项:零件上有未加工形状或形状错误的,此件视为不合格。

5.2.2 综合技能训练 2

1. 加工准备

工件毛坯尺寸为 $\phi 50\times 100$ 圆棒料,材料为 45 钢。其他工量刀具以车间现场提供为准。

2. 任务要求

综合技能训练 2 加工图样如图 5-13 所示。按要求完成综合技能训练。数控车削综合技能训练 2 评分表见表 5-2。

模块 5 数控车削中级技能训练

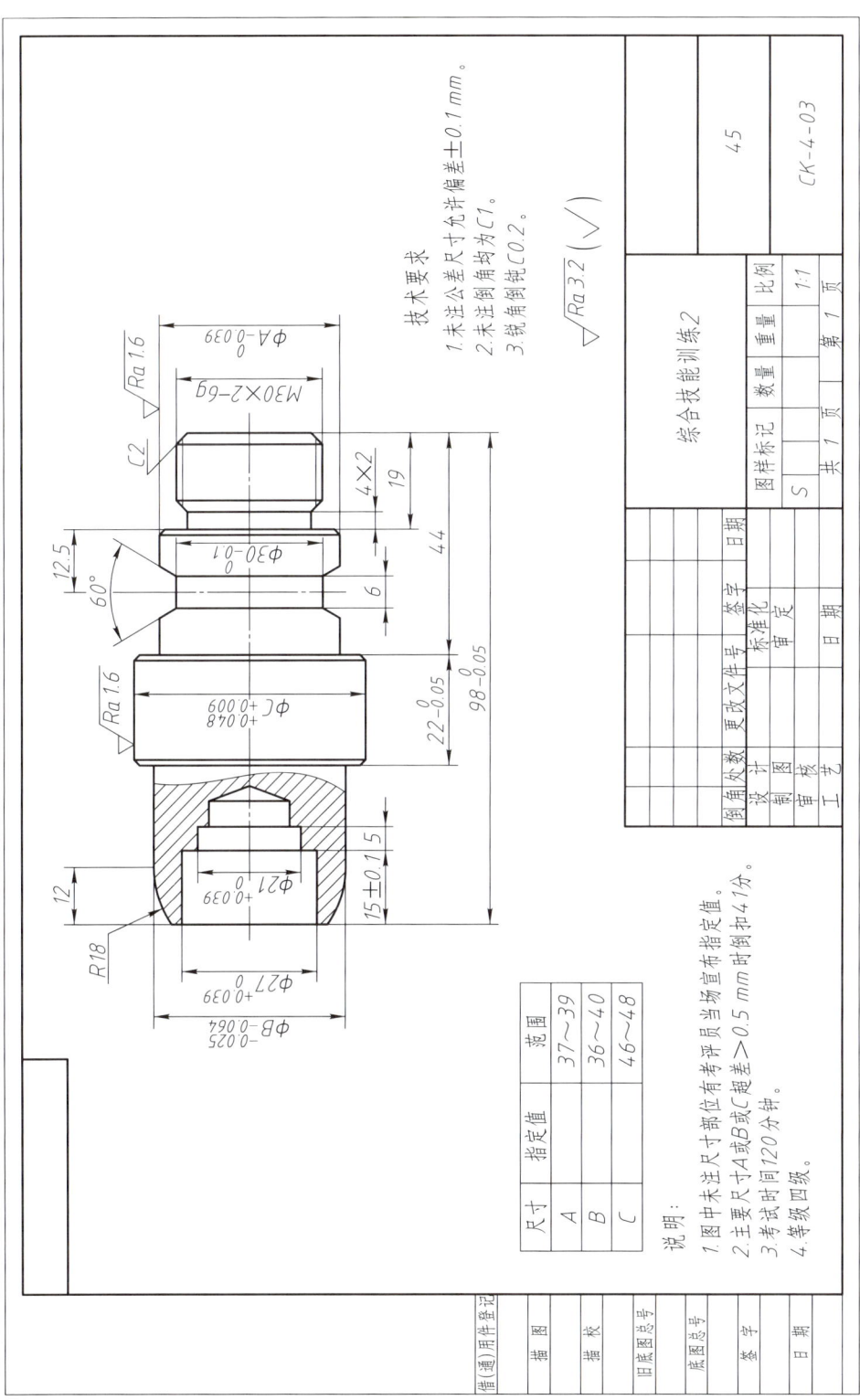

图 5-13 综合技能训练 2 加工图样

表 5-2 数控车削综合技能训练 2 评分表

序号	项目	考核内容		配分		检测结果	得分
				IT	Ra		
1		加工准备及工艺制定		10			
2		数控编程		20			
3		数控车床操作与工量刀具使用		5			
4	外圆	$\phi A_{-0.039}^{0}$	$Ra1.6$	5	1		
5		$\phi B_{-0.064}^{-0.025}$	$Ra1.6$	5	1		
6		$\phi C_{+0.009}^{+0.048}$	$Ra1.6$	5	1		
7	圆弧	R18	$Ra1.6$	5	1		
8	梯形槽	60°	$Ra3.2$	2			
9		$\phi 30_{-0.1}^{0}$	$Ra3.2$	2			
10		侧面对称	$Ra3.2$	1	1		
11		12.5		1			
12		6		1			
13	内孔	$\phi 27_{0}^{+0.039}$	$Ra3.2$	2	1		
14		$\phi 21_{0}^{+0.039}$	$Ra3.2$	2	1		
15	螺纹	M30×2—6g	$Ra3.2$	4	2		
16	长度	$98_{-0.05}^{0}$		2			
17		15±0.1		2			
18		$22_{-0.05}^{0}$		2			
19		19		1			
20		44		1			
21		5		1			
22	其他	轮廓形状有无缺陷		4			
23		倒角、倒钝		3			
24		数控车床维护与精度检验		5			
		合　　计		100		总得分	

评分标准:尺寸和形状位置精度每超差 0.01 mm 扣 2 分,粗糙度增值时扣该项全部分。
否定项:零件上有未加工形状或形状错误的,此件视为不合格。

微视频

精密液压元件
智能产线技术平台

第三篇

铣　　削

　　本篇设有三个模块内容,主要介绍普通铣床、刨床等工种设备和数控铣床设备的铣削加工过程。通过基础、专项、综合技能训练,学生初步具备数控铣工中级知识技能,为后续技能鉴定和相关专业课程学习奠定基础。

　　与数控车床相比,数控铣床有着更为广泛的应用范围,能够进行外形轮廓铣削、平面或曲面型腔铣削及三维复杂型面的铣削,如各种凸轮、模具等,若再添加圆工作台等附件(此时变为四坐标),则应用范围将更广,可用于加工螺旋桨、叶片等空间曲面零件。此外,随着高速铣削技术的发展,数控铣床可以加工形状更为复杂的零件,精度也更高。

　　在本篇的学习过程中,要安全操作机床设备完成平面加工、槽加工、轮廓加工、孔加工任务,能正确使用固定循环指令完成零件加工任务。

Module 6 模块 6

铣削、刨削和磨削初级技能训练

教学导航

知识目标	1. 认识铣床、刨床、磨床典型设备及常用工量刀具 2. 掌握铣床、刨床、磨床安全知识
技能目标	1. 能熟练使用工量刀具 2. 能熟练操作铣床、刨床、磨床进行零件加工
教学设施、设备	多媒体教室、铣床、刨床、磨床等
职业道德规范	遵守操作规程,按时保养设备和清洁工量具
参考学时	28 学时

6.1 普通铣削基本知识

6.1.1 普通铣削典型设备

1. 立式升降台铣床

立式升降台铣床如图 6-1 所示,铣头根据加工要求可在垂直平面内调整角度,主轴可沿其

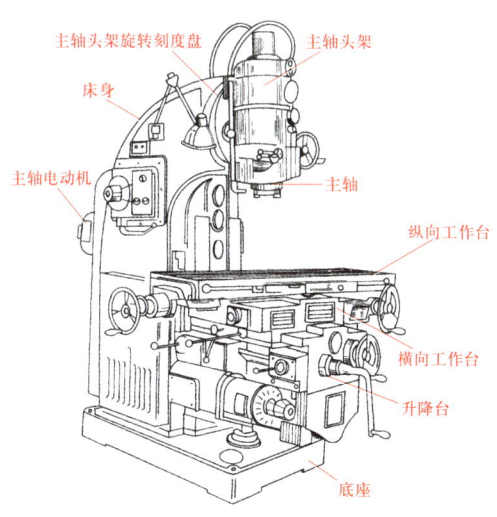

图 6-1 立式升降台铣床

演示文稿

铣削入门指导

拓展阅读

铣工国家职业技能标准

轴线方向进给或调整位置。立式升降台铣床可用端铣刀或立铣刀加工平面、斜面、沟槽、台阶、齿轮等表面。

2. 卧式升降台铣床

卧式升降台铣床如图 6-2 所示。卧式升降台铣床与立式升降台铣床的主要区别是卧式升降台铣床的主轴呈水平方向。卧式升降台铣床主要用于铣削平面、沟槽和多齿零件等。

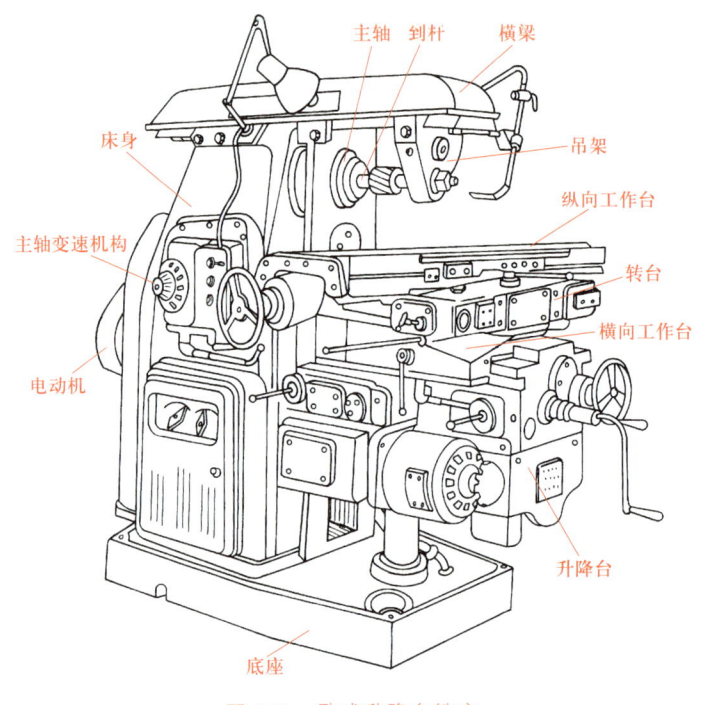

图 6-2　卧式升降台铣床

6.1.2　普通铣削常用工量刀具

1. 普通铣削常用工具

铣削时,调整机床、装夹工件、装卸刀具时都需要用到一些工具,因此要了解这些工具的名称和用法。

(1) 带槽圆螺母扳手

带槽圆螺母扳手用来紧固带槽圆螺母,如图 6-3 所示,其规格以所紧固的圆螺母直径表示。如规格为 115～130 mm 带槽圆螺母扳手,用来旋紧 115～130 mm 的带槽圆螺母。使用时,先按圆螺母的外径尺寸选择相应的扳手,然后握住扳手柄部,将扳手的钩形伸入螺母槽中,扳手内圆紧贴在圆螺母外圆上,用力将螺母旋紧或松开。

(2) 划针盘

划针盘有普通划针盘和万能划针盘两种,用来在加工工件上划线或装夹工件时校正工件,如图 6-4 所示。

图 6-3　带槽圆螺母扳手　　　　　图 6-4　划针盘

（3）手锤

铣削用的手锤有铜锤、木锤、橡胶锤和钢锤,如图 6-5 所示。手锤主要用来装夹工件时敲击工件,通常铜锤、木锤、橡胶锤主要用来敲击已加工表面。敲击已加工表面时,注意做好防护,不要砸伤工件表面。

（4）平行垫铁

平行垫铁用于装夹工件时支撑工件,如图 6-6 所示。垫铁的上下面应平行,表面平整,具有一定的硬度。使用时,根据工件的尺寸和装夹要求选择合适的平行垫铁。

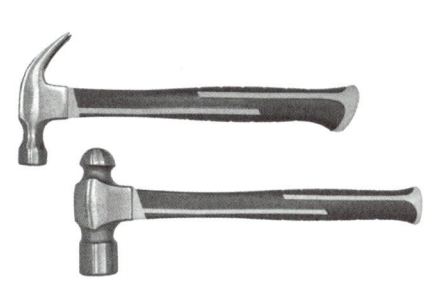

图 6-5　手锤　　　　　　　　　图 6-6　平行垫铁

（5）双头扳手

双头扳手用来紧固四方、六方螺母或螺栓,如图 6-7 所示。使用时,按螺母或螺栓的对边距离选择对应扳手,手握扳手一端,将扳手的另一端钳口全部伸入紧固件的对边,扳手与紧固件端面处于平行,用力朝着副钳口的方向将紧固件紧固或松开。

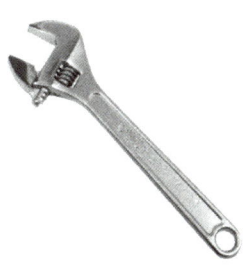

图 6-7　双头扳手　　　　图 6-8　活络扳手　　　　图 6-9　梅花扳手

(6) 活络扳手

活络扳手是由固定钳口、活动钳口、扳手体和螺杆组成,如图 6-8 所示。其规格以扳手体的长度表示。有 3″、4″、6″、8″、10″、12″等。通过调节活动钳口张开尺寸的大小,可以紧固不同规格的紧固件。紧固时,手握扳手柄部,使扳手体与紧固件端部基本平行,用力朝着活动钳口方向,将紧固件紧固。使用时不准将扳手手柄随意接长,以免使力臂增大,受力过大而损坏扳手。

(7) 整体扳手

整体扳手常用有四方扳手、六角扳手和梅花扳手等,用来紧固四角、六角螺栓或螺母。梅花扳手如图 6-9 所示。使用时,按紧固件对边尺寸选择对应的扳手。这种扳手的优点是:使用中不易滑脱。梅花形扳手可用在扳动范围比较小的地方。

(8) 内六角扳手

内六角扳手用来紧固圆柱头内六角螺钉,如图 6-10 所示。使用时,手握扳手的一端,另一端的头部伸入螺钉的内六角方孔中,用力将螺钉旋紧或松开。

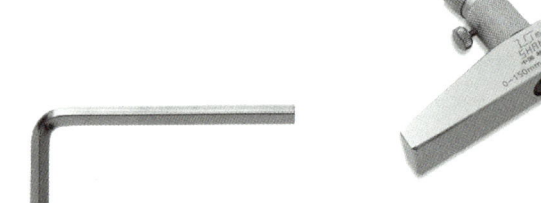

图 6-10　内六角扳手　　　　图 6-11　深度千分尺

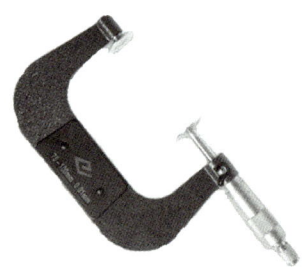

图 6-12　公法线千分尺

2. 普通铣削常用量具

普通铣削常用量具有游标卡尺、万能角度尺、外径千分尺、深度千分尺(图 6-11)、公法线千分尺(图 6-12)、刀口直尺等。

3. 普通铣削常用刀具

常用带孔铣刀如图 6-13 所示。

(1) 圆柱铣刀(图 6-13a)　在卧式升降台铣床和万能升降台铣床上铣平面。

(2) 三面刃铣刀(图 6-13b)　铣台阶和沟槽。

(3) 锯片铣刀(图 6-13c)　铣窄槽和切断工件。

(4) 模数铣刀(图 6-13d)　在铣床上铣齿轮。

(5) 单角度铣刀(图 6-13e)　在卧式升降台铣床上铣角度槽。

(6) 双角度铣刀(图 6-13f)　在卧式升降台铣床上铣角度槽。

(7) 凸圆弧铣刀(图 6-13g)　铣凸面弧槽。

(8) 凹圆弧铣刀(图 6-13h)　铣凹面弧槽。

常用带柄铣刀如图 6-14 所示。

(1) 镶齿端铣刀(图 6-14a)　在立式升降台铣床上铣平面。

(2) 立铣刀(图 6-14b)　铣台阶和铣平底沟槽。

(3) 键槽铣刀(图 6-14c)　铣键槽。

(4) T 形槽铣刀(图 6-14d)　铣 T 形槽。

(5) 燕尾槽铣刀(图 6-14e)　铣燕尾槽。

(a) 圆柱铣刀　　(b) 三面刃铣刀　　(c) 锯片铣刀　　(d) 模数铣刀

(e) 单角度铣刀　(f) 双角度铣刀　(g) 凸圆弧铣刀　(h) 凹圆弧铣刀

图 6-13　常用带孔铣刀

(a) 镶齿面铣刀(端铣刀)　(b) 立铣刀　(c) 键槽铣刀　(d) T形槽铣刀　(e) 燕尾槽铣刀

图 6-14　常用带柄铣刀

6.1.3　普通铣削安全知识

① 进入实习场地前,穿好工作服,女生戴好工作帽,辫子盘在工作帽内。

② 不准穿背心、拖鞋和戴围巾进入生产实习车间。

③ 生产实习中严格遵守安全操作规程,避免出现人身和设备事故。

④ 生产实习前检查各手柄的原始位置是否正常。

⑤ 装卸工件、铣刀、变换转速和进给量、搭配配换齿轮,必须在停车时进行。

⑥ 工作台自动进给时,手动进给离合器必须脱开,以防手柄随轴旋转打伤人。

⑦ 走刀过程中不准测量工件,不准用手抚摸工件加工表面。自动走刀结束后,先停止进给,再停止铣刀旋转。

⑧ 高速铣削或磨刀时应戴防护眼镜。

⑨ 实习中出现异常情况应立即检查;出现事故时应立即切断电源,报告老师。

⑩ 实习操作时,严禁离开工作岗位,不准做操作内容无关的其他事情。

6.2 普通铣削基础技能训练

6.2.1 铣床操作

1. 操纵手柄及控制按钮

卧式万能升降台铣床的手柄可分为变速手柄、锁紧手柄、手动进给手轮、机动进给手柄等,各种手柄及控制按钮如图6-15所示。

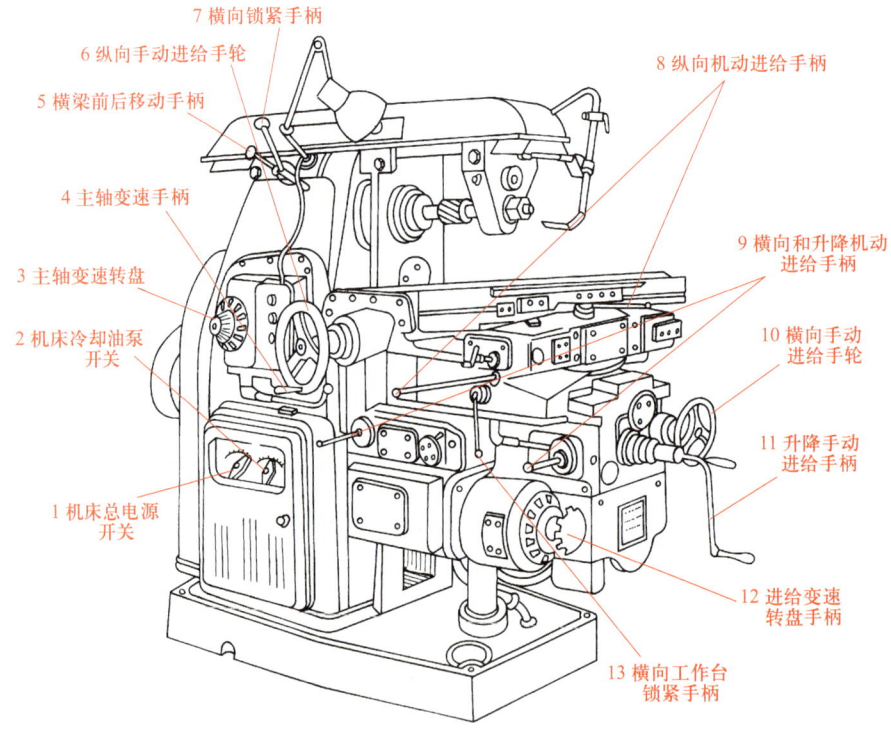

图6-15 卧式万能升降台铣床(X6132)

操作要点如下:

① 主轴转速调整通过操纵主轴变速转盘3和主轴变速手柄4实现。

② 进给量的调整通过操纵进给变速转盘手柄12实现。

③ 工作台手动纵向、横向、升降移动可分别通过纵向手动进给手轮6、横向手动进给手轮

10、升降手动进给手柄 11 实现。

④ 横梁水平方向前后移动通过横梁前后移动手柄 5 实现。

⑤ 工作台机动纵向进给通过纵向机动进给手柄 8 实现。

⑥ 工作台机动横向或升降进给通过横向和升降机动进给手柄 9 实现。

铣削时，当工作台位置调整确定后，除加工需要的进给方向外，其他方向运动均用锁紧手柄锁紧，以减少加工过程中的振动。

6.2.2 刀具安装

1. 在卧式铣床上安装圆柱铣刀

在卧式铣床上安装圆柱铣刀如图 6-16 所示。

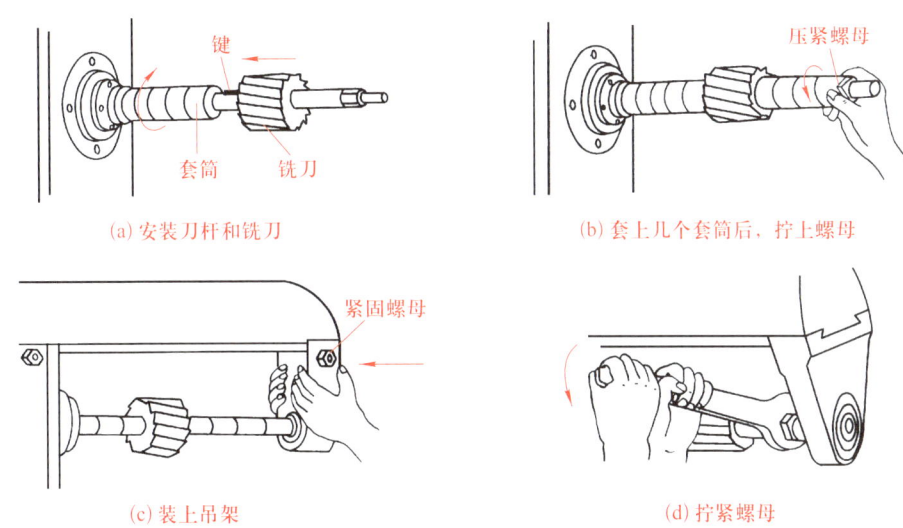

图 6-16 在卧式铣床上安装圆柱铣刀

2. 在立式铣床上安装端铣刀

在立式铣床上安装端铣刀如图 6-17 所示。

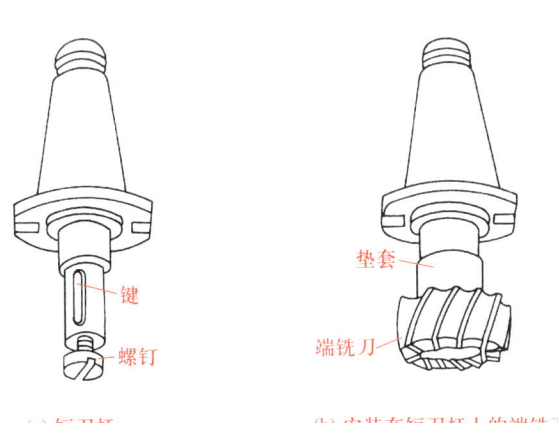

图 6-17 在立式铣床上安装端铣刀

微视频

铣刀及铣刀杆装卸

3. 拆卸铣刀和铣刀杆

拆卸铣刀和铣刀杆一般是安装过程的反向操作,但在拆卸刀杆时,松开刀杆压紧螺母后,必须用手锤敲击拉杆的顶端,使刀杆的锥柄与主轴锥孔脱开,再旋出拉紧螺杆,取出铣刀杆。

6.2.3 工件装夹

1. 平口虎钳装夹

平口虎钳又称为机用虎钳,如图 6-18 所示,适用于平整的小型工件。

装夹时,必须将零件的基准面紧贴固定钳口或导轨面,工件的余量层必须高出钳口。为了使工件紧密的靠在平行垫铁上,应用铜锤或木锤轻轻敲击工件。工件在平口虎钳上装夹位置应适当,使工件装夹后稳固可靠,在切削力作用下不产生位移。

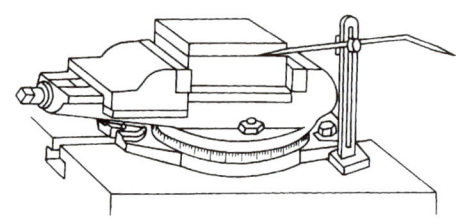

图 6-18 平口虎钳装夹

2. 压板装夹

压板装夹用于形状较大,不便于平口虎钳装夹的工件,如图 6-19 所示。在铣床上用压板装夹时,所用工具主要有压板,T形螺栓、垫铁及螺母。使用压板装夹时,应选择两块以上的压板,压板的一端搭在工件上,另一端搭在垫铁上,垫铁的高度等于或略高于工件被夹紧部位的高度,应尽量减少螺栓到工件的距离。使用压板时,螺母和压板平面之间应垫有垫圈。

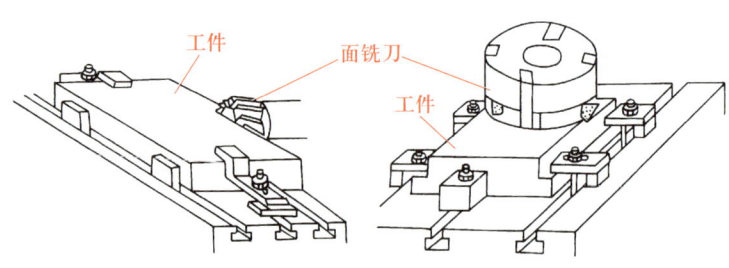

图 6-19 压板装夹

6.3 普通铣削专项技能训练

6.3.1 铣平面

铣平面是铣削的基本工作内容,是铣削其他复杂表面的基础。

1. 加工图及评分标准

铣平面的加工图样和配分表如图 6-20 所示。

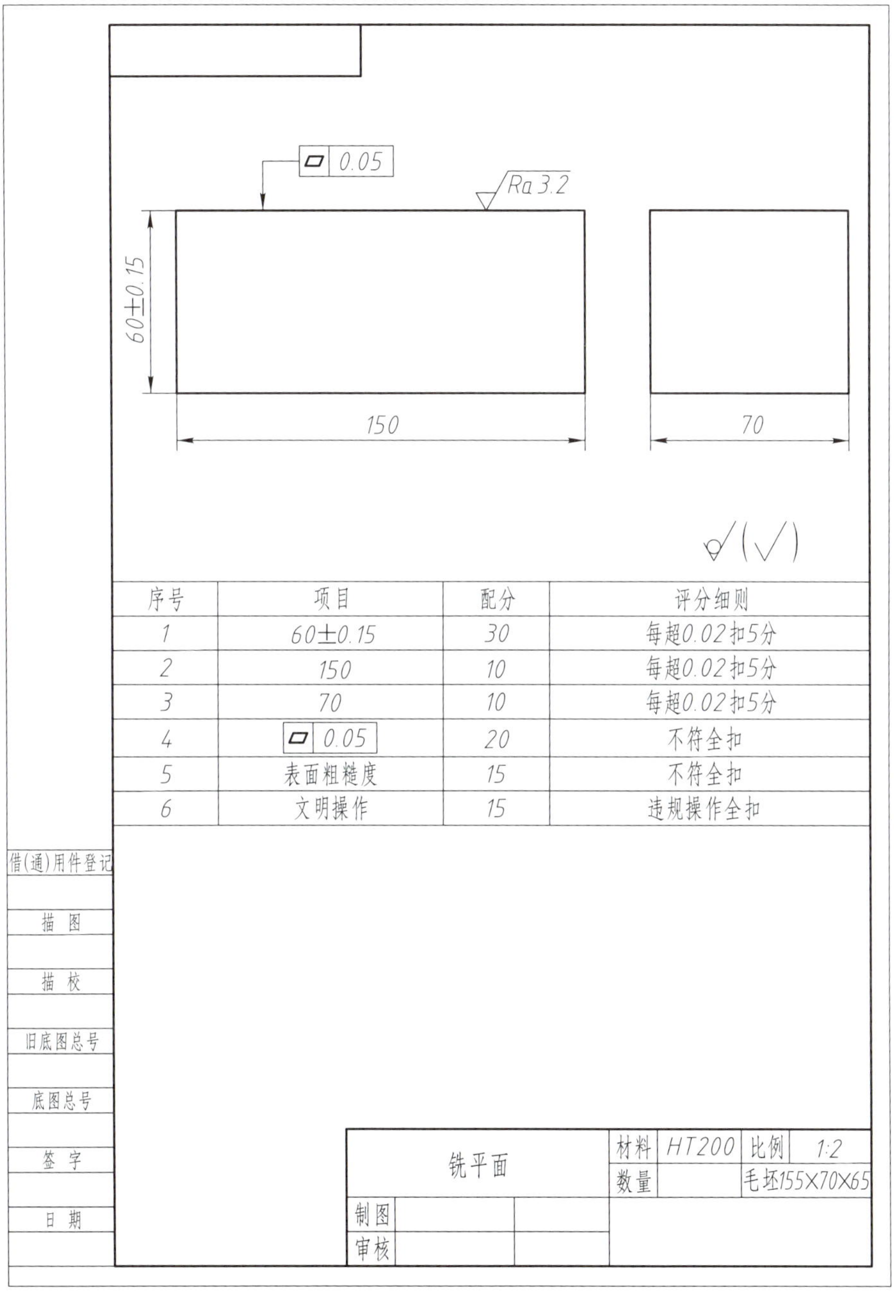

铣平面

铣平面

序号	项目	配分	评分细则
1	60±0.15	30	每超0.02扣5分
2	150	10	每超0.02扣5分
3	70	10	每超0.02扣5分
4	⊐ 0.05	20	不符全扣
5	表面粗糙度	15	不符全扣
6	文明操作	15	违规操作全扣

图 6-20 铣平面的加工图样和配分表

2. 加工准备

工件毛坯尺寸为 155 mm×70 mm×65 mm 方块,材料为 HT200。其他工量刀具以车间

3. 加工工件

（1）对刀　启动铣床，转动工作台手轮，使工件慢慢靠近铣刀，横向调整工作台，使工件和铣刀处于对称铣削的位置。当铣刀与工件表面轻轻接触后记下工作台刻度，作为进刀起始点，再退出铣刀。

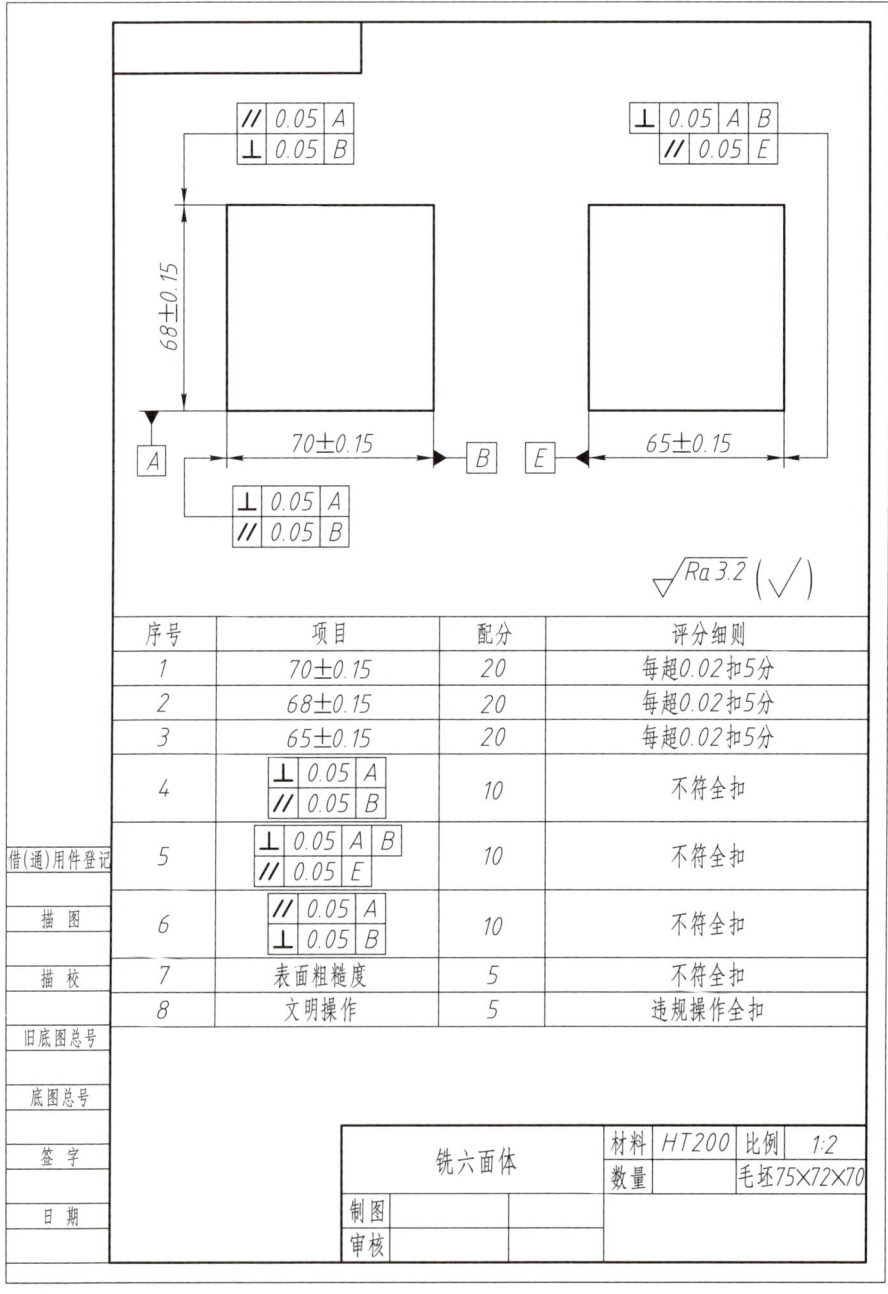

图 6-21　铣六面体的加工图样和配分表

(2) 试切　调整铣削深度,根据加工余量,选择背吃刀量 $a_p=2$ mm,手动进给试切 2～3 mm,然后退出测量,如尺寸符合,即可进行铣削,否则,重新调整铣削深度。

(3) 铣削　手动进给铣削,工作台纵向手动进给手柄摇动时做到连续均匀,待铣刀全部脱离工件表面后方可停止进给,最后停机。

(4) 精铣　检验工件余量,按余量再上升工作台进行铣削,手摇工作台纵向手动进给手柄精铣去切削余量。

4. 平面的检测

(1) 平面尺寸　用游标卡尺检验厚度尺寸。

(2) 平面度　用刀口形直尺检验平面的平面度。

(3) 表面粗糙度　采用表面粗糙度样板来比较检验。

6.3.2 铣六面体

1. 加工图及评分标准

铣六面体的加工图样和配分表如图 6-21 所示。

2. 加工准备

工件毛坯尺寸为 75 mm×72 mm×70 mm 方块,材料为 HT200。其他工量刀具以车间现场提供为准。

3. 加工工件

六面体工件的铣削顺序如图 6-22 所示。

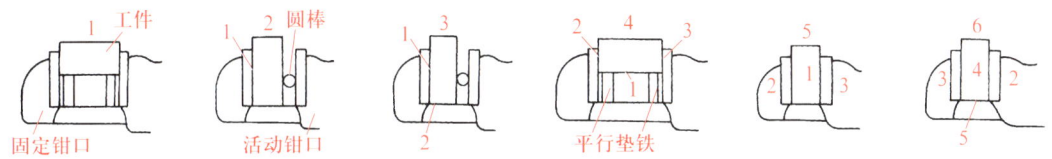

图 6-22　六面体工件的铣削顺序

4. 工件检测

工件铣完后,要按工件的图纸要求进行检验,主要有以下 3 个方面的内容。

(1) 垂直度的检测

对于垂直度要求不高的工件,可用宽座角尺检测垂直度,对于垂直度要求较高的工件,要用百分表检测。

(2) 平行度和尺寸精度的检测

用游标卡尺或千分尺测量。对于要求不高的工件,其平行度检验可以通过测量工件的四个角及中部,观察各部分尺寸是否相同,若不同,其差值就是平行度误差。对于要求较高的工件,则要用百分表检验其平行度。

(3) 表面粗糙度的检测

一般用表面粗糙度样板来比较检验。

6.3.3 铣直角沟槽

1. 加工图及评分标准

铣直角沟槽的加工图样和配分表如图 6-23 所示。

2. 加工准备

工件毛坯尺寸为 70 mm×65 mm×60 mm 方块,材料为 HT200。其他工量刀具以车间现场提供为准。

铣直角沟槽

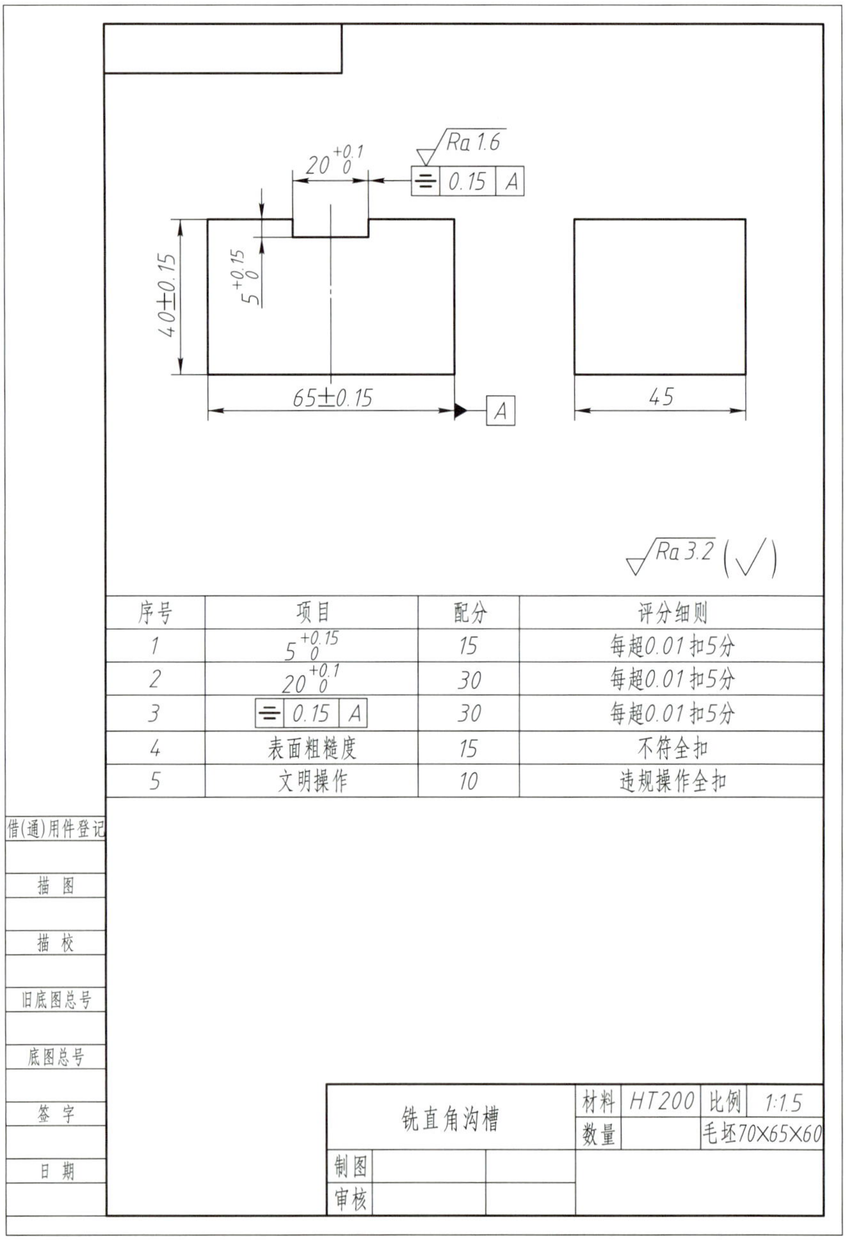

图 6-23 铣直角沟槽的加工图样和配分表

6.3.4 铣封闭式键槽

1. 加工图及评分标准

铣封闭式键槽的加工图样和配分表如图 6-24 所示。

2. 加工准备

工件毛坯尺寸为 $\phi 40 \times 85$ mm 圆棒料，材料为 45 钢。其他工量刀具以车间现场提供为准。

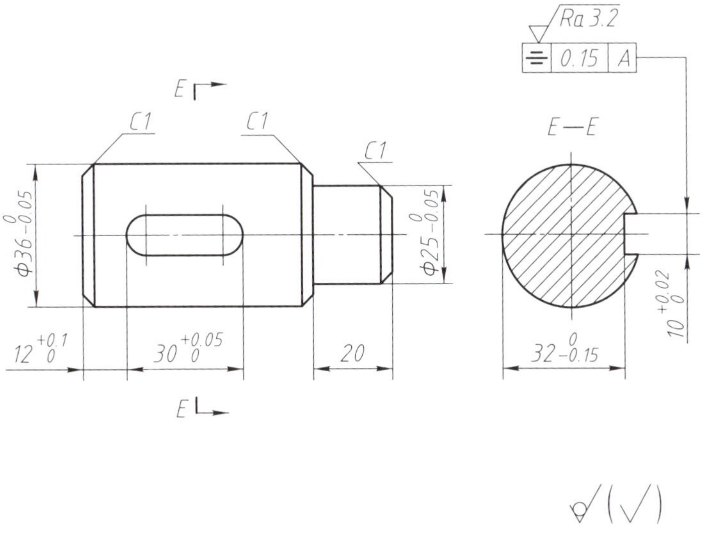

铣键槽

铣键槽

图 6-24 铣封闭式键槽的加工图样和配分表

6.4 刨削技能训练

6.4.1 刨削典型设备

演示文稿
刨平面

微视频
刨平面

常用刨床有牛头刨床和龙门刨床等,牛头刨床是应用最广的刨床,现以 B6065 牛头刨床为例进行介绍。

1. 牛头刨床的编号

例如编号 B6065 中,"B"是刨床类机床的代号;"60"是牛头刨床组、系别代号;"65"代表最大刨削长度(650 mm)的 1/10,系主参数代号。

2. 牛头刨床的组成部分及其作用

牛头刨床主要由床身、滑枕、刀架、工作台横梁底座等部分组成,如图 6-25 所示。

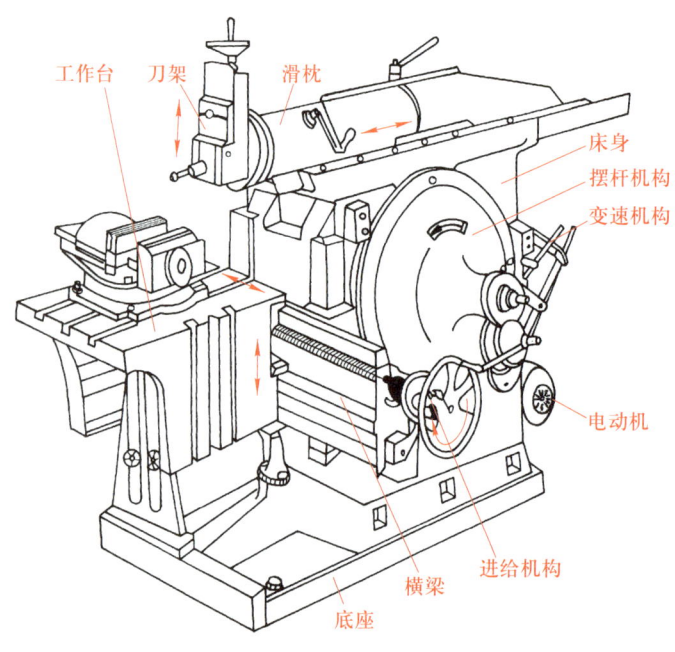

图 6-25 牛头刨床(B6065)

(1) 床身　用来支承和连接刨床的各部件,它固定在底座上,其顶面导轨供滑枕作往复运动,侧面导轨供横梁和工作台升降,床身内部有变速机构和摆杆机构等。

(2) 滑枕　带动刀架沿床身水平导轨作往复直线运动,其内部有传动装置,可调整滑枕往复的行程位置。

(3) 刀架　用来夹持刨刀,摇动刀架上的手柄,可使刨刀作铅垂或斜向进给。

(4) 工作台　用来装夹工件,可随横梁作上下调整,并可沿横梁作横向移动或横向间歇进给运动。

(5) 横梁　带动工作台作横向进给运动,还可沿床身侧面导轨升降。

（6）底座　支承全部零部件。

3. 操纵手柄及控制按钮

B6065牛头刨床操纵系统如图6-26所示。

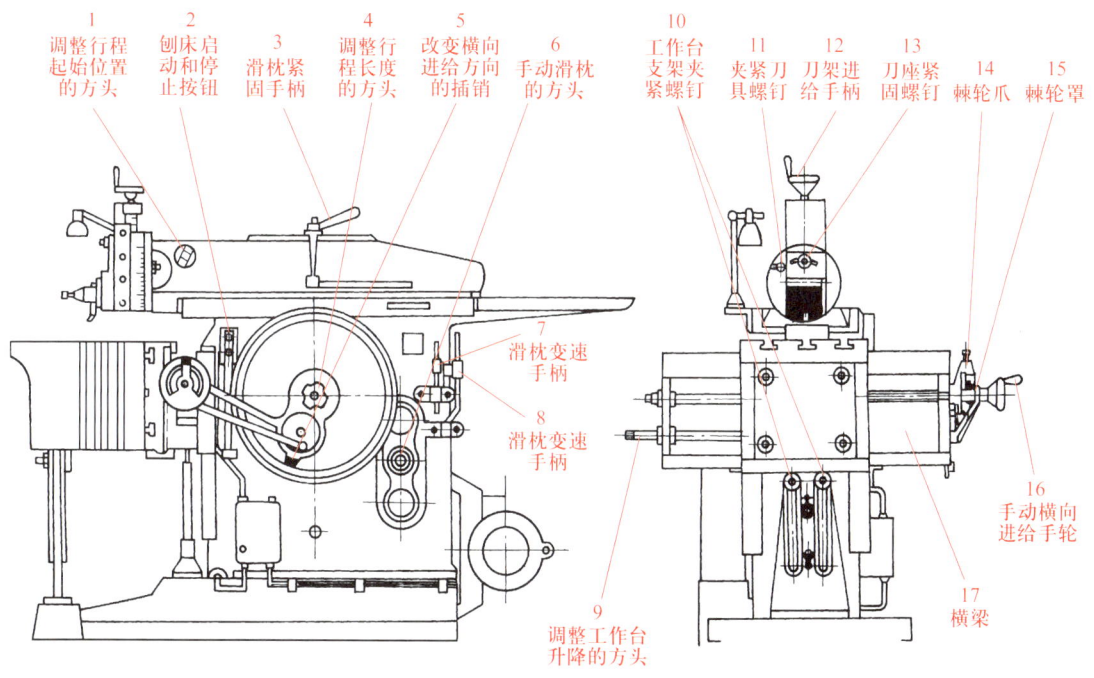

图6-26　B6065牛头刨床操纵系统

（1）手动工作台及滑枕　转动手轮16可使工作台横向移动，用扳手转动方头9可使工作台上下移动；用扳手转动方头6可使滑枕沿床身顶面导轨作水平进退运动。

（2）移动小刀架　转动手柄12可使小刀架上下（退进刀）移动。

（3）调整滑枕移动速度　通过手柄7、8和按钮2调整。

（4）调整行程起始位置　通过手柄3、方头1调整。

（5）调整行程长度　通过方头4调整。

（6）调整进给量　通过棘轮罩15调整。

6.4.2　刨削安全知识

① 刨床开动时，一定要前后照顾，避免机床碰伤人、工件、设备等。

② 刨床工作台和横梁上不准堆放任何物品，以免损坏机床和落下伤人。

③ 工作中发现刨床有异常情况时，应立即停车检查。

④ 调整牛头冲程要使刀具不接触工件，用手摇动经历全行程进行试验，调整好后，随时将手柄取下。

⑤ 调整机床速度、行程，装夹工件、刀具，测量工件以及擦拭机床时都要停车进行。

⑥ 装卸较大工件和夹具时应请人帮助,防止滑落伤人。

6.4.3 刨削刀具

1. 刨刀的种类

刨刀的种类很多,按照加工形状和用途不同可以分为:平面刨刀、偏刀、切刀、内孔刀、弯切刀、成形刀等,如图 6-27 所示。

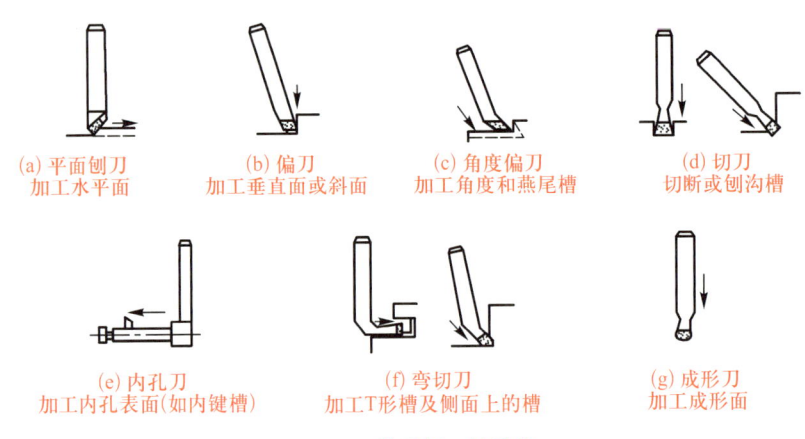

(a) 平面刨刀 加工水平面
(b) 偏刀 加工垂直面或斜面
(c) 角度偏刀 加工角度和燕尾槽
(d) 切刀 切断或刨沟槽
(e) 内孔刀 加工内孔表面(如内键槽)
(f) 弯切刀 加工T形槽及侧面上的槽
(g) 成形刀 加工成形面

图 6-27 常用刨刀的种类

2. 刨刀的结构特点

刨刀的结构、几何形状与车刀相似。由于刨刀切入工件时,受到很大的冲击力,刀具容易损坏。所以刨刀比车刀粗大,刀杆的横截面比车刀大 1.25～1.5 倍,刨削时可以承受较大的冲击力。为了增加刀尖的强度和降低工件的表面粗糙度值,一般将刀尖磨成小圆弧。常见刨刀有直头刨刀和弯头刨刀。直头刨刀受力弯曲变形容易扎入工件表面,而弯头刨刀在受到较大切削力时,刀杆弯曲变形可退离工件,不会扎入工件表面。

3. 刨刀的安装

刨刀安装正确与否,直接影响加工零件的表面质量,所以安装刨刀时应注意以下几点。

① 刨刀不能伸出过长,以免加工中发生振动或折断。一般伸出的长度是刀杆厚度的 1.5～2 倍,弯曲刨刀以弯曲部分不碰抬刀板为宜。

② 安装时,左手握住刨刀,右手使用扳手,用力方向须由上而下,将刨刀压紧。不能由下而上,以免抬刀板翻起,碰伤手指。

③ 刀尖和刀座应在垂直位置,调整转盘对准零线,如图 6-28 所示。

④ 安装偏刀时,刀架对准零线,将刀座转一定

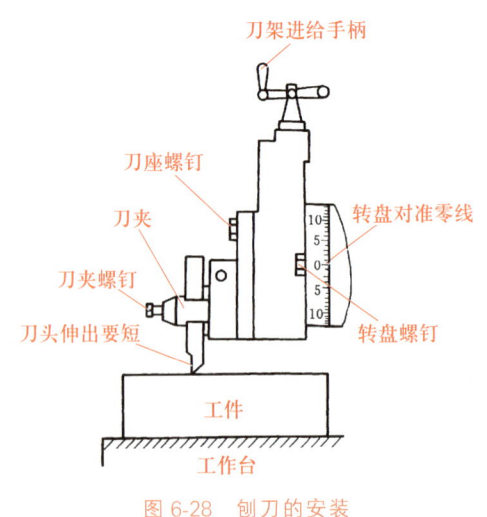

图 6-28 刨刀的安装

角度,向离开工件加工表面方向偏转 10°~15°。

6.4.4 刨斜面

1. 加工图及评分标准

刨斜面的加工图样和配分表,如图 6-29 所示。

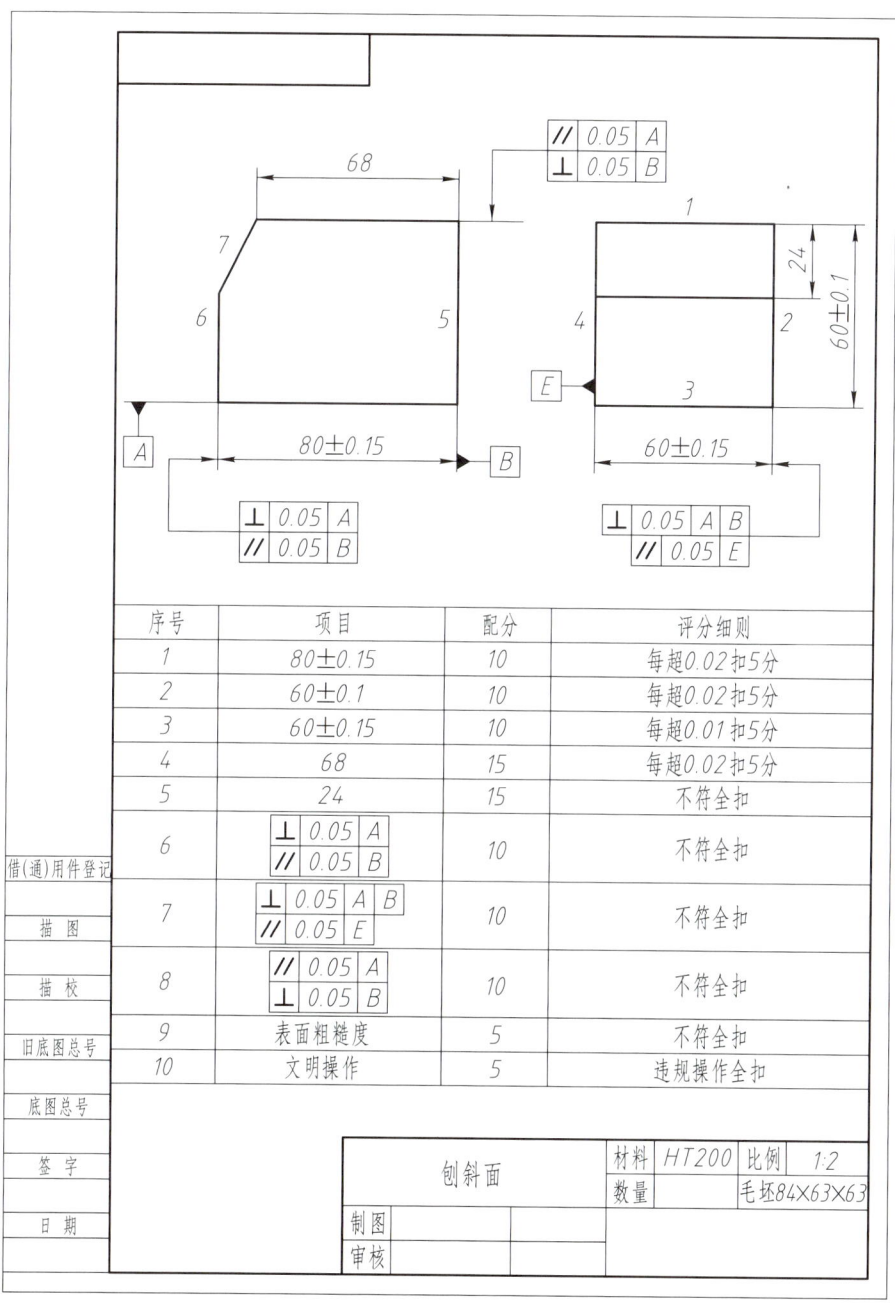

图 6-29 刨斜面的加工图样和配分表

2. 加工准备

工件毛坯尺寸为 84 mm×63 mm×63 mm 方块,材料为 HT200。其他工量刀具以车间现场提供为准。

(1) 刨斜面的方法

① 倾斜刀架法　倾斜刀架法是将刀架和刀座分别扳转一定的角度,然后转动刀架进给手柄,从上向下沿倾斜方向进给刨削,进刀深度由横向移动工作台调整,如图 6-30 所示。

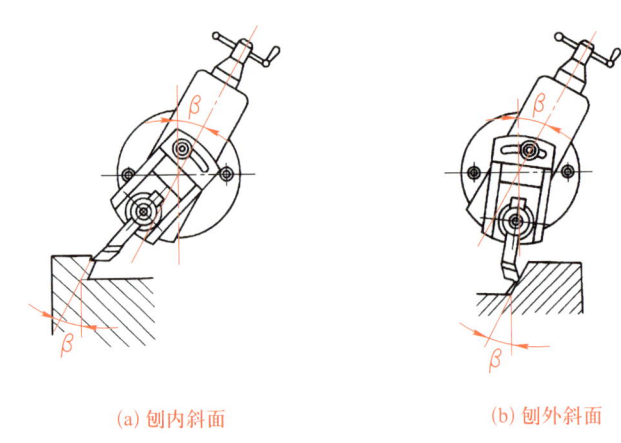

(a) 刨内斜面　　　　(b) 刨外斜面

图 6-30　倾斜刀架法

倾斜刀架法中刀架扳转角度为:
- 斜面与垂直方向的夹角 β 是锐角,则刀架扳转的角度为 β;
- 斜面与垂直方向的夹角 β 是钝角,则刀架扳转的角度为 $180°-\beta$;
- 斜面与水平方向的夹角 β 是锐角,则刀架扳转的角度为 $90°-\beta$;
- 斜面与水平方向的夹角 β 是钝角,则刀架扳转的角度为 $\beta-90°$。

② 装斜工件水平走刀法

根据图纸尺寸在工件上划出斜面的加工线,再将工件装在平口虎钳内,找正斜面加工线于水平位置,即可采用一般刨平面的方法刨斜面。

(2) 刀架扳转角度　根据图纸尺寸得斜面与垂直方向的夹角为

$$\tan\beta=\frac{80-68}{24}=\frac{12}{24}=0.5$$

由三角函数表查得　　　　　　　　$\beta=26°34'$

3. 加工工件

(1) 刨平面

选用平面刨刀,刀架不需扳转角度,同前面铣六面体工件一样的安装顺序,刨削矩形工件,保证尺寸 80 mm×60 mm×60 mm 及形位公差。

(2) 划线

根据图纸划出斜面的加工线。

(3) 刨斜面

装夹矩形工件,以 4 面为定位基准,使加工部分露出钳口,然后在横向和纵向校正工件。

(4) 调整刀架

刀架扳转的方向应使进刀的方向与被加工斜面的方向平行。刀架向右扳转 26°34′,再扳转刀座约 15°,必须将刀架调整到适当的高度,以保证刀架的移动量能刨出整个加工表面。

(5) 刨削与测量

开车刨削,旋转刀架用手动斜进给,横向移动试刨 2 mm,整个表面经过一次走刀后,停车测量角度,如角度正确,则继续进行刨削直到合格为止。如角度不正确,及时修正,然后再刨削。

4. 质量分析

如角度不对,可能是划线错误,或刀架的角度扳错,或工件左右的高度没有校正等。

6.5 磨削技能训练

6.5.1 磨削典型设备

磨床的种类很多,常用的有外圆磨床、内圆磨床和平面磨床。下面介绍其中的万能外圆磨床和卧轴矩台平面磨床。

1. **万能外圆磨床**

M1432A 万能外圆磨床如图 6-31 所示。

编号 M1432A 中,"M"是磨床的代号;"1"是外圆磨床的组别代号;"4"是万能外圆磨床的系别代号;"32"表示最大磨削直径(320 mm)的 1/10,是主参数代号;A 表示在性能和结构上做过一次重大改进。

演示文稿

磨削加工

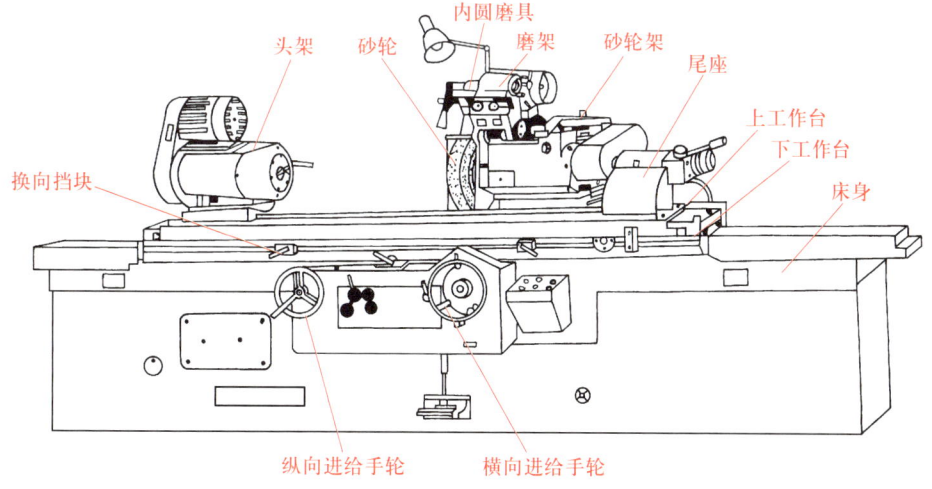

图 6-31 万能外圆磨床(M1432A)

2. 卧轴矩台平面磨床

M7120A 卧轴矩台平面磨床如图 6-32 所示。

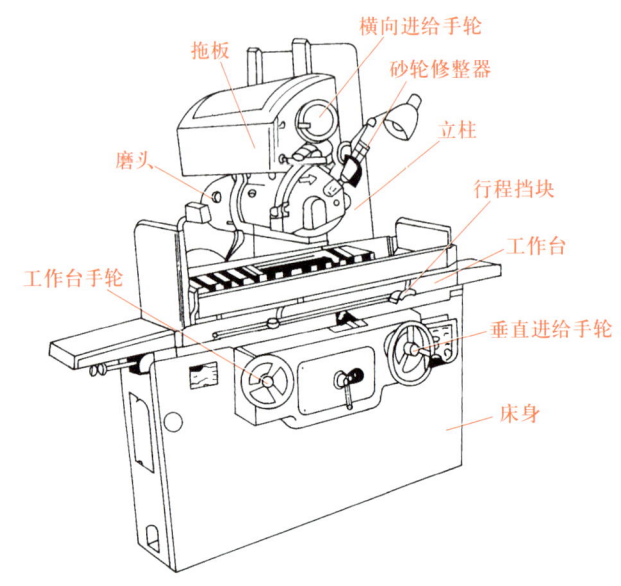

图 6-32　卧轴矩台平面磨床(M7120A)

编号 M7120A 中,"7"是平面及端面磨床的组别代号;"1"是卧轴矩台平面磨床的系别代号;"20"表示工作台宽度(200 mm)的 1/10,是主参数代号。

6.5.2　磨削安全知识

① 磨床操作都必须遵守机械切削加工的安全操作规程。

② 工件加工前,应根据工件的材料、硬度、精粗磨等情况,合理选择适用的砂轮。

③ 进给时,不准将砂轮一下就接触工件,要留有空隙,缓慢地进给,以防砂轮突然受力后爆裂而发生事故。

④ 砂轮未退离工件时,不得中途停止运转。装卸工件、测量精度均应停车,将砂轮退到安全位置以防伤手。

⑤ 平面磨床一次磨多件时,加工件要靠紧垫妥,防止工件飞出或砂轮爆裂伤人。

⑥ 外圆磨用两顶针加工的工件,应注意顶针是否良好。用卡盘加工的工件要夹紧。

⑦ 量具或仪表测量时,应将砂轮退到安全位置上,待砂轮停转后方能进行。

⑧ 经常调换冷却液,防止污染环境。

6.5.3　工件安装

平面磨床工作台通常采用电磁吸盘来安装工件,对于钢、铸铁等导磁性工件可直接安装在工作台上,对于铜、铝等非导磁性工件,要通过精密平口虎钳等装夹。

6.5.4 磨削平面

根据磨削时砂轮工作表面的不同,磨平面的方法有两种,即周磨法和端磨法。磨平面的方法如图 6-33 所示。

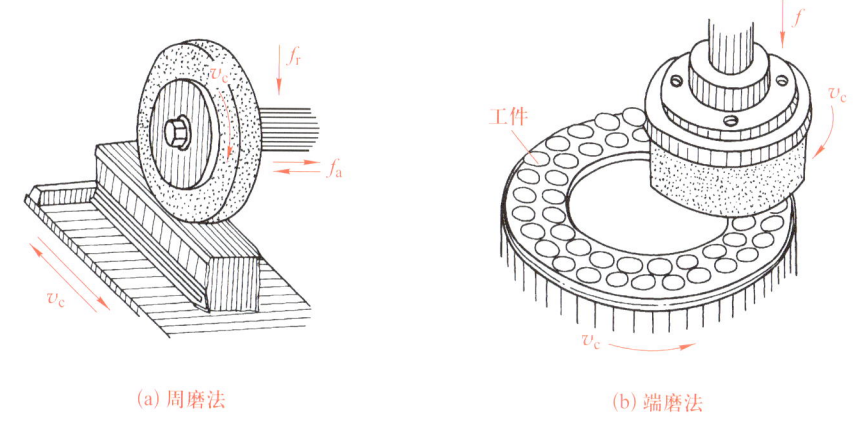

(a) 周磨法　　　　　　　　　　　(b) 端磨法

图 6-33　磨平面的方法

（1）**周磨法**　用砂轮圆周面磨削平面。周磨时,砂轮与工件接触面积小,排屑和冷却条件好,工件发热量少,因此磨削易翘曲变形的薄片工件,能获得较好的加工质量,但磨削效率低,一般用于精磨。

（2）**端磨法**　用砂轮的端面磨削平面。端磨时,由于砂轮轴伸出较短,而且主要是受轴向力,因而刚性较好,能采用较大的磨削用量。此外,砂轮与工件接触面积大,磨削效率高,但发热量大,也不易排屑和冷却,故加工质量较周磨法低,一般用于粗磨和半精磨。

6.6　铣削、刨削和磨削综合技能训练

6.6.1　综合技能训练 1

1. 加工准备

工件毛坯尺寸为 80 mm×55 mm×50 mm 方块,材料为 45 钢。其他工量刀具以车间现场提供为准。

2. 任务要求

铣台阶零件的加工图样和配分表如图 6-34 所示。按要求完成综合技能训练。

6.6.2　综合技能训练 2

1. 加工准备

工件毛坯尺寸为 145 mm×85 mm×25 mm 方块,材料为 45 钢。其他工量刀具以车间现场提供为准。

2. 任务要求

铣压板零件的加工图样和配分表如图 6-35 所示。按要求完成综合技能训练。

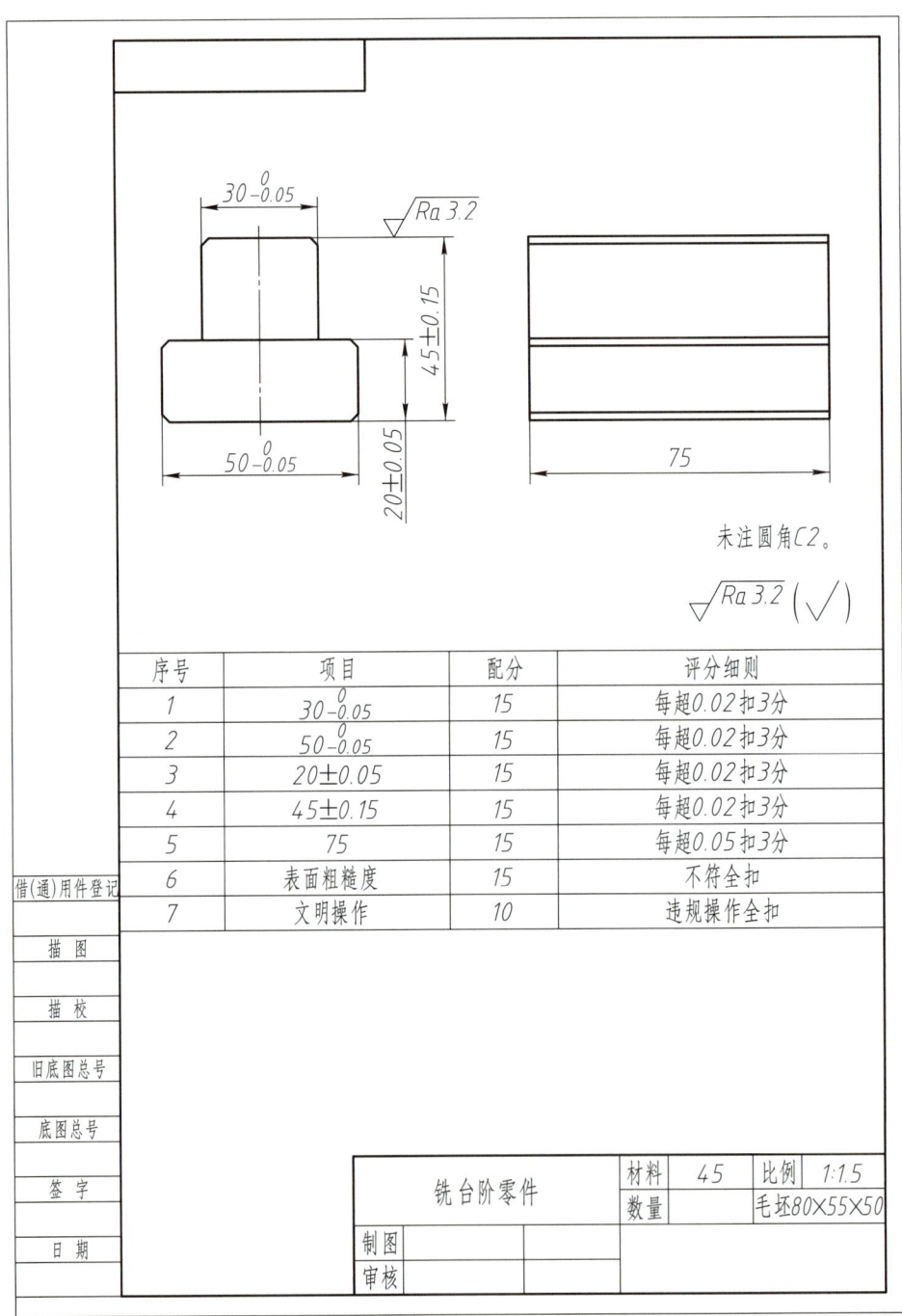

图 6-34 铣台阶零件的加工图样和配分表

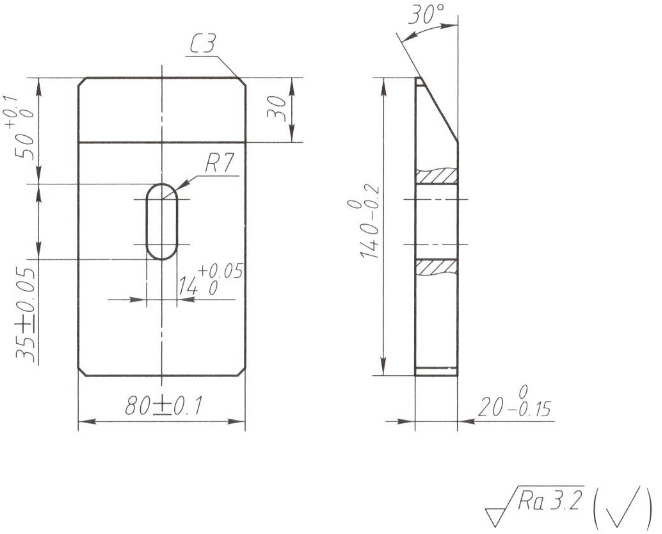

模块 6 铣削、刨削和磨削初级技能训练

序号	项目	配分	评分细则
1	$50^{+0.1}_{0}$	12	每超0.05扣3分
2	$35±0.05$	12	每超0.02扣3分
3	$14^{+0.05}_{0}$	12	每超0.02扣3分
4	$80±0.1$	12	每超0.05扣3分
5	$14.0^{0}_{-0.2}$	12	每超0.05扣3分
6	$20^{0}_{-0.15}$	12	每超0.05扣3分
7	R7	5	不符全扣
8	C3	5	不符全扣
9	30°	8	不符全扣
10	表面粗糙度	5	不符全扣
11	文明操作	5	违规操作全扣

铣压板零件　材料 45　比例 1:3　数量 毛坯145×85×25

图 6-35　铣压板零件的加工图样和配分表

微视频

创新创业精神

Module 7
模 块 7
数控铣削初级技能训练

  教学导航

知识目标	1. 了解数控铣削典型设备及常用工量刀具 2. 掌握数控铣削安全知识 3. 掌握简单零件加工工艺和编程知识
技能目标	1. 能熟练使用工量刀具 2. 能熟练操作数控机床进行轮廓类零件加工 3. 能熟练操作数控机床进行精密孔零件加工
教学设施、设备	多媒体教学环境、数控铣床 10 台以上
职业道德规范	遵守操作规程,按时保养设备和清洁工量具
参考学时	28 学时

7.1 数控铣削基本知识

7.1.1 数控铣削典型设备

数控铣削典型的设备主要有立式加工中心和卧式加工中心两大类。数控铣床如图 7-1。

演示文稿

数控铣床操作入门

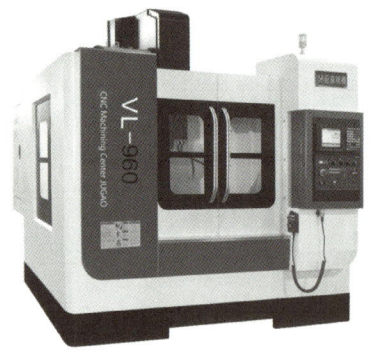

(a) 立式加工中心

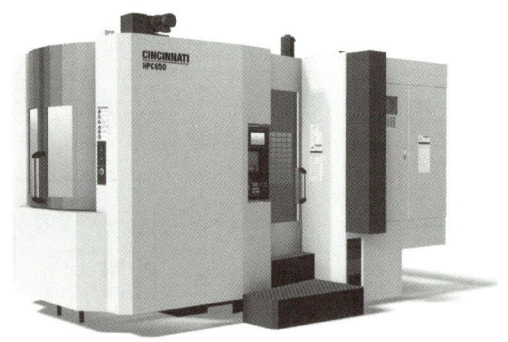

(b) 卧式加工中心

图 7-1 数控铣床

立式加工中心(图7-1a)的主轴呈垂直状态,而卧式加工中心(图7-1b)的主轴为水平状态。立式加工中心和卧式加工中心的设计和结构差异比较大,主要体现在主轴结构、立式结构、工作台形式、刀库类型和联动轴数等方面。

7.1.2 数控铣削常用工量刀具

1. 常用工具

数控铣削的常用工具有机用平口钳、平行等高垫铁、Z轴对刀仪、机械寻边器和光电寻边器等,如图7-2所示。

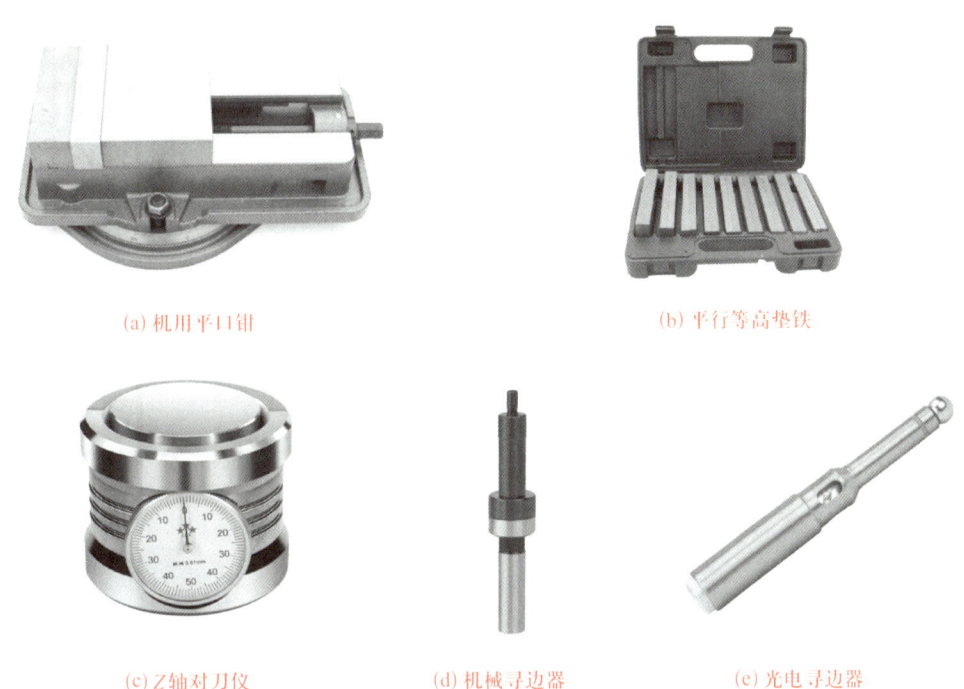

(a)机用平口钳　　　　　　　　(b)平行等高垫铁

(c)Z轴对刀仪　　　(d)机械寻边器　　　(e)光电寻边器

图7-2　常用工具

2. 常用量具

数控铣削的常量具有游标卡尺、外径千分尺、深度尺等。

3. 常用刀具

数控铣削的常用刀具有面铣刀、立铣刀、球头铣刀、中心钻、麻花钻头、铣刀刀柄、弹簧夹头、钻夹头刀柄等,如图7-3所示。

7.1.3 数控铣削安全知识

数控铣床操作安全知识分为人身安全、机床安全、产品安全、环境安全四个方面,初学者须遵守各项规范和要求。

(1) 人身安全　　上课学生着工作服进车间,女生必须长发盘起并佩戴工作帽,操作中禁止戴手套;机床运行前必须关好安全防护门;人应站立在机床侧前方,操作面板前。

图 7-3 常用刀具

(2) **机床安全** 按循环启动键要谨慎;主轴下行要关注;发现碰撞,立即按下急停按钮;请勿让机床在无人看护下运转。

(3) **产品安全** 程序运行前必须进行校验;对刀移动手轮操作要注意方向。

(4) **环境安全** 脚垫板上无杂物;机床、工作台不放任何东西;大型油桶和切削液桶不放机床附近。

7.1.4 数控铣削常用编程知识

程序由程序名、程序头、程序中段、程序尾组成,下面以 FANUC 0i 系统为例介绍常用编程知识。常用指令和形式见表 7-1。

表7-1 常用指令和形式

指　　令	释　　义	形　　式
G00	快速移动	G00X_Y_Z_
G01	直线插补	G01X_Y_Z_F_
G02/G03	顺圆弧插补/逆圆弧插补	G02/G03X_Y_R_F_ G02/G03X_Y_I_J_F_
G41	刀具半径左补偿	G41G01X_Y_D_
G42	刀具半径右补偿	G42G01X_Y_D_
G40	刀具半径补偿取消	G40G01X_Y_
G81	中心钻循环	G98G81X_Y_Z_R_F_
G83	深孔钻削循环	G98G83X_Y_Z_R_F_Q_
G80	固定循环取消	G80
G28	返回参考点	G28X_Y_Z_
G54～G59	坐标系寄存器	
G90/G91	绝对值编程/增量值编程	
M02	程序结束	
M03/M04	主轴正转/主轴反转	M03S500
M05	主轴停止	
M06	换刀指令	M06T01
M08/M09	切削液开/切削液关	
M30	程序结束并返回程序头	

1. 圆弧插补指令说明

(1) 指令中的X、Y、Z是圆弧插补的终点坐标值。

(2) 指令中的I、J、K表示圆弧圆心的坐标值,是指圆心相对于圆弧起点的增量坐标,即用圆心坐标减去圆弧起点坐标值。

(3) 指令中的R为指定圆弧半径,当圆弧的圆心角≤180°时,R为正;当圆弧的圆心角>180°时,R为负。圆弧编程半径指定方式用R值指定时,编程比较简单方便,但整圆的编程只能用I、J、K方式来指定编程。

2. 圆弧编程实例

(1) 圆弧编程实例如图7-4所示,分别用R和I、J、K两种表达方式编写从 D 点到 A 点的圆弧插补程序。圆弧编制程序见表7-2。

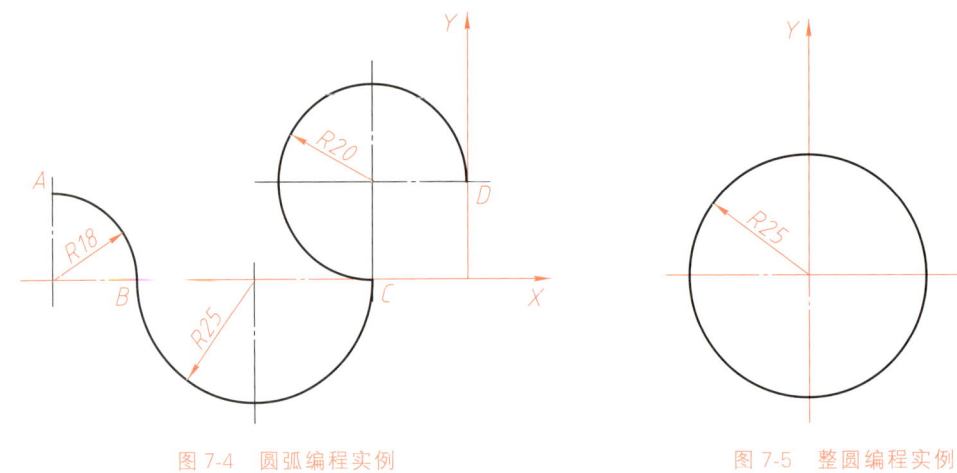

图 7-4 圆弧编程实例　　　　　　　图 7-5 整圆编程实例

表 7-2 圆弧编制程序

程序(用 R 指定圆心)	程序(用 I, J 指定圆心)	程序说明
G00G90X0Y20	G00G90X0Y20	快速定位到 R20 圆弧起点
G03X-20Y0R-20F100	G03X-20Y0I-20J0F100	R20 圆弧插补(优弧)
G03X-20Y0R20F100	G03X-20Y0I0J-20F100	R20 圆弧插补(劣弧)
G02X-70Y0R25	G02X-70Y0I-25J0	R25 圆弧插补
G03X-88Y18R18	G03X-88Y18I-18J0	R18 圆弧插补

(2) 整圆编程实例如图 7-5 所示,半径为 R25 的整圆编程,整圆编制程序见表 7-3。

表 7-3 整圆编制程序

程序(绝对方式编程)	程序(增量方式编程)	程序说明
G00G90X25Y0	G00G91X25Y0	快速定位到 R25 圆弧起点
G02X25Y0I-25J0F100	G02X0Y0I-25J0F100	R25 整圆加工
G00X0Y0	G00X-25	返回圆心

3. 程序格式

程序格式见表 7-4。

表 7-4 程序格式

	O0001	程序号
程序头	N10G54G90G00X-10Y0Z150	确定坐标系、编程方式、快速定位
	N20M03S1000	确定主轴转向和转速
	N30G01X-10Y0Z-1F200M08	确定下刀点、切削深度、进给量、开切削液

续表

	O0001	程序号
序中段	N40G01X90Y0Z-1F100	走刀轨迹 A
	N50Y5F100	走刀轨迹 B
	X-10	走刀轨迹 C
	……	走刀轨迹……
	X80	走刀轨迹终点
程序尾	N60X90	走刀抬刀点
	G91G28Z5	Z 轴返回机床参考点
	M30	结束

7.2 数控铣削基础技能训练

7.2.1 面板操作

1. 操作面板

数控铣床操作面板如图 7-6 所示，面板操作与数控车床相似。

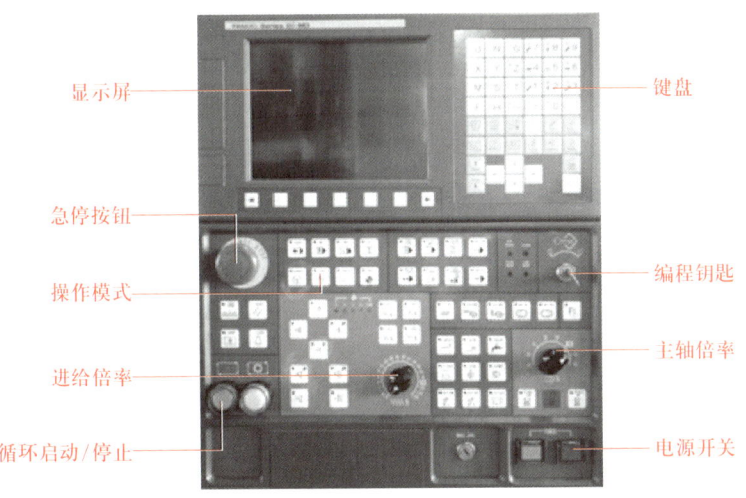

图 7-6 数控铣床操作面板

2. 操作模式

数控铣床操作模式有 AUTO 自动模式、MDI 模式、DNC 在线加工模式、EDIT 编辑模式、HANDLE 手轮模式、JOG 手动模式、RAPID 手动快速进给模式、REF 回零模式等。

(1) AUTO 自动模式

AUTO 自动模式即为自动运行程序进行加工的方式。

(2) MDI 模式

MDI 模式即为手动数据输入方式,可用于数据(如参数、刀偏量、坐标系等)的输入。该方式也可以用来直接执行单个(或几个)指令或对单段(或几段)程序进行控制。输入指令或程序段时不需要编写程序名和程序段序号,并且指令或程序一旦执行完以后,就不再驻留在内存。

选择 MDI 模式,输入程序段,如"M03S800",按循环启动按钮,主轴开始正转,切换到 JOG 手动模式,按下主轴停止按钮,主轴停止。

(3) DNC 在线加工模式

在 DNC 在线加工方式中,机床可以和外部设备(如计算机)进行通信,执行存储在外部设备中的程序。如计算机可一边传输程序机床一边加工(称为在线加工),可不受 CNC 系统内存容量的限制。

(4) EDIT 编辑模式

EDIT 编辑模式即为程序的输入、编辑和存储方式。程序的输入、存储、编辑和调用都必须在该个模式下执行。

(5) HANDLE 手轮模式

HANDLE 手轮模式即为手摇脉冲发生器方式。摇动手轮来移动机床,而实现进给运动。在这个方式下,通过摇动手摇脉冲发生器来达到机床移动控制的目的。

(6) JOG 手动模式

JOG 手动模式即为手动进给方式。使用点动按键来使机床朝某方向轴的进给移动。手动方式也是增量进行方式,在该方式下,按住机床操作面板中某轴的方向按键不放时,则该轴向对应方向作连续地移动。而每按一次方向按键时,则机床只移动一个脉冲当量。

(7) REF 回零模式

REF 回零模式即为机床一上电之后,手动返回机床原点。只有先进行机床回零,才可以执行自动运行等操作。在回零方式下,一般 Z 轴先回零,再 X、Y 轴回零。

3. 超程检查

在 X、Y、Z 三轴返回参考点后,机床坐标系被建立,同时参数给定的各轴行程极限变为有效,如果执行试图超出行程极限的操作,则运动轴到达极限位置时减速停止,并给出软极限报警。需手动使该轴离开极限位置并按复位键后,报警才能解除。该极限由 NC 直接监控各轴位置来实现,称为软极限。

在各轴的正负向行程软极限外侧,由行程极限开关和撞块构成的超程保护系统被称为硬极限,当撞块压上硬极限开关时,机床各轴迅速停止,伺服系统断开,NC 给出硬极限报警。此时需在手动方式下按住超程解除按钮,使伺服系统通电,然后继续按住超程解除按钮并手动使超程轴离开极限位置。

工件安装示范

7.2.2 工件安装

数控铣床常采用机用平口钳来装夹工件,工件安装前必须进行毛坯尺寸的确认,确认后处理毛刺并清理平口钳内表面。工件安装时可用等高垫铁将工件垫高,确保平口钳以上工件露出的高度大于铣削的最大深度。

7.2.3 刀具安装与拆卸

(1) 刀柄安装 选择手动模式,左手拿刀柄将刀柄上的槽口对准主轴上的键口位置,按下松紧按钮,槽口与键口位置贴合,松开松紧按钮,刀柄安装完毕。

(2) 刀柄拆卸 选择手动模式,左手握住刀柄并用力向上托住,按下松紧按钮,刀柄被弹开,松开松紧按钮,刀柄拆卸完毕。

(3) 刀具安装 首先清理刀柄主体、弹簧夹头和锁紧螺母,将刀柄主体固定在卸刀座上,然后将弹簧夹头扣入锁紧螺母,旋上刀柄,最后放入刀具,用扳手将锁紧螺母锁紧,刀具安装完成。如果是刀片式刀具,先清理相关部位,放入刀片,旋紧螺丝。

刀柄安装与拆卸示范

7.2.4 对刀操作与坐标系设置

对刀的目的是确定工件坐标系与机床坐标系之间的空间位置关系,将对刀数据输入到相应的工件坐标系设定存储单元。对刀操作分为 X、Y 向和 Z 向对刀,根据现有条件和加工精度要求选择对刀方法,目前常用的对刀方法主要有两种:即简易对刀法(如试切对刀法、寻边器对刀、Z 向设定器对刀等)和对刀仪自动对刀法。这里主要介绍用寻边器对刀法来进行 X、Y 方向对刀,用试切对刀法来进行 Z 方向对刀。

使用寻边器对 X、Y 方向进行对刀,MDI 模式下主轴正转 500 r/min,将寻边器快速靠近工件,然后慢慢调整手轮,偏心装置趋于平稳,直到偏心轮发生偏移,当前位置即为临界位置,通过计算,在坐标系中设置 X 方向坐标零点位置。采用同样的方法,对 Y 方向进行对刀操作,并通过计算设置 Y 方向坐标零点位置。注意临界位置为寻边器中心位置,而非工件边的位置,两者之间存在一个半径距离。

对刀操作示范

采用试切对刀法对 Z 方向进行对刀。主轴转动后快速靠近工件表面,慢慢调整手轮,观察刀具和工件表面,当刀具刚切削到工件表面时,当前位置即为 Z 方向坐标零点位置,在坐标系中设置 Z 零点坐标。

7.2.5 程序输入与运行

(1) 程序输入 选择 EDIT 编辑模式,打开程序写保护开关,按【PROG】程序管理按钮,在列表下输入程序名称 Oxxxx,按【INPUT】输入按钮,开始输入程序。

(2) 程序删除 选择 EDIT 编辑模式,打开程序写保护开关,按【PROG】程序管理按钮,在列表下输入程序名称 Oxxxx,按【DELETE】删除按钮,提示是否删除程序,确认后执行,程序删除完毕。

(3) 程序检索 选择 EDIT 编辑模式,打开程序写保护开关,按【PROG】程序管理按钮,点击操作,输入程序名称 Oxxxx,点击检索,程序检索完毕。

(4) 程序运行 首先确认程序、刀具、工件、坐标系是否正确,然后关闭机床防护门,人站立在机床右前方,操作面板前,选择 AUTO 自动模式,打开【SINGLEBLOCK】单段执行按钮,左手拇指放在循环启动按钮位置,右手掌心放在急停按钮位置,左手拇指按下循环启动按钮后迅速移至进给保持按钮位置,如无异常可继续循环启动执行下一单段程序,直至第一刀切削无异常,最后关闭【SINGLEBLOCK】单段执行按钮,进行自动加工。

程序运行示范

7.3 数控铣削初级专项技能训练

数控铣削初级技能训练的专项技能训练分平面铣削编程与加工、轮廓铣削编程与加工、精密孔编程与加工三部分。数控铣削专项技能训练加工图样如图 7-7 所示,数控铣削专项技能训练分任务表见表 7-5,数控铣削专项技能训练评分表见表 7-6。

加工准备:工件毛坯尺寸为 90 mm×90 mm×22 mm 方块,材料为 6061 铝合金。其他工量刀具以车间现场提供为准。

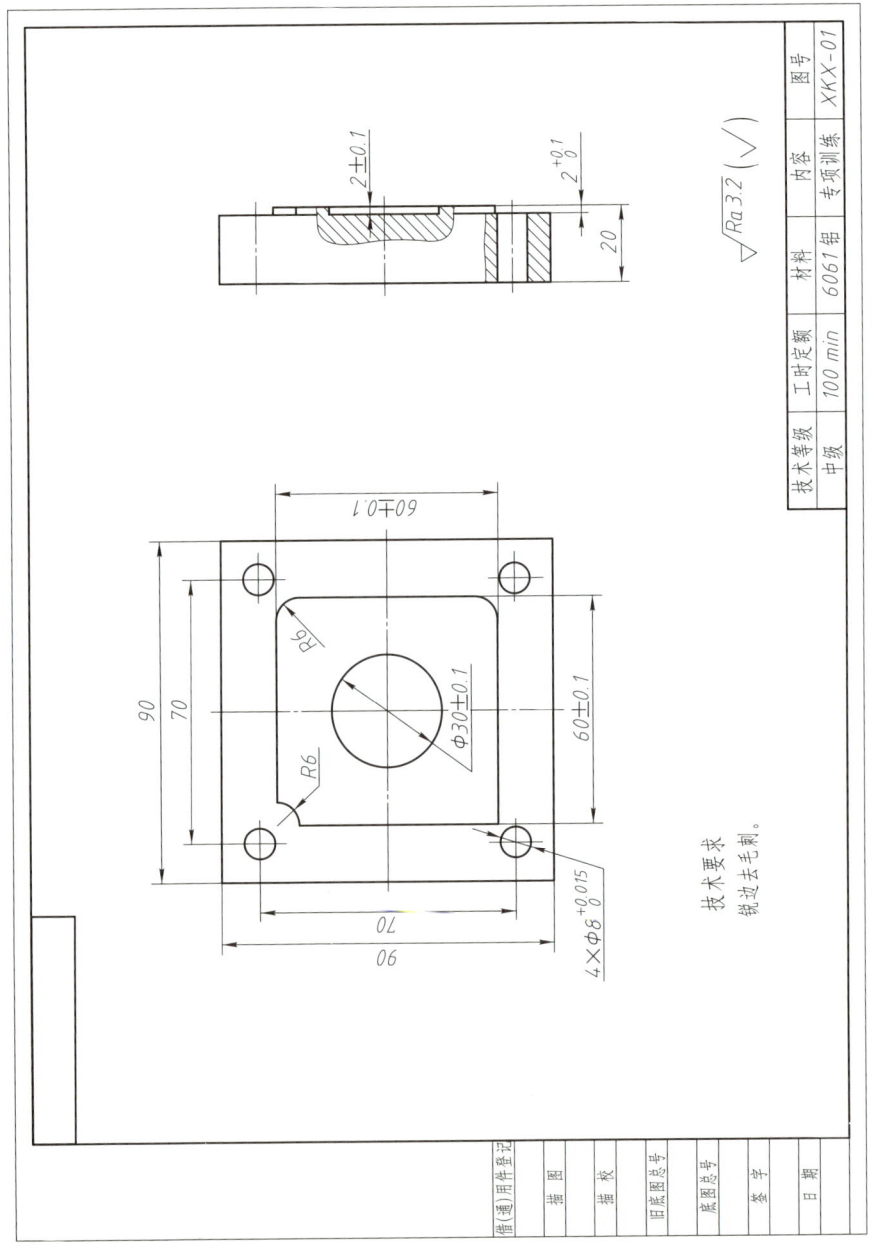

图 7-7 数控铣削专项技能训练加工图样

表 7-5 数控铣削专项技能训练分任务表

序号	任务内容	任务时间	分任务简图
1	平面铣削	20 min	
2	外轮廓铣削	20 min	
3	内轮廓铣削	20 min	
4	孔加工	30 min	

表 7-6 数控铣削专项技能训练评分表

班级_____ 姓名_____ 学号_____

序号	考核内容	考核要点	配分	评分标准	检测结果	得分
1	否定项	安全操作	0	发生撞刀等严重生产事故,停止练习		
		夹痕、过切	0	有严重碰伤、过切等扣 41 分		
2	平面	20	5	超差不得分		
		$Ra3.2$	5	降级不得分		
3	外轮廓	$2\times60\pm0.1$	15	一处不符扣 8 分		
		R6	10	一处不符扣 4 分		
		2 ± 0.1	5	超差不得分		
4	内轮廓	$\phi30\pm0.1$	15	超差不得分		
		$2_0^{+0.1}$	5	超差不得分		
5	铰孔	$2\times\phi8_0^{+0.015}$	20	超差 1 处扣 10 分		
		70	5	超差不得分		
6	表面粗糙度	$Ra3.2$(2 处)	6	降级 1 处扣 3 分		
7	其他	完整性	2	不完整不得分		
		锐边去毛刺	2	不去毛刺不得分		
		机床操作和保养	5	不符不得分		
	合 计		100	总得分		

检测:　　　　　评分:　　　　　日期:

演示文稿

平面铣削编程与加工

7.3.1 平面铣削编程与加工

1. 程序编写步骤

(1) 选择刀具和轨迹

根据车间条件选择符合加工任务需求的刀具,选择合适的刀具路径轨迹,如图 7-8 所示平面铣削轨迹图,其中蓝色线为进、退刀轨迹,黑色线为切削轨迹,建议步距选择在 50%～75% 刀具直径范围内。

(2) 确定编程原点

编程原点的选择要综合考虑编程方便、对刀方便、测量基准等因素。

(3) 确定下刀点和抬刀点

对于初学者尽可能不在工件表面直接下刀,下刀点一般选择在轨迹第一点附近合适的位置,抬刀点一般选择在轨迹最后一点附近合适的位置。

(4) 计算拐点坐标

随着编程原点的确定,可以根据图纸尺寸计算出各拐点坐标。

（5）串写程序

按照下刀点、第1拐点、第2拐点、……、最后拐点、抬刀点的顺序串写程序。

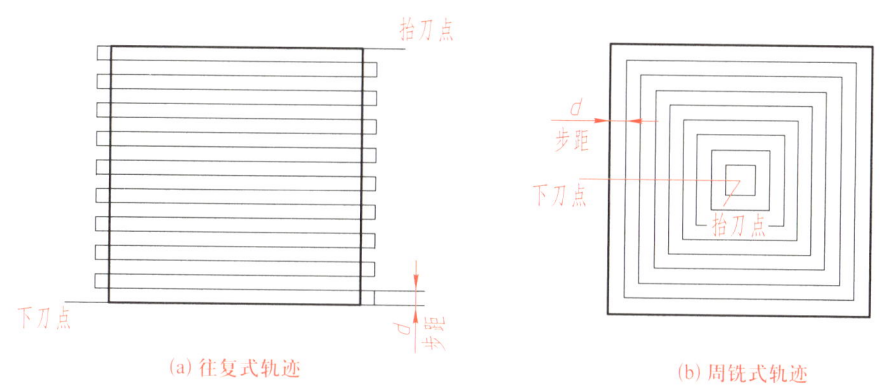

图7-8 平面铣削轨迹图

2. 专项技能训练

按图7-7加工图样要求完成分任务表7-5中第1项任务平面铣削编程与加工专项技能训练。

7.3.2 轮廓铣削编程与加工

为了编程时能不去计算刀具中心轨迹的坐标,而直接使用轮廓上的点坐标进行编程,引入了刀具半径补偿指令G41/G42,G41为刀具半径左补偿,G42为刀具半径右补偿。

指令选择的依据是沿着刀具的运动方向向前看,刀具位于零件左侧为左刀补,刀具位于零件右侧为右刀补。左右刀补示意图如图7-9所示。

演示文稿

轮廓铣削
编程与加工

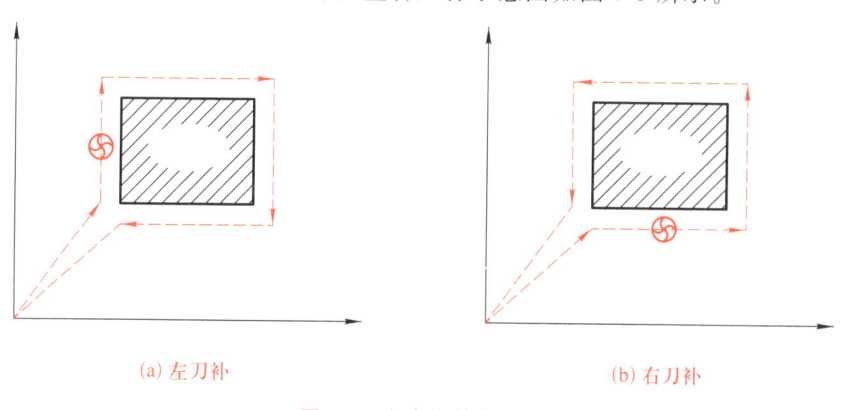

图7-9 左右刀补示意图

1. 指令格式

G41/G42 G01 X_ Y_ D_

其中,D后面写刀具补偿号。

2. 应用实例

刀具半径补偿应用实例如图7-10所示。刀具选φ10 mm立铣刀,轮廓铣削

微视频

轮廓铣削
编程与加工

深度 3 mm。刀具半径补偿编程实例见表 7-7。

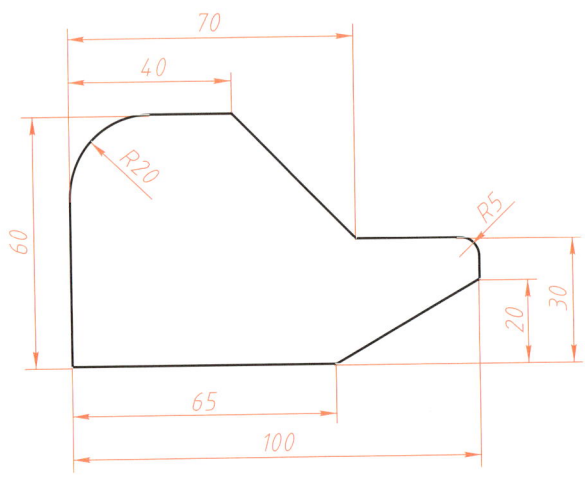

图 7-10 刀具半径补偿应用实例

表 7-7 刀具半径补偿编程实例

程　　序	说　　明
O1234	程序号
N10G54G90G00X-10Y-10Z50	建立加工坐标系,快速定位到下刀点
N20M03S800	主轴正转,转速为 800 r/min
N30G01Z-3F50	Z 向进刀
N40G41G01X0Y0F80D01	建立刀具半径补偿,走刀第 1 点
N50Y40	走刀第 2 点
N60G02X20Y60R20	走刀第 3 点
N70G01X40	走刀第 4 点
N80X70Y30	走刀第 5 点
N90X95	走刀第 6 点
N100G02X100Y25R5	走刀第 7 点
N110G01Y20	走刀第 8 点
N120X65Y0	走刀第 9 点
N130X0	走刀第 10 点,即返回第 1 点
N140G40G01X-10Y-10	取消刀具半径补偿,走到抬刀点
N150G91G28Z5	Z 轴返回机床参考点
N160M30	结束

3. 专项技能训练

按图 7-7 加工图样要求完成分任务表 7-5 中第 2 和 3 项任务轮廓铣削编程与加工专项技能训练。

7.3.3 精密孔编程与加工

轮廓铣削编程与加工示范

在孔加工中,常常使用孔加工固定循环指令进行编程。下面介绍 G81/G83 两种孔加工固定循环指令。

1. 钻孔循环指令 G81

(1) 指令格式　G98/G99　G81　X_　Y_　Z_　R_　F_　L_。

(2) 说明

精密孔编程与加工

① G98 是返回初始平面;G99 是返回 R 点平面。

② X、Y 是绝对编程时孔中心在 XOY 平面内的坐标位置;相对编程时孔中心在 XOY 平面内相对于起点的增量值。

③ Z 是绝对编程时是底孔 Z 点的坐标值;相对编程时是底孔 Z 点相对于参照 R 点的增量值。

④ R 是绝对编程时是参照 R 点的坐标值;增量编程时是参照 R 点相对于初始 B 点的增量值。

⑤ F 是钻孔进给速度。

⑥ L 是循环次数。

(3) 特点　快速进给,快速退刀,中心钻点孔以及切削余量较少的孔加工。

(4) 指令动作　从初始平面以 F 的进给速度一直钻到设定的 Z 值平面。

2. 深孔加工循环指令 G83

(1) 指令格式　G98/G99　G83　X_　Y_　Z_　R_　P_　Q_　F_　L_。

(2) 说明

① Q 是每次向下的钻孔深度(增量值,取正)。

② P 是孔底暂停时间,单位"S"。

(3) 特点　便于排屑和冷却适用于深孔加工。

(4) 指令动作　从初始平面以 F 的进给速度钻削,每次钻 Q 值深度,然后快速返回初始平面,循环往复,一直钻到设定的 Z 值平面。

(5) 注意事项　G81/G83 必须和 G80 成套使用。

3. 应用实例

孔加工应用实例如图 7-11 所示。孔加工编程实例见表 7-8。

4. 专项技能训练

精密孔编程与加工

按图 7-7 加工图样要求完成分任务表 7-5 中第 4 项任务精密孔编程与加工专项技能训练。

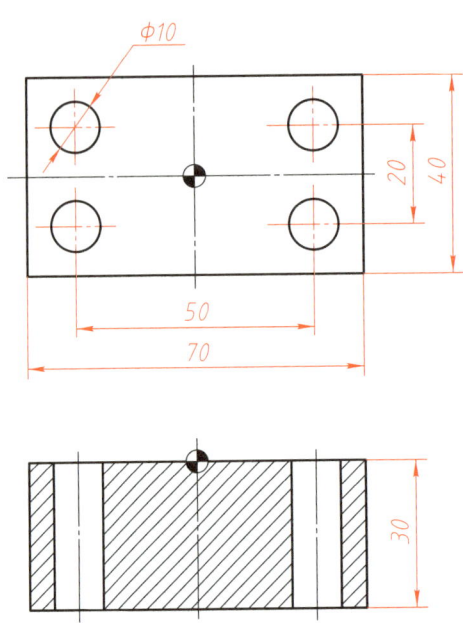

图 7-11 孔加工应用实例

表 7-8 孔加工编程实例

O0001	程序号
G54G90G00X25Y10Z50;	
M03S2000;	
G00Z10;	
G98G81X25Y10Z-3R3F100;	加工第一个孔,点钻深度 3 mm
X-25;	加工第二个孔
Y-10;	加工第三个孔
X25;	加工第四个孔
G80;	
G00Z150;	
M30	
O0002	程序号
G54G90G00X25Y10Z50;	
M03S500;	
G00Z10;	

续　表

O0002	程序号
G98G83X25Y10Z-33R3F50Q1;	加工第一个孔,每次1 mm
X-25;	加工第二个孔
Y-10;	加工第三个孔
X25;	加工第四个孔
G80;	
G00Z150;	
M30	
O0003	程序号
G54G90G00X25Y10Z50;	
M03S50;	
G00Z10;	
G98G81X25Y10Z-32R3F10;	加工第一个孔
X-25;	加工第二个孔
Y-10;	加工第三个孔
X25;	加工第四个孔
G80;	
G00Z150;	
M30	

7.4　数控铣削初级综合技能训练

7.4.1　综合技能训练1

1. 加工准备

工件毛坯尺寸为 90 mm×90 mm×20 mm 方块,材料为6061铝合金。其他工量刀具以车间现场提供为准。

2. 任务要求

数控铣削综合技能训练1加工图样如图7-12所示。按要求完成综合技能训练。数控铣削综合技能训练1评分表见表7-9。

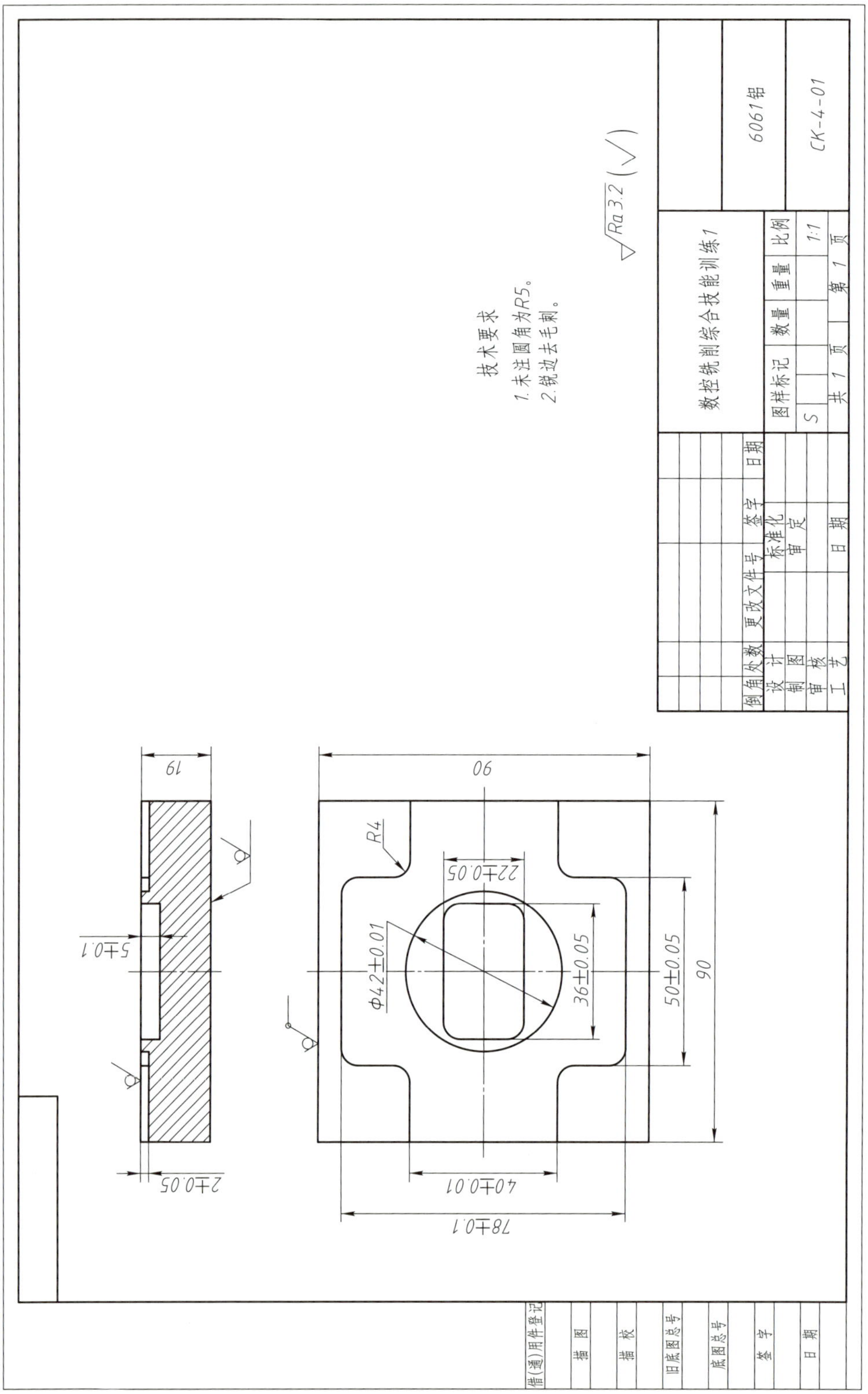

第三篇 铣　　削

图 7-12　数控铣削综合技能训练 1 加工图样

表 7-9 数控铣削综合技能训练 1 评分表

班级_____ 姓名_____ 学号_____

序号	考核内容	考核要点	配分	评分标准	检测结果	得分
1	否定项	安全操作	0	发生撞刀等严重生产事故,终止鉴定		
		夹痕、过切	0	有严重碰伤、过切等扣 41 分		
2	轮廓	40 ± 0.01	10	一处不符扣 5 分		
		50 ± 0.05	10	一处不符扣 5 分		
		78 ± 0.1	7	超差不得分		
		R5	4	一处不符扣 1 分		
		R4	4	一处不符扣 1 分		
		2 ± 0.05	5	超差不得分		
3	中间凸台	$\phi 42\pm0.01$	15	超差不得分		
		2 ± 0.05	5	超差不得分		
4	中间槽	22 ± 0.05	10	超差不得分		
		36 ± 0.05	10	超差不得分		
		R5	5	一处不符扣 1 分		
		5 ± 0.1	5	超差不得分		
5	表面粗糙度	$Ra3.2$(3 处)	6	降级 1 处扣 2 分		
6	其他	完整性	2	不完整不得分		
		锐边去毛刺	2	不去毛刺不得分		
		机床操作和保养	0	不符扣 5 分		
	合计		100	总得分		

检测: 评分: 日期:

7.4.2 综合技能训练 2

1. 加工准备

工件毛坯尺寸为 90 mm×90 mm×20 mm 方块,材料为 6061 铝合金。其他工量刀具以车间现场提供为准。

2. 任务要求

数控铣削综合技能训练 2 加工图样如图 7-13 所示。按要求完成综合训练。数控铣削综合技能训练 2 评分表见表 7-10。

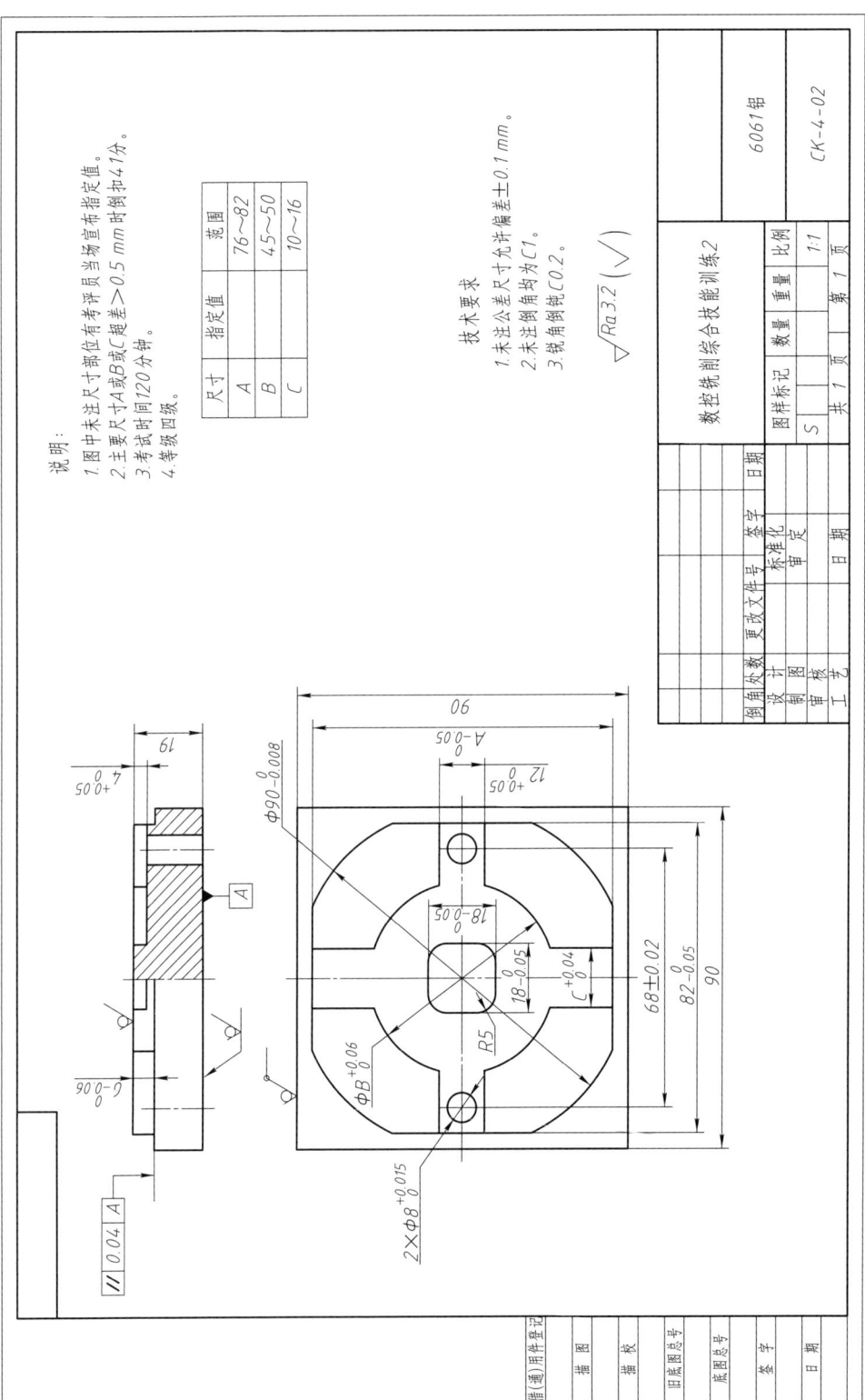

图 7-13 数控铣削综合技能训练 2 加工图样

表 7-10　数控铣削综合技能训练 2 评分表

班级＿＿＿＿　姓名＿＿＿＿　学号＿＿＿＿

序号	考核内容	考核要点	配分	评分标准	检测结果	得分
1	否定项	安全操作	0	发生撞刀等严重生产事故,终止鉴定		
		主要尺寸 A、B、C	0	尺寸超差＞0.5,扣 41 分		
		夹痕、过切	0	有严重碰伤、过切等扣 41 分		
2	主要可变尺寸	$A(\ )_{-0.05}^{0}$	12	超差不得分		
		$\phi B(\ )_{0}^{+0.06}$	10	超差不得分		
		$C(\ )_{0}^{+0.04}$	10	超差不得分		
3	形位公差	∥　0.04　A	2	超差不得分		
4	外轮廓	$82_{-0.05}^{0}$	8	超差不得分		
		$\phi 90_{-0.08}^{0}$	8	一处不符扣 2 分		
		$6_{-0.06}^{0}$	3	超差不得分		
5	中间槽	$12_{0}^{+0.05}$	3	超差不得分		
		$4_{0}^{+0.05}$	3	超差不得分		
6	中间凸台	$2 \times 18_{-0.05}^{0}$	10	超差不得分		
		R5	4	一处不符扣 1 分		
		$4_{0}^{+0.05}$	3	超差不得分		
7	铰孔	$2 \times \phi 8_{0}^{+0.015}$	10	超差 1 处扣 5 分		
		68±0.02	2	超差不得分		
8	表面粗糙度	Ra1.6(2 处)	4	降级 1 处扣 2 分		
		Ra3.2(3 处)	4	降级 1 处扣 1 分		
9	其他	完整性	3	不完整不得分		
		锐边去毛刺	2	不去毛刺不得分		
		机床操作和保养	0	不符扣 5 分		
	合　　计		100	总得分		

检测：　　　　评分：　　　　日期：

微视频

家国情怀
区域文化

Module 8 模 块 8
数控铣削中级技能训练

 教学导航

知识目标	掌握简单零件的加工工艺和编程
技能目标	能熟练操作数控机床进行固定功能指令类零件加工
教学设施、设备	多媒体教学环境、数控铣床 10 台以上
职业道德规范	遵守操作规程,按时保养设备和清洁工量具
参考学时	28 学时

8.1 数控铣削中级专项技能训练

数控铣削中级技能训练的专项技能训练分子程序调用指令编程与加工、极坐标指令编程与加工、镜像指令编程与加工、旋转指令编程与加工四部分。数控铣削专项技能训练加工图样如图 8-1 所示,数控铣削专项技能训练分任务表见表 8-1,数控铣削专项技能训练评分表见表 8-2。

加工准备

工件毛坯尺寸为 90 mm×90 mm×22 mm 方块,材料为 6061 铝合金。其他工量刀具以车间现场提供为准。

8.1.1 子程序调用指令编程与加工

在一个加工程序中,如果其中有些加工内容完全相同或相似,为了简化程序,可以把这些重复的程序段单独列出,并按一定的格式编写成子程序。主程序在执行过程中如果需要某一子程序,通过调用指令来调用该程序,子程序执行完后又返回到主程序,继续执行后面的程序段。子程序可以嵌套使用,在编程中使用较多的是二重嵌套。子程序嵌套使用的执行情况如图 8-2 所示。

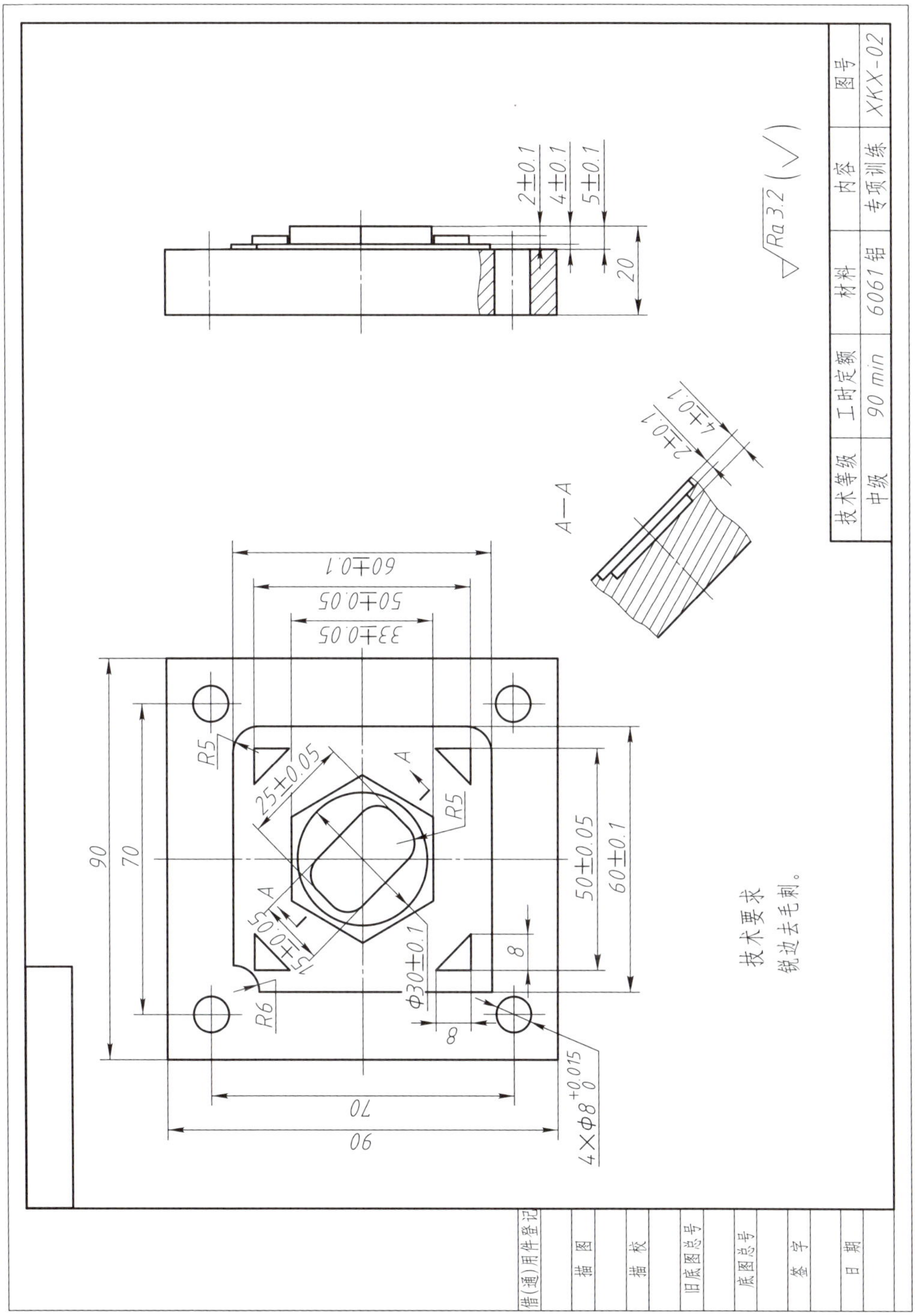

图 8-1 数控铣削专项技能训练加工图样

表 8-1 数控铣削专项技能训练分任务表

序号	任务内容	任务时间	分任务简图
1	子程序调用	20 min	
2	极坐标	20 min	
3	镜像	20 min	
4	旋转	20 min	

表 8-2 数控铣削专项技能训练评分表

班级_____ 姓名_____ 学号_____

序号	考核内容	考核要点	配分	评分标准	检测结果	得分
1	否定项	安全操作	0	发生撞刀等严重生产事故,停止练习		
		夹痕、过切	0	有严重碰伤、过切等扣 41 分		
2	子程序调用	2×60±0.1	6	一处不符扣 3 分		
		R6	3	一处不符扣 1 分		
		5±0.1	5	超差不得分		
3	极坐标	33±0.05	15	一处不符扣 5 分		
		2±0.1	5	超差不得分		
4	镜像	50±0.05	16	一处不符扣 10 分		
		8	4	一处不符扣 2 分		
		2±0.1	5	超差不得分		
5	旋转	15±0.05	6	超差不得分		
		25±0.05	6	超差不得分		
		R5	4	一处不符扣 1 分		
		45°	5	超差不得分		
		4±0.1	5	超差不得分		
6	表面粗糙度	Ra3.2(3 处)	6	降级 1 处扣 2 分		
7	其他	完整性	2	不完整不得分		
		锐边去毛刺	2	不去毛刺不得分		
		机床操作和保养	5	不符不得分		
	合 计		100	总得分		

检测: 评分: 日期:

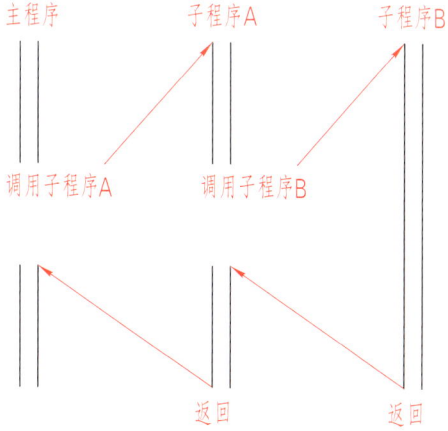

图 8-2 子程序嵌套使用的执行情况

演示文稿

子程序调用
指令编程
与加工

微视频

子程序调用
功能指令

1. 子程序调用指令格式

M98P××××××××;

其中,地址字 P 后跟 8 位数字,前 4 位是调用次数(最多可以重复调用一个子程序 9999 次)若省略,则表示只调用一次子程序;后 4 位是调用的子程序的程序名。

比如 P00052020,表示调用名为 2020 子程序 5 次。

2. 子程序的格式

O(或:)××××

……;

M99;

其中,××××为子程序号,"O"是 EIA 代码,":"是 ISO 代码。

M99 为子程序运行结束,返回主程序。

3. 子程序编程实例

子程序调用指令实例如图 8-3 所示,在 100 mm×50 mm×15 mm 的平板加工四条槽,槽深 10 mm,每两条槽间距20 mm,现用 φ10 mm 的铣刀进行铣削,刀具补偿号(D01＝5 mm)。工件坐标系设在平板的左下角的上表面,起刀点位于上表面 50 mm 处。

分析图 8-3 所示图形,四条槽形状相同,尺寸一致,且间距也相同,可以利用子程序功能,将其中一条槽的加工程序作为子程序,连续调用四次,以达到简化编程的目的。

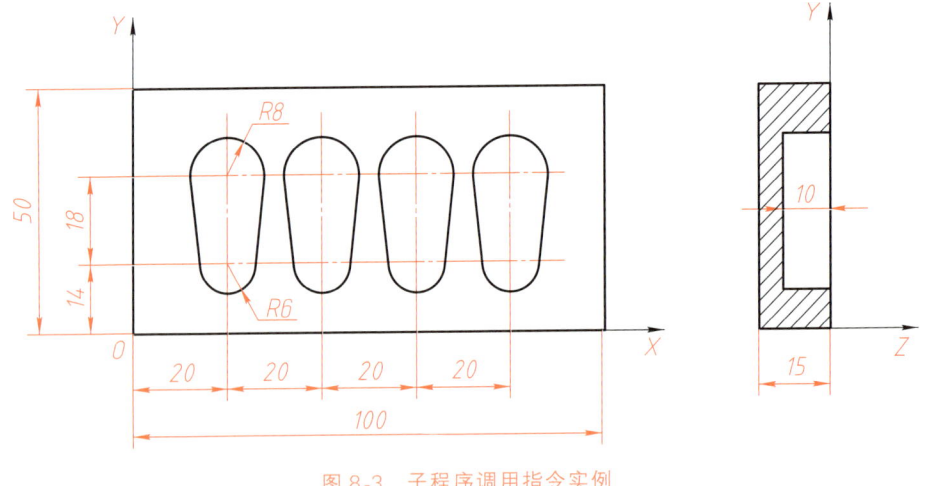

图 8-3 子程序调用指令实例

子程序调用指令的编程实例如表 8-3 所示。

4. 专项技能训练

按图 8-1 加工图样要求完成分任务表 8-1 中第 1 项任务子程序调用指令编程与加工专项技能训练。

表 8-3 子程序调用指令的编程实例

程　　序	说　　明
主程序	
O2000	主程序号
N10G54G90G00X0Y0Z50	建立加工坐标系
N20M03S1000	主轴正转,转速为 1 000 r/min
N30G00X20Y14	刀具移动第一条槽加工位置
N40Z2	Z 向快速定位,移动至 2 mm
N50M98P00041000	调用子程序 4 次,加工出 4 条槽
N60G90G00Z50	轴向返回起刀点
N70X0Y0	返回起刀点
N80M30	程序结束
子程序	
O1000	子程序号
N10G01G91Z-12F80	轴向进给
N20G41G01X6Y0D01F100	建立刀具半径补偿,刀具进至加工起点
N30X2Y18	加工轮廓
N40G03X-16Y0R8	加工轮廓
N50G01X2Y-18	加工轮廓
N60G03X12Y0R6	加工轮廓
N70G40G01X-6Y0	退刀,取消刀补
N80G00Z12	轴向抬刀
N90X20	刀具移动至下一个加工位置
N100M99	子程序结束

8.1.2 极坐标指令编程与加工

坐标值可以用极坐标(半径 X 和角度 Y)来表示,通常用于加工等分孔、腰形槽、正多边形等。

1. 指令格式

G16；

…；

G15。

2. 说明

(1) G16 为开始极坐标指令,G15 为取消极坐标指令。

演示文稿

极坐标指令
编程与加工
微视频

极坐标功能
指令

(2) 角度的正向是所选平面内的逆时针方向,负向是顺时针方向。

(3) 半径和角度两者都可以用绝对值指令 G90 或增量值指令 G91 表示。用绝对值编程时,工件坐标系的零点设定为极坐标系的原点。当使用局部坐标系 G52 时,局部坐标系的原点变成极坐标系的中心。

(4) 在极坐标方式中,圆弧插补(G02/G03)用 R 指定半径。

3. 应用实例

极坐标指令应用实例如图 8-4 所示,采用 φ8 mm 键槽铣刀,使用极坐标编程。

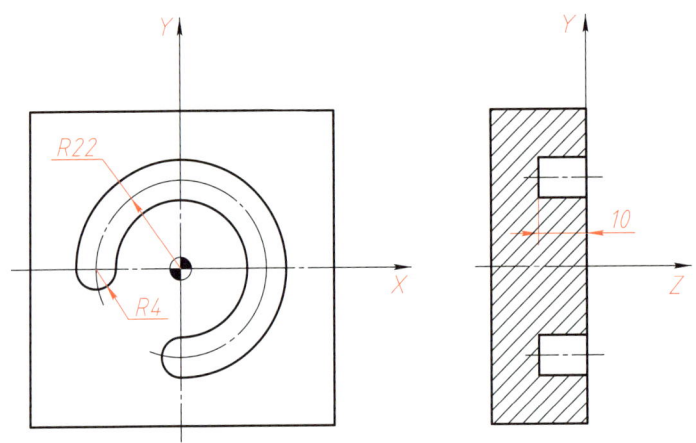

图 8-4 极坐标指令应用实例

极坐标指令编程实例见表 8-4。

表 8-4 极坐标指令编程实例

程　　序	说　　明
O0806	程序号
N10G54G90G00X0Y0Z50	建立加工坐标系
N20M03S800	主轴正转,转速为 800 r/min
N30G00X-22Y0	快速点定位
N40G01Z-10F50	Z 向进刀
N50G90G16	启用极坐标
N60G02X22Y270(或 Y-90)R-22	加工四分之三圆弧
N70G15G00Z50	取消极坐标,Z 向退刀
N80G00X0Y0Z90	返回起刀点
N90M30	程序结束

4. 专项技能训练

按图 8-1 加工图样要求完成分任务表 8-1 中第 2 项任务极坐标指令编程与加工专项技能训练。

8.1.3 镜像指令编程与加工

镜像编程也称轴对称加工,是数控加工刀具轨迹关于某坐标轴进行镜像变换而形成加工轴对称零件的刀具轨迹。对称轴可以是 X 轴、Y 轴,有时也可以关于原点对称。

1. 指令格式

以 XY 平面为例:

G17G51.1X_Y_;(建立镜像)

M98P_;(调用子程序)

G50.1X_Y_;(取消镜像)

演示文稿

镜像指令
编程与加工

2. 说明

格式中 X、Y 值用于指定对称轴或对称点,G50.1 为缺省值。当 G51.1 后面仅有一个坐标字时,该镜像是以某一坐标轴为镜像;当 G51.1 后面有 X、Y 两个坐标时,表示该镜像是以某一点作为对称点进行镜像。

3. 应用实例

镜像指令应用实例如图 8-5 所示,采用 ϕ10 mm 铣刀,铣削深度 3 mm,使用镜像编程指令。

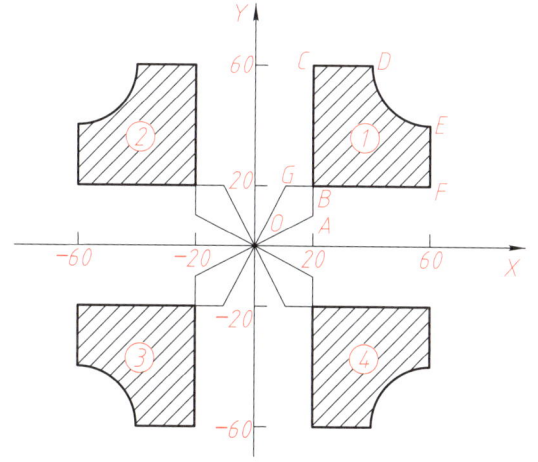

微视频

镜像功能
指令

图 8-5 镜像指令应用实例

镜像指令编程实例见表 8-5。

表 8-5 镜像指令编程实例

程 序	说 明
O1000	程序号
N10G90G54G00X0Y0Z100	建立加工坐标系

续　表

程　　　序	说　　　明
N20M03S1000	主轴正转,转速为1 000 r/min
N30G43G00Z5H01	建立刀具长度补偿
N40M98P1000	调用子程序,加工图形①
N50G51.1X0	建立镜像X0,当前关于X＝0轴对称
N60M98P1000	调用子程序,加工图形②
N70G51.1Y0	建立镜像Y0,当前关于(0,0)点中心对称
N80M98P1000	调用子程序,加工图形③
N90G50.1X0	取消镜像X0,当前关于Y＝0轴对称
N100M98P1000	调用子程序,加工图形④
N110G50.1Y0	取消镜像Y0,当前镜像已全部取消
N120G28G91Z0	Z轴返回参考点
N130G49	取消长度补偿
N140M30	程序结束
子程序	
O1000	子程序名(①的加工程序)
N10G41G00X20Y10D01	建立刀具半径补偿
N20G01Z-3F100	Z向进刀
N30Y60	AC段
N40X40	CD段
N50G03X60Y40R20	DE圆弧段
N60G01Y20	EF段
N70X10	FG段
N80Z5F200	Z向抬刀
N90G40X0Y0	取消刀具半径补偿
N100M99	子程序结束,返回主程序

4. 专项技能训练

按图8-1加工图样要求完成分任务表8-1中第3项任务镜像指令编程与加工专项技能训练。

8.1.4　旋转指令编程与加工

旋转坐标系指令可使编程图形按照指定旋转中心及旋转方向旋转一定的角度,对于一些尺寸标注不规则的图形,编程时可以按照转过一定角度后获得规则的图形进行数学计算和编程,实际加工时,通过使坐标系旋转,从而获得图纸要求的零件形状。

1. 指令格式

以 XY 平面为例:

G68X_Y_R_;

…;

G69;

2. 说明

(1) G68 表示开始坐标系旋转,G69 用于撤销旋转功能。

(2) X、Y 指旋转中心的坐标值,旋转指令只能在一个平面内旋转。

(3) 当 X、Y 省略时,G68 指令认为(0,0)点即为旋转中心。

(4) R 指旋转角度,单位是度(°),逆时针旋转定义为正方向,顺时针旋转定义为负方向。

3. 应用实例

旋转指令应用实例如图 8-6 所示,编制程序时,只需要编制其中的一个图形的程序,其余两个可以通过坐标系旋转指令来得到。旋转指令编程实例见表 8-6。

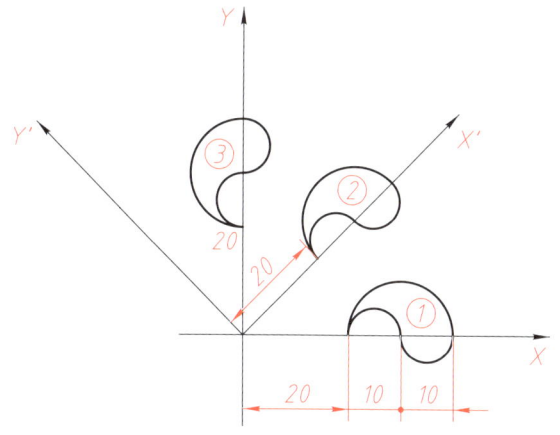

图 8-6 旋转指令应用实例

表 8-6 旋转指令编程实例

程　　　序	说　　　明
O1000	程序号
N10G54G90G00X0Y0Z50	建立加工坐标系
N20M03S800	主轴正转,转速为 800 r/min
N30G43G00Z5H01	建立刀具长度补偿
N40M98P2000	调用子程序,加工图形 1
N50G68X0Y0R45	旋转 45°
N60M98P2000	调用子程序,加工图形 2

续　表

程　　　序	说　　　明
N70G68X0Y0R90	旋转90°
N80M98P2000	调用子程序,加工图形3
N90G69	取消坐标系旋转
N100G28G91Z0	Z轴返回参考点
N110G49	取消长度补偿
N120M30	程序结束
子程序	
O2000	子程序名
N10G41G01X20Y-5D01F50	建立刀具半径补偿
N20Z-3	Z向进刀
N30Y0	进刀
N40G02X40R10	加工圆弧段
N50X30R5	加工圆弧段
N60G03X20R5	加工圆弧段
N70G40G01Y-5	取消刀具半径补偿并退刀
N80Z5F200	Z向抬刀
N90M99	子程序结束,返回主程序

4. 专项技能训练

按图8-1加工图样要求完成分任务表8-1中第4项任务旋转指令编程与加工专项技能训练。

8.2　数控铣削中级综合技能训练

8.2.1　综合技能训练1

1. 加工准备

工件毛坯尺寸为90 mm×90 mm×20 mm方块,材料为6061铝合金。其他工量刀具以车间现场提供为准。

2. 任务要求

数控铣削综合技能训练1加工图样如图8-7所示。按要求完成综合技能训练。数控铣削综合技能训练1评分表见表8-7。

8.2.2　综合技能训练2

1. 加工准备

工件毛坯尺寸为90 mm×90 mm×20 mm方块,材料为6061铝合金。其他工量刀具以车间现场提供为准。

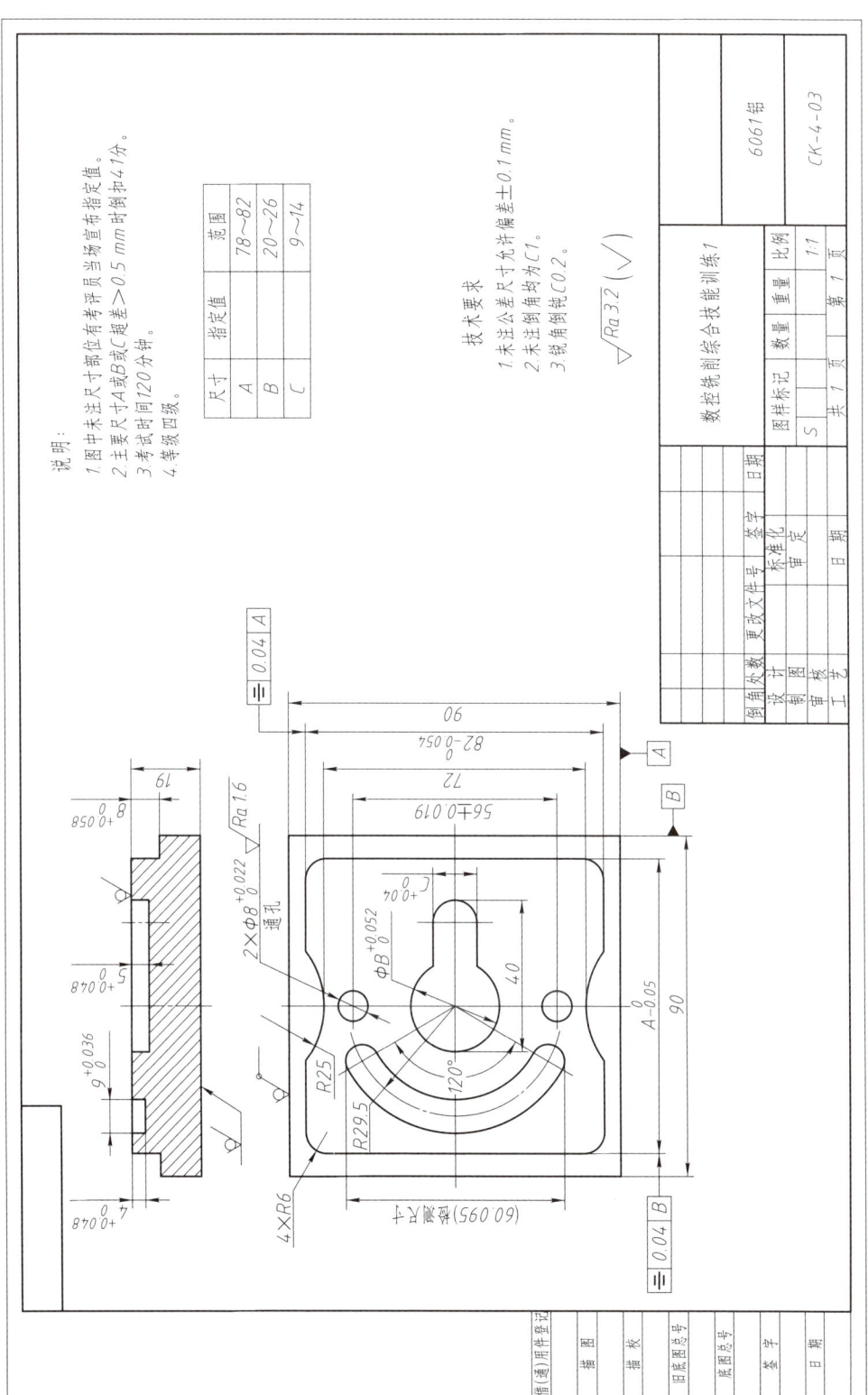

图 8-7 数控铣削综合技能训练 1 加工图样

表 8-7 数控铣削综合技能训练 1 评分表

班级_____ 姓名_____ 学号_____

序号	考核内容	考核要点	配分	评分标准	检测结果	得分
1	否定项	安全操作	0	发生撞刀等严重生产事故,终止鉴定		
		主要尺寸 A、B、C	0	尺寸超差＞0.5,扣 41 分		
		夹痕、过切	0	有严重碰伤、过切等扣 41 分		
2	主要可变尺寸	$A(\ )_{-0.05}^{0}$	12	超差不得分		
		$\phi B(\ )_{0}^{+0.052}$	10	超差不得分		
		$C(\ )_{0}^{+0.04}$	10	超差不得分		
3	形位公差	⌯ 0.04 A	2	超差不得分		
4	外轮廓	$82_{-0.054}^{0}$	8	超差不得分		
		$2\times R25$	4	一处不符扣 2 分		
		72	2	不符扣 2 分		
		$4\times R6$	2	一处不符扣 0.5 分		
		$8_{0}^{+0.058}$	3	超差不得分		
5	中间槽	40	3	超差不得分		
		$5_{0}^{+0.048}$	3	超差不得分		
6	腰形槽	$9_{0}^{+0.036}$	8	超差不得分		
		$R29.5$	3	超差不得分		
		120°	3	一处不符扣 1 分		
		$4_{0}^{+0.048}$	3	超差不得分		
7	铰孔	$2\times\phi 8_{0}^{+0.022}$	10	超差 1 处扣 5 分		
		56 ± 0.019	2	超差不得分		
8	表面粗糙度	$Ra1.6$(2 处)	4	降级 1 处扣 2 分		
		$Ra3.2$(4 处)	4	降级 1 处扣 1 分		
9	其他	完整性	2	不完整不得分		
		锐边去毛刺	2	不去毛刺不得分		
		机床操作和保养	0	不符扣 5 分		
	合 计		100	总得分		

检测:　　　　　　　评分:　　　　　　　日期:

2. 任务要求

数控铣削综合技能训练 2 加工图样如图 8-8 所示。按要求完成综合技能训练。数控铣削综合技能训练 2 评分表见表 8-8。

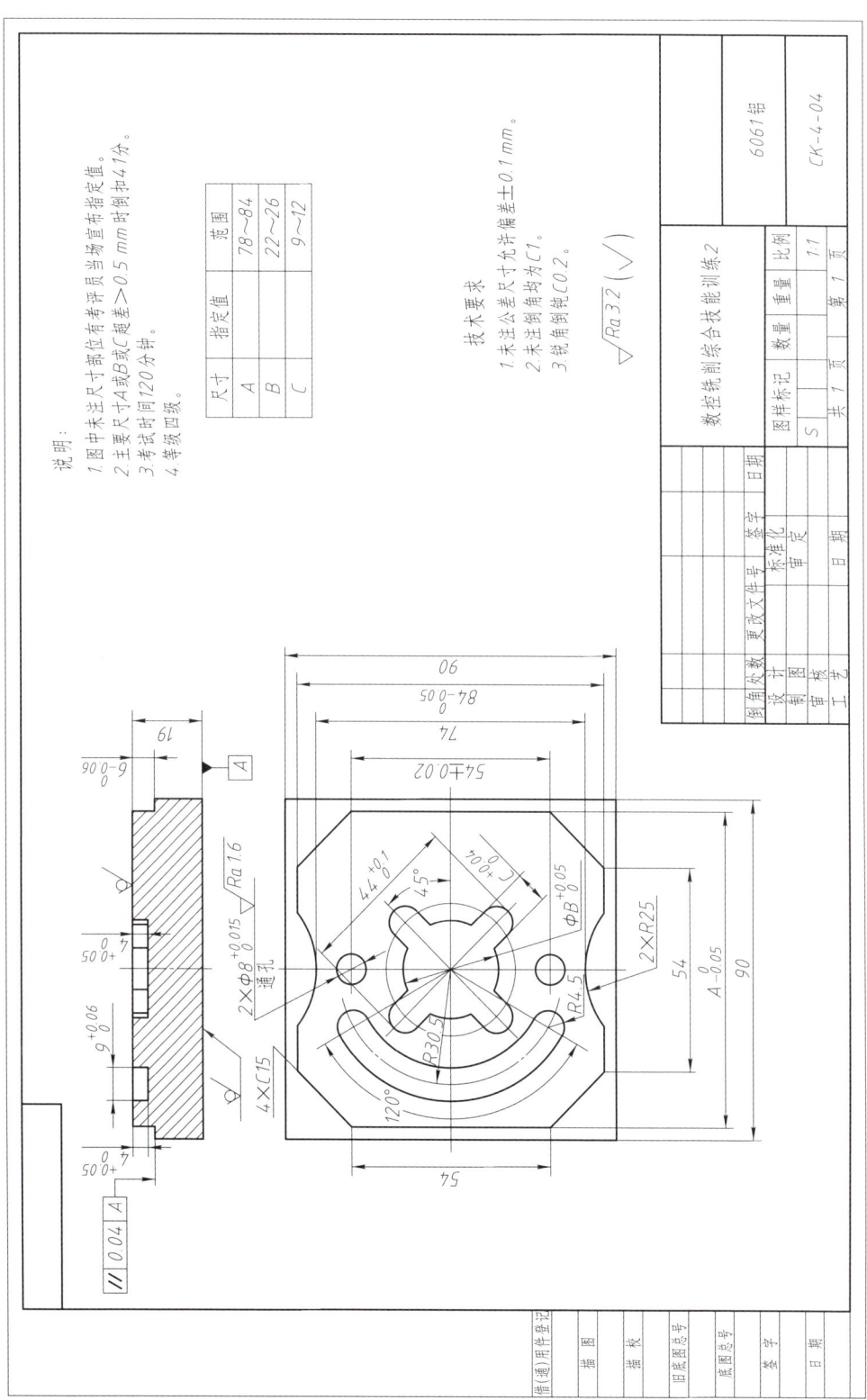

图 8-8 数控铣削综合技能训练 2 加工图样

表 8-8 数控铣削综合技能训练 2 评分表

班级_____ 姓名_____ 学号_____

序号	考核内容	考核要点	配分	评分标准	检测结果	得分
1	否定项	安全操作	0	发生撞刀等严重生产事故,终止鉴定		
		主要尺寸 A、B、C	0	尺寸超差＞0.5,扣 41 分		
		夹痕、过切	0	有严重碰伤、过切等扣 41 分		
2	主要可变尺寸	$A(\ )_{-0.05}^{0}$	12	超差不得分		
		$\phi B(\ )_{0}^{+0.05}$	10	超差不得分		
		$C(\ )_{0}^{+0.04}$	10	超差不得分		
3	形位公差	// 0.04 A	2	超差不得分		
4	外轮廓	$84_{-0.05}^{0}$	8	超差不得分		
		74	2	一处不符扣 2 分		
		$2 \times R25$	4	一处不符扣 2 分		
		$4 \times C15$	2	一处不符扣 0.5 分		
		$6_{-0.06}^{0}$	3	超差不得分		
5	中间槽	$44_{0}^{+0.1}$	3	超差不得分		
		$4_{0}^{+0.05}$	3	超差不得分		
6	腰形槽	$9_{0}^{+0.06}$	8	超差不得分		
		$R30.5$	3	超差不得分		
		$120°$	1	一处不符扣 1 分		
		$2 \times R4.5$	2	一处不符扣 1 分		
		$4_{0}^{+0.05}$	3	超差不得分		
7	铰孔	$2 \times \phi 8_{0}^{+0.015}$	10	超差 1 处扣 5 分		
		54 ± 0.02	2	超差不得分		
8	表面粗糙度	$Ra1.6$(2 处)	4	降级 1 处扣 2 分		
		$Ra3.2$(3 处)	3	降级 1 处扣 1 分		
9	其他	完整性	3	不完整不得分		
		锐边去毛刺	2	不去毛刺不得分		
		机床操作和保养	0	不符扣 5 分		
	合 计		100	总得分		

检测: 评分: 日期:

8.3 数控铣削职业技能拓展

8.3.1 自动编程软件介绍

自动编程是根据来自计算机辅助设计(computer-aided design，CAD)的零件几何信息和来自计算机辅助生产计划(computer-aided process planning，CAPP)的零件工艺信息自动或在人工干预下生成合理的刀具路径轨迹，然后通过后置处理文件产生数控代码的过程。目前国内外常用的自动编程软件主要有 SiemensNX、Autodesk PowerMILL、ESPRITCAM、CAXA 制造工程师、中望 CAD、北京精雕 SurfMill 等。

SiemensNX 软件起源于美国麦道飞机公司，后于 1991 年 11 月并入世界上最大的软件公司——EDS 公司。目前，UGNX 是西门子自动化与驱动集团(A&D)旗下机构 Siemens PLM-Software 的产品之一。在 UGNX 软件问世初期，美国通用汽车公司是 UG 软件的最大用户。随着该软件的不断发展，UGNX 软件现已广泛地应用于通用机械、模具、汽车及航天等领域。UG 软件进入中国以来，得到了越来越广泛的应用，已成为我国工业界主要使用的大型 CAD 软件之一。UGNX 并入西门子公司以后，来自 UGSPLM 的 NX 使企业能够通过新一代数字化产品开发系统实现向产品全生命周期管理转型的目标。

Autodesk PowerMill 为世界领先的 2-5 轴及工业机器人计算机辅助项目管理(computer-aided project management)系统，主要用于制造复杂及精密的零件，应用范围涵盖了航空航天、汽车、船舶制造、模具、光学、医疗器材、工业机器人加工及 DED 增材等。使用者可任意输入曲面、IGES™、STEP™、AutoCAD™、VDA-FS 档案、其他软件 part 文件或 STL3D 模型，借由简单的操作，生成安全高效的刀具路径。PowerMill 具备多核心及后台计算功能、强大的路径编辑能力、独特的高速加工功能以及先进的实体加工仿真等特性，帮助客户更好地发挥他们的减材、增材和混合加工设备的效能。

ESPRIT 是迪培软件科技(上海)有限公司的旗舰产品，是全球领先的车铣复合、五轴加工、纵切、线切割加工 CAM 系统。ESPRIT 在全球 80 多个国家有超过 800 000 个客户的机床上得以应用，可获得 20 种以上的语言版本。从医疗、装备制造业、航空航天、教育等各行各业的先进制造领域中，ESPRIT 深受全球制造业和全球著名学校的青睐。ESPRIT 是世界上唯一一款能够在同一操作界面进行车削、铣削、线切割以及车铣复合编程加工的 CAM 系统。ESPRIT 系列软件经过 30 多年的发展已不仅是一款能够支持带 B 轴的车铣复合机床加工、2~5 轴铣削加工、2~22 轴车削加工和 2~5 轴线切割加工的高端 CAM 系统及软件开发平台，更是一个能够通过任何面向对象的编程语言来实现客户定制的平台，在这个平台上可以定制操作界面、工艺规程、订单报表、后置处理、仿真验证等所有在编程操作中涉及的方面。

CAXA 制造工程师是我国制造业信息化 CAD/CAM 和产品生命周期管理(product life-cycle management，PLM)领域研发的拥有自主知识产权软件的优秀代表和知名品牌，是中国领先的 PLM 方案和服务提供商。CAXA-ME 具备数据接口、几何造型、加工轨迹生成、加工过程仿真检验、数控加工代码生成、加工工艺清单生成等一整套面向复杂零件和模具的数控编程功能。目前,CAXA-ME已广泛应用于注塑模、锻模、汽车覆盖件拉伸模、压铸模等复杂模具的生产以及汽车、电子、兵器、航空航天等行业的精密零件加工。

中望3D是广州中望龙腾软件股份有限公司自主研发的集"实体建模、曲面造型、装配设计、工程图、钣金、模具设计、结构仿真、车削、2~5轴加工"等功能于一体,覆盖产品设计开发全流程的软件。其研发的相关软件产品已畅销全球90多个国家和地区,广泛应用于机械、电子、汽车、建筑、交通、能源等制造业和工程建设领域。中望3D-CAM加工是基于实际加工逻辑的数控编程模块,其开发的智能2轴车、铣功能可以实现自动钻孔加工和2轴加工策略,智能识别零件中的孔、曲面等特征,并可自动生成高效的刀轨,大幅度减少编程时间。此外,其还提供了40多种3轴铣削加工策略,满足高速高效加工要求;提供完整的分度加工和4/5轴加工解决方案,支持使用STL编程文件;同时还具备切削、驱动曲线、驱动表面、流切、侧切和点控制等综合功能,可用于扩展针对不同场景的加工能力;提供全机床仿真模拟,确保加工准确安全。

SurfMill9.0是北京精雕集团研发的一款专用于五轴精密加工CAM软件。经过二十多年的不断积淀,SurfMill9.0已具备完善的五轴工艺开发、测量工艺设计、管控方案规划等特色功能模块,被广泛应用在精密、超精密加工,精密磨削加工,金属零件批量加工等领域,用户数量达12万。SurfMill9.5具备完善的五轴工艺开发、测量工艺设计和管控方案规划能力,深度融合生产过程。SurfMill9.5提供多种五轴编程策略和高效的工艺方案验证手段,通过更贴合实际生产过程的编程流程,降低五轴编程难度,提升五轴设备使用效率;集成DT编程技术,将制造资源和工艺参数数字化,搭建虚拟制造平台,用户基于该平台可完成生产资源规划、五轴工艺开发等工作;过程管控技术以参数化、图形化的方式,在软件端将管控程序与加工程序相融合,实现数控设备一键启动,减少加工过程人工干预。

8.3.2 企业生产案例展示

当前企业自动化生产已基本实现,逐步向智能化生产转型。智能化工厂是利用网络、大数据、物联网和人工智能等技术,实现工厂的办公、管理及生产自动化,达到规范企业管理、减少工作失误、堵塞各种漏洞、提高工作效率、进行安全生产、提供决策参考、加强外界联系、拓宽国际市场的目的。如果说自动化生产的实现离不开高端技术软件的集成,那么智能化生产的实现离不开信息的集成。

技术无止境,只有夯实基础,不断积累,不断提高,才能成为卓越人才。

奖杯生产

自动化生产

第四篇 热加工

本篇设有一个模块内容,主要介绍铸造与焊接两种热加工方法。通过技能训练,学生初步掌握铸造与焊接的操作方法,为后续技能鉴定和相关专业课程学习奠定基础。

热加工是在高于再结晶温度的条件下,使金属材料同时产生塑性变形和再结晶的加工方法。热加工通常包括铸造、锻造、焊接、热处理等工艺。热加工能使金属零件在成形的同时改变它的组织或者使已成形的零件改变既定状态以改善零件的机械性能。

在本篇的学习过程中,要完成铸造工艺中的手工造型任务,包括安放模样、填砂与舂砂、修理分型面、造上下砂型、修型、开浇铸口、合箱等;要完成焊接工艺中手工焊接任务,包括引弧、运条、起头和收尾,焊缝接头,焊后清理。

Module 9
模 块 9

铸造与焊接

 教学导航

知识目标	1. 了解热加工典型设备及常用工具 2. 掌握铸造与焊接安全知识
技能目标	1. 能熟练使用铸造设备进行零件造型 2. 能熟练使用焊接设备进行手工焊接
教学设施、设备	多媒体教室、铸造和焊接实训室等
职业道德规范	遵守操作规程,按时保养设备和清洁工量具
参考学时	28 学时

9.1 铸造基本知识

铸造是熔炼金属、制造铸型并将熔融金属浇入铸型,凝固后获得一定形状和性能铸件的成形方法。它是毛坯或零件成形的主要方法之一。铸件一般经切削加工后成为零件,少数精密铸件可直接使用。

铸造加工方法很多,常见有砂型铸造和特种铸造两类。砂型铸造是在砂型中实现铸件成型的方法,特种铸造是利用机器设备来完成铸件成型的方法。铸件广泛用于机械制造及相关行业,它具有如下特点:

① 铸造能生产出外形和内腔十分复杂的铸件,如各种箱体、床身、机架等。
② 能适应各种金属材料,如铸铁、铸钢、铸铝合金、铸铜合金等。
③ 可生产不同尺寸和不同质量的铸件,铸件质量从数克到数百吨。
④ 原材料来源丰富,设备投资较少,铸件成本低。

铸造加工存在的问题:铸件的力学性能不如锻件,铸造工序多,质量不稳定,废品率高,安全隐患大,生产条件差,劳动强度高。

砂型铸造是最常用的方法,其生产工艺流程如图 9-1 所示。

演示文稿

铸造入门指导

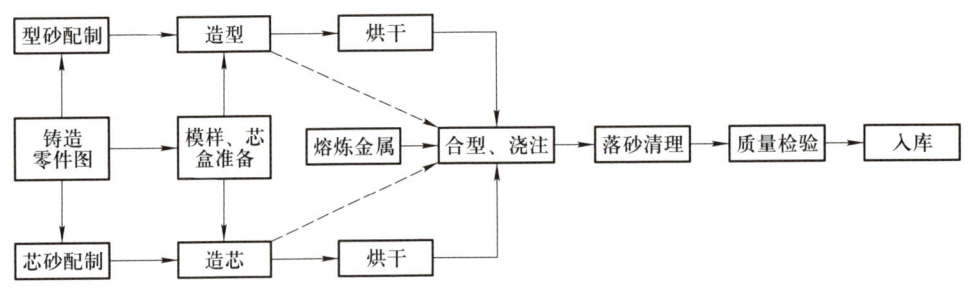

图 9-1 砂型铸造生产工艺流程

9.1.1 造型工具

① 砂箱通常是长方形的坚实框子,其作用是便于造型,以及在搬运及浇注时承受金属液的压力。砂箱可用铸铁、钢、铝合金等制成。

② 造型、修型工具指造型过程中用以舂实、修补和精整砂型的手工工具。常用的造型、修型工具如图 9-2 所示。a 为舂砂锤(砂舂)——用于舂实型砂;b 为通气针——在砂型中扎通气孔;c 为起模针、起模钉——用于起出模样;d 为掸笔——用来湿润模样周围的型砂;e 为皮老虎——吹去散落于型腔内的型砂;f 为提钩——修理型腔中深而窄的底面和侧壁,提出散落于其中的型砂;g 为半圆——修整垂直位置的弧形内壁和它的底面;h 为秋叶(双头圆勺)——修整砂型型腔内的曲面或窄小凹面;i 为馒刀——修整砂型的较大平面;j 为压勺——修整型腔的较小平面,开设浇注系统。

微视频

二箱造型——准备

③ 模样和芯盒是造型和造芯用的模具,模样主要形成铸件的外形,芯盒主要用来造芯,型芯用于形成铸件的孔、内腔和局部外形。

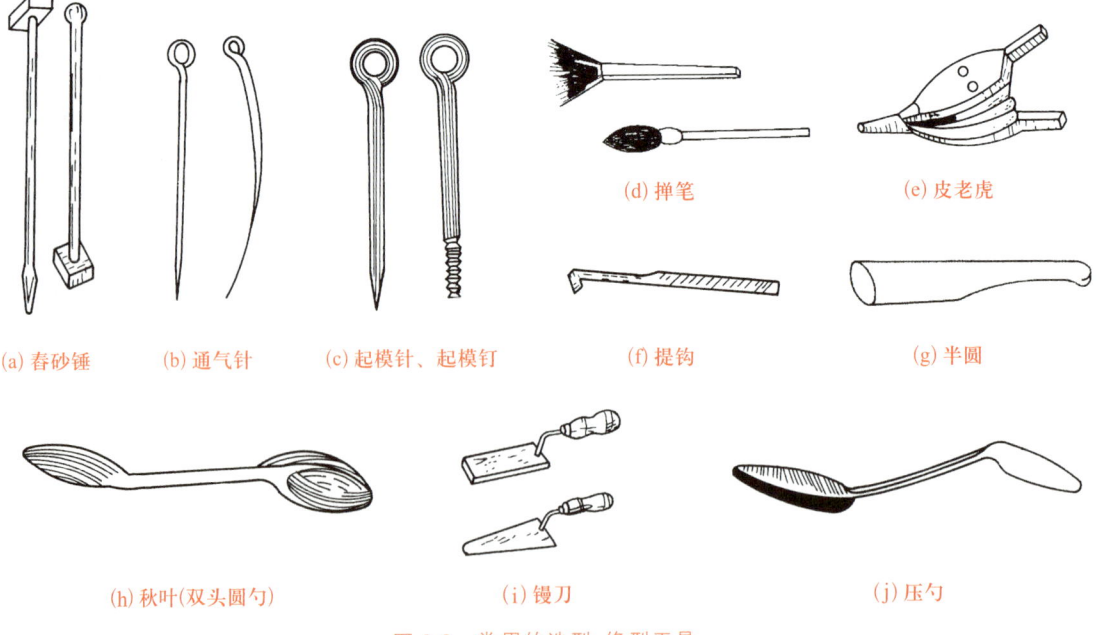

图 9-2 常用的造型、修型工具

9.1.2 型(芯)砂制备

造型材料是制造砂型和砂芯用的材料。为使造型顺利进行，保证获得合格的铸件，应根据以下性能参数配制型砂。

(1) 强度　抵抗外力破坏的能力。

(2) 耐火度　承受高温作用的能力。

(3) 透气性　表示紧实砂型的孔隙度，用在标准温度和气压下，单位时间、单位体积的型砂中通过的空气体积来表示。

(4) 韧性　吸收塑性变形的能力。

此外，造型材料还应有良好的落砂性、溃散性、退让性等。

相对型砂，芯砂与金属液接触的部分更多，必须具有更高的性能。型(芯)砂主要由原砂、黏结剂、附加物、水、旧砂等配制而成。

① 原砂是造型材料中的主要部分，其主要成分为 SiO_2（熔点为 1 713 ℃），高质量的型砂要求 SiO_2 含量高，原砂的颗粒圆整、均匀。

② 黏结剂的主要作用是使砂粒黏结，使型砂具有一定的强度、韧性等。黏结剂常采用黏土和膨润土。普通黏土的价格低廉，而膨润土的黏结力比普通黏土强。其他黏结剂还有树脂、水玻璃、油类(植物油、合脂、渣油)等。

③ 附加物主要有煤粉、木屑等。木屑的作用是提高透气性和退让性。煤粉的作用是使其在高温金属液的作用下燃烧产生气膜，隔绝金属液与铸型的直接接触，防止铸件黏砂。

将型(芯)砂的各组成部分按一定的比例混合均匀，使黏结剂均匀地分布于砂粒表面的过程称之为混砂，一般是在碾轮式混砂机(图 9-3)中进行。

混制好的型(芯)砂应用仪器进行性能检验，测定其湿度、强度、透气性、含水量等。现代化的砂处理系统已实现微机控制电子秤配料，严格控制质量。小批量生产时，如缺乏检测仪器，常采用手捏法检测，如图 9-4 所示。

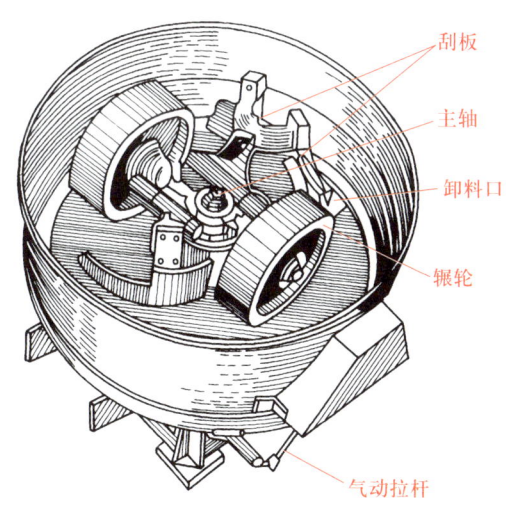

图 9-3　碾轮式混砂机

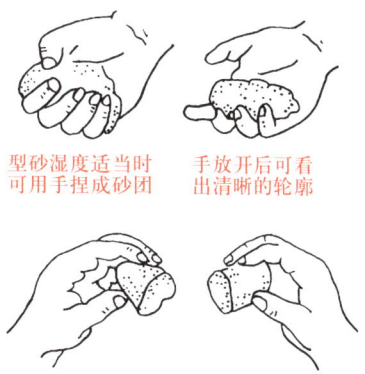

图 9-4　手捏法检测

9.1.3 铸造加工安全知识

① 进入铸工车间应穿戴好工作服、工作帽、工作鞋等劳动防护用品。
② 造型时不可用嘴吹型砂及芯砂,翻转砂箱及合型时应预防砂箱压伤手指。
③ 浇注时,非操作人员应远离浇包,以免铁液飞溅、外溢而烫伤。
④ 取拿铸件前应确认铸件已充分冷却,清理铸件浇冒口时要防止金属碎屑飞出伤人。

9.2 铸造基础技能训练

9.2.1 造型操作

造型是指用型砂及模样等工艺装备制造砂型的方法和过程。造型分为手工造型和机器造型两大类。本教材实训内容为手工造型。

1. 造型

手工造型完全用手工或手动工具完成造型工作。手工造型适应性强、操作灵活,但生产率低、劳动强度大,主要适用于单件、小批量生产。

(1) 基本操作

根据铸件的形状特征和复杂程度,手工造型可采用整体模造型、分开模造型、三箱造型、活块造型、挖砂造型、假箱造型、刮板造型等方法。

① 整体模造型。模样是一个整体,造型时全部放在一个砂箱中,分型面为平面,它适合于最大截面处于铸件顶端、形状简单的铸件。整体模造型过程如图 9-5 所示。

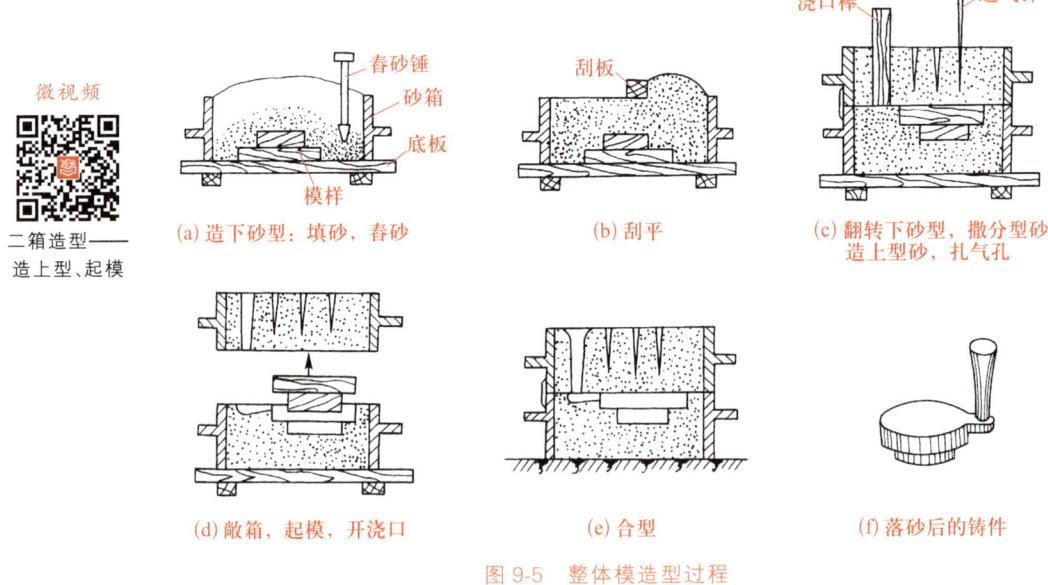

图 9-5 整体模造型过程

② 分开模造型。模样沿最大截面处分成两半,造型时分别处于上、下砂型内,分型面为平面。操作过程基本同整体模造型,分开模造型主要用于最大截面在模样中部、形状较复杂的铸

件。分开模造型过程如图 9-6 所示。

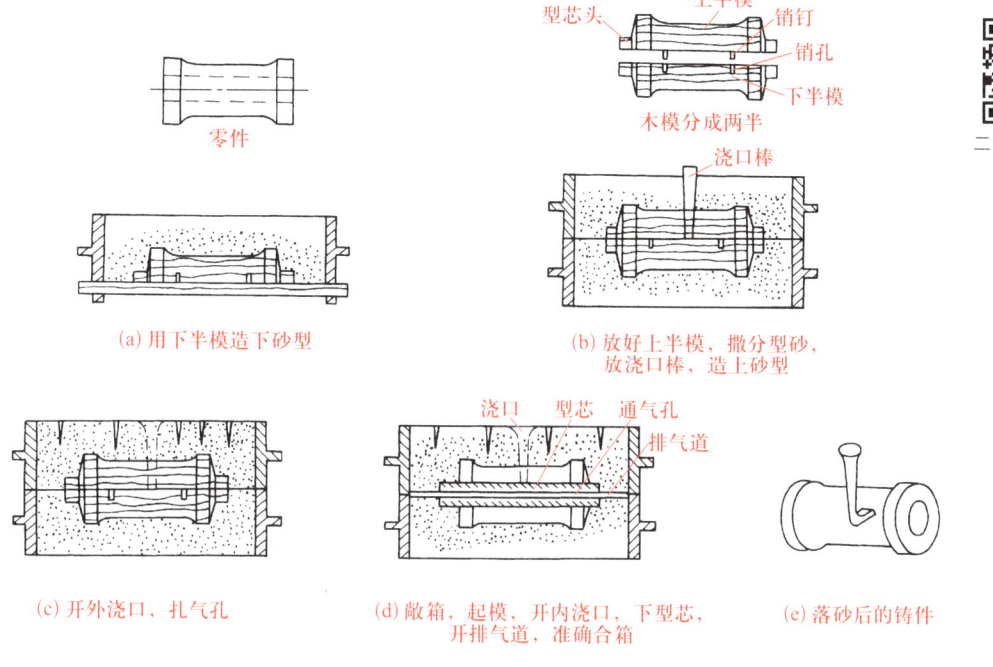

图 9-6 分开模造型过程

(2) 造型操作实例

端轴架图样如图 9-7 所示,其最大截面处于端部,符合整体模造型要求,故采用整体模造型,具体造型步骤如下:

① 造型准备。清理造型场地,准备造型材料,备好模样、芯盒和造型工具。

② 安放造型平板、砂箱和模样,造下砂型。

③ 填砂和春实型砂。(在已安放好的模样上先撒一层分型砂,然后撒上一层面砂,最后用铲子加入几层背砂,加入每一层背砂都需用春砂锤紧实。)

④ 用刮板刮去砂箱上面多余的型砂,将已造好的下砂箱翻转 180°。

⑤ 修整分型面。用镘刀将分型面上模样周围的型砂表面压光修平,撒上分型砂,再用皮老虎吹去撒落于模样上的分型砂。

⑥ 造上砂型。放上上砂箱、浇口棒,并填砂、春砂,刮去多余的型砂,用通气针扎出深度适当、分布均匀的通气孔,拔出浇口棒,修整上砂箱面。

⑦ 敞箱。修整分型面。用起模针起出模样,挖出浇口。

⑧ 修型。用皮老虎吹去撒落于型腔内的型砂,用镘刀、提钩、压勺等修型工具修整型腔。

⑨ 制芯。

⑩ 放芯,合型。

图 9-7 中两个 $\phi 20$ mm 的孔不铸出,待以后钻孔,$\phi 40$ mm 大孔要铸出,采用一个型芯,合

型后的铸型装配如图9-8所示。

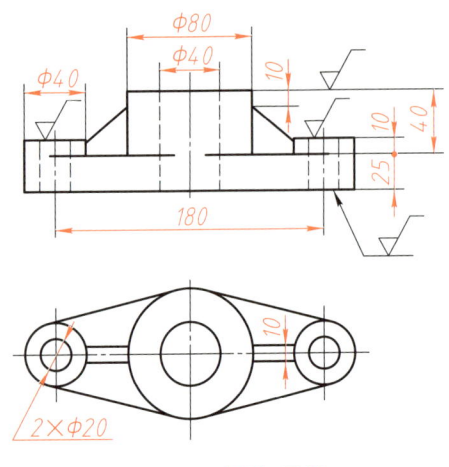

图9-7 端轴架图样

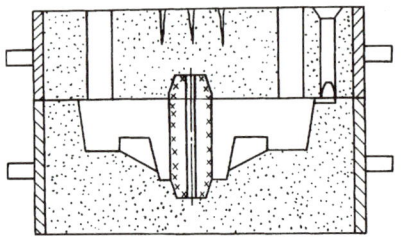

图9-8 端轴架铸型装配

2. 造芯

型芯用于形成铸件的内腔或局部外形。由于型芯的周围被高温金属所包围,因此芯砂应比型砂具有更高的性能要求。

(1) 造芯方法

型芯可采用手工或机器制造。手工造芯常采用芯盒造芯和刮板造芯。芯盒造芯如图9-9所示。其中,图9-9a为采用整体芯盒造芯,适用于形状简单的中小型芯;图9-9b为对开芯盒造芯,适用于形状对称、较复杂的型芯;图9-9c为可拆式芯盒造芯,适合于形状复杂的大中型型芯。

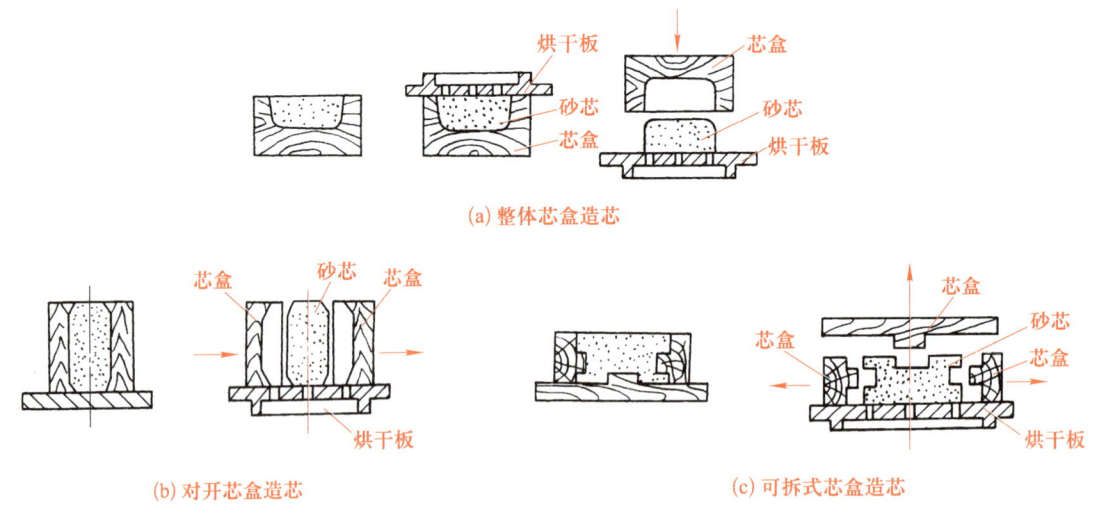

图9-9 芯盒造芯

(2) 造芯工艺措施

为保证型芯性能,应采取下列工艺措施。

① 安放芯骨。目的是提高型芯的强度和刚度,小型芯骨可用铁丝或铁钉,大型芯骨可用铸铁制成。

② 开通气道。目的是使芯内气体顺利排除,通气道要与铸型通气孔连通。形状简单的型芯,可用通气针扎出通气孔;形状复杂的型芯可埋入蜡线;大型型芯常填以焦炭以便排气。

③ 刷涂料、烘干。目的是防止铸件粘砂,改善铸件内腔质量。铸铁件通常采用石墨涂料;铸钢件则要用石英粉涂料。烘干的目的是提高强度,改善透气性。黏土砂芯一般在 250~350 ℃ 的环境下烘 3~6 h,油砂芯一般在 200~250 ℃ 的环境下烘干。

3. 合型

将铸型的各组元如上砂型、下砂型、型芯、浇口等组成一个完整铸型的操作称为合型,又称合箱。合型的主要工作包括:

① 铸型检验。检验型腔、浇注系统是否有浮砂,排气道是否通畅。

② 下芯。将芯头准确地安放在砂型的芯座上,型芯应安放稳固,定位准确,排气孔通畅。

③ 合型。靠砂箱上的销子定位,将上、下砂型合拢,单件、小批量生产时也可划线定位。

④ 铸型紧固。铸型的紧固有压铁紧固、卡子紧固、螺栓紧固等几种常用方法。

9.2.2 铸铁熔炼与浇注

1. 铸铁熔炼

铸铁熔炼的目的是获得预定成分和一定温度的金属液,尽量降低铸铁液中的气体和夹杂物,提高熔炼设备熔化率,降低能耗,提高经济效益。铸铁熔炼设备有冲天炉、电弧炉、感应炉等,其中冲天炉已淘汰,现在使用最广泛的是感应炉。

2. 浇注

将金属液从浇包注入铸型的操作称为浇注。浇注是铸造生产中的一个重要环节,若浇注工艺不当,会使铸件产生夹渣、缩孔、气孔、浇不足、冷隔、跑火等缺陷。

(1) 浇注工具

浇包是用于浇注的主要工具,从前炉流出的金属液进入浇包用于浇注。浇包的外壳由厚钢板焊接而成,内衬耐火材料,使用前内衬要用耐火泥修理光洁,并烘干。

(2) 浇注操作要点

① 准备工作应了解铸件的重量、大小、形状、材料牌号等;准备好浇注工具,浇包的容量应与铸件相适应;检查铸型合型是否准确,浇冒口杯是否已安放;检查浇注行走道是否通畅,是否有积水。

② 浇注工艺参数主要是浇注温度、浇注速度。浇注温度应严格控制在合适的范围内,浇注温度过高,铸件的收缩大,易出现粘砂,晶粒粗大等缺陷;浇注温度偏低,铸件易出现冷、浇不到等缺陷。一般铸铁的浇注温度为 1 250~1 350 ℃。对于形状复杂、薄壁的铸件,浇注温度应高些。浇注速度也应适当,做到浇注时不断流,并始终保持浇口充满状态。浇注速度过快,易产生气孔、抬箱、冲砂、跑火等缺陷;浇注过慢或断流易产生浇不足、冷隔、夹渣等缺陷。

9.2.3 铸件落砂、清理与检验

落砂是指用手工或机械的方法使铸件与型(芯)砂分离的操作,清理是指将落砂后的铸件表面上的粘砂、型砂,多余金属(包括浇冒口、飞翅、氧化皮)等清理干净的过程。

1. 落砂

待浇注后的铸件冷到一定温度,应适时落砂。落砂过晚,铸件固态收缩受阻,增大内应力、产生裂纹,还影响生产率;落砂过早,铸件表面易出现硬皮,难以切削加工,也会使铸件变形、开裂。一般铸铁件的落砂温度为400~500 ℃。单件、小批量生产时,用手工落砂,大量生产时用机器落砂。

2. 清理

落砂后的铸件与浇冒口相连,同时表面会有粘砂,有些芯砂仍留在铸件内腔中。一般铸铁件上的浇冒口可用锤子敲掉,对大型铸铁件的浇冒口,先要在其根部锯槽,然后用重锤敲掉;铸钢件的浇冒口要用气割;有色金属铸件的浇冒口可用锯割。清除芯砂的方法是:单件、小批量生产时手工去除,大批量生产时用机械方法去除,如用振动出芯机或水力清砂装置等。去除表面粘砂时,小型铸件用清理滚筒或喷砂器清砂,大中型铸件常采用抛丸机清砂。最后,还需用砂轮机,錾子等工具将铸件的飞边、毛刺、残留的浇冒口等进行清理修整。

3. 检验

清理后的铸件要进行质量检验,合格的铸件验收入库,有些铸件还需进行修补。对铸造缺陷,应分析产生缺陷的原因,采取预防措施。

砂型铸造工序繁多,引起铸造缺陷的原因复杂,常见铸件缺陷的名称、特征及产生的主要原因见表9-1。

表 9-1 常见铸件缺陷的名称、特征及产生的主要原因

类别	名　称	特　征	产生的主要原因
孔洞类	气孔	铸件内部或表面呈球形或梨形、内表光滑的孔洞;大孔孤立存在,小孔成群出现	型砂透气性差或舂砂太紧;型砂太湿,起模刷水过多;浇注系统不正确,气体排不出去;型芯通气孔堵塞
	缩孔	铸件最后凝固部位形状不规则、内壁粗糙的孔洞	铸件设计不当,有热节;浇注温度过高;冒口设计不当或过小
表面类	粘砂	铸件表面粘附一层难以除掉的砂粒,使表面粗糙	砂型舂得太松;浇注温度过高;型砂耐火性差

续表

类别	名称	特征	产生的主要原因
表面类	冷隔	铸件上有未完全熔合的缝隙,接头处边缘圆滑	浇注温度过低;浇注时断流或浇注速度过慢;浇口位置不当或内浇口横截面积太小
	夹砂结疤	铸件表面产生的疤片状金属突起物。其表面粗糙、边缘锐利,有一小部分金属和铸件本体相连,疤片状突起物与铸件之间有砂层	浇注温度过高,浇注时间过长;内浇口过于集中,局部砂型受铁水烘烤时间过长;型砂含水量过高,粘土过多,水分烘干后易出现脱皮
裂纹类	裂纹	在铸件转角处或厚薄交接处开裂 热裂是指铸件开裂,裂纹处表面氧化,呈暗蓝色 冷裂是指裂纹处表面不氧化,并发亮	铸件厚薄差别大;合金含硫、磷含量高;型(芯)砂退让性差;浇注温度过高
夹杂类	砂眼	铸件内部或表面带有砂粒的孔洞	型腔内有残留的砂粒;型砂强度不够,局部掉砂、冲砂;浇口开设不正确,冲坏砂型或砂芯
	夹杂物	铸件内部或表面存在和金属成分不同的质点。包括渣、涂料层、氧化物、硫化物、硅酸盐等	浇包中熔渣未消除;浇注时未挡住熔渣;浇口开设不正确,挡渣作用差;浇注温度低,熔渣不易浮出
残缺、差错类	浇不到	常在薄壁处出现的铸件残缺或轮廓不完整	浇注金属量不够;浇注温度太低;铸件壁太薄;浇注速度太慢;浇注时金属液从分型面处流出
	错型(错箱)	铸件在分型面处发生错移	合型时上、下砂型未对准;分开模造型时,上半模和下半模未对好

续 表

类别	名 称	特 征	产生的主要原因
残缺、差错类	偏心(漂芯)	铸件上孔偏斜或轴心线偏移	型芯放置偏斜或变形;浇注时型芯被冲偏;芯座形状、尺寸不对;制模样时型芯头偏心

9.3 铸造专项技能训练

轴承零件加工图样如图 9-10 所示,采用砂型铸造,手工整体模造型。要求独立完成造型、合型操作的全过程。轴承零件型砂铸造的操作步骤见表 9-2,轴承零件型砂铸造的评分表见表 9-3。

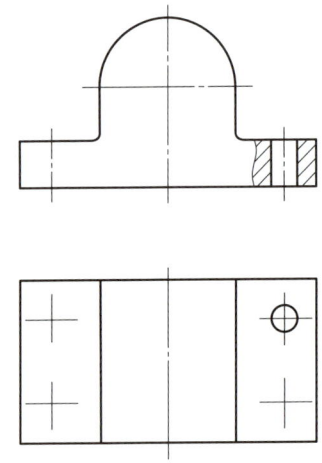

图 9-10 轴承零件加工图样

表 9-2 轴承零件砂型铸造的操作步骤

序 号	加工简图	加工内容	工具、材料
1		安放模样: 将模型擦净后放在底板上	模样 底板
2	(a)	填砂与舂砂: (a) 将下砂箱翻转后放在底板上,加型砂,用舂砂锤的尖头舂紧	下砂箱 型砂 舂砂锤 刮板

续　表

序　号	加工简图	加工内容	工具、材料
2	(b) (c) (d)	（b）必须分层填砂，并按一定路线进行舂砂 （c）加砂高于砂箱 20～30 mm，用舂砂锤的平头舂紧 （d）用刮板刮去多余的砂	下砂箱 型砂 舂砂锤 刮板
3	(a) (b)	修理分型面、造上砂型： （a）翻转砂箱用镘刀修光分型面 （b）撒分型砂，并吹去撒在模型上的分型砂	镘刀 分型砂 风箱（皮老虎） 上砂箱 浇口棒 型砂 通气针

续 表

序 号	加工简图	加工内容	工具、材料
3	(c) (d)	（c）放上上砂箱、浇口棒，加型砂。按照下砂型的程序造上砂型 （d）扎通气孔，要分布均匀，深度适当	镘刀 分型砂 风箱（皮老虎） 上砂箱 浇口棒 型砂 通气针
4	(a) 合型线 (b)	修浇口杯、划合型线： （a）刮平上砂型，去除浇口棒，修外浇口成漏斗形 （b）划合型线，揭开上砂型并翻转，使分型面向上，放好	刮板 秋叶（双头圆勺） 提钩 型砂泥浆
5	(a)	起模、修型与开内浇口： （a）起模前要在模型四周刷少许水，取模时应向水平方向轻敲起模针，使模型松动后再取出	排笔起模针 镘刀 提钩 秋叶

续　表

序号	加工简图	加工内容	工具、材料
5	用镘刀修补大破损面（刻出痕纹、补砂、镘刀运动方向） 修补型面（提钩运动方向） (b)	（b）用镘刀和提钩修型	排笔起模针 镘刀 提钩 秋叶
	(c)	（c）用造型工具开内浇口，并压实修光	
6		合箱： 检查型腔内无缺陷及砂粒后，即可撒石墨粉，对准前面和侧面的合型线，合箱准备浇注	石墨粉

表 9-3　轴承零件型砂铸造的评分表

班级＿＿＿＿＿　姓名＿＿＿＿＿　学号＿＿＿＿＿

序号	考核内容	考核要点	配分	评分标准	检测结果	得分	扣分
1	安放模样	底板、模样清理干净	2	清理不干净不得分			
		摆放模样四周均衡	2	四周不均衡不得分			
2	填砂与春砂	每次加砂不能太多，春匀春紧	2	未春匀，春紧不得分			
		每次加砂不能太少，不春坏模样，不春隔层	3	春坏模样、春隔层不得分			
		分层加砂，每层必须按一定路线进行，由外向里	5	春砂未按一定路线进行扣 2~5 分			

续 表

序号	考核内容	考核要点	配分	评分标准	检测结果	得分	扣分
2	填砂与舂砂	最后一层加砂要高于砂箱20~30 mm	2	过高或过低不得分			
		用舂砂锤的平头舂紧砂	3	未舂紧不得分			
		用刮板刮去、刮平多余的型砂	2	未刮平不得分			
3	修理分型面、造上砂型	翻转下砂箱,用镘刀修平分型面	3	未修平扣1~3分			
		撒分型砂要均匀	3	不均匀扣1~3分			
		用皮老虎吹净多余的分型砂	2	未吹净不得分			
		放上砂箱,要放正	3	未放正不得分			
		放浇口棒,小口朝下放正	3	未放正不得分			
		浇口棒下面用型砂压紧,舂砂时不错位	3	错位不得分			
		扎通气孔,要求分布均匀,深度适当	5	未达要求扣2~5分			
4	修浇口杯、划合型线	刮平上砂箱	2	未刮平不得分			
		拔出浇口棒,不倾斜、不掉砂	3	发生倾斜或掉砂扣1~3分			
		修浇口成漏斗形,表面要光滑	5	表面不光滑扣3~5分			
		划合型线,要清晰	2	掉线或线不清晰不得分			
		揭开上砂箱,并翻转,使分型面向上,不掉砂	3	掉砂扣1~3分			
5	起模、修型、开内浇口	起模前在模样四周刷少许水,水量适当	2	水量不当不得分			
		起模时向水平方向轻敲起模针,用力适当	3	用力不当扣1~3分			
		模样松动后取出,不偏斜、不掉砂	5	发生偏斜或掉砂扣2~5分			
		用镘刀和提钩修型,表面要平整,型腔不变形,不掉砂	8	表面不平整,型腔变形或掉砂扣2~8分			
		开内浇口,注意宽度、深度适当	5	宽度、深度尺寸不当,扣2~5分			

续表

序号	考核内容	考核要点	配分	评分标准	检测结果	得分	扣分
5	起模、修型、开内浇口	压实修光铸型,表面平整	3	表面不平整扣1~3分			
6	合箱	型腔内无缺陷、无砂粒	2	有缺陷或砂粒不得分			
		撒石墨粉要均匀	2	不均匀不得分			
		合箱时前面和侧面的合型线要对准	2	未对准而合箱不得分			
7	安全文明生产	按规定穿戴好劳保用品	2	未做到不得分			
		造型过程无违反安全操作规程现象	5	有违反操作规程,扣2~5分			
		造型结束后,场地清理干净,铸型、工具摆放整齐	3	清理不干净,摆放不整齐扣1~3分			
	合　　计		100	总得分			

检测：　　　　　　评分：　　　　　　日期：

9.4　焊接基本知识

焊接是通过加热、加压或两者并用,并使用(或不用)填充材料,使工件达到结合的一种方法。焊接是一种不可拆连接,它不仅可以连接各种同质金属,也可以连接不同材质的金属。由焊接方法连接的组件称为焊件。

常见的焊接方式主要有手工电弧焊、手工气体保护焊等,但是在现代化工业生产中,全自动机器人激光焊接、电子束焊接、超声波金属焊接等焊接方法不仅效率高,焊接范围更广,还可以满足更高的加工需要。

微视频

3D打印与砂型铸造

9.4.1　焊条电弧焊常用设备与工具

1. 焊条电弧焊常用设备

焊条电弧焊的常用设备是电弧焊机。电弧焊机分弧焊变压器(图9-11)和弧焊整流器(图9-12)两大类。电弧焊机的作用是向负载(电弧)提供电能,电弧将电能转换成热能,使焊条和工件熔化,并在冷却过程中结晶,从而实现焊接。

2. 焊条电弧焊常用工具

(1) 焊接电缆　焊接电缆的作用是传导电流,一般采用导电性能好的多股紫铜软线,外表有良好的绝缘层。电缆的长度根据需要确定,一般不超过20~30 m。

(2) 电焊钳　电焊钳俗称焊把(图9-13),用于夹持电焊条和传导电流。常用电焊钳规格有250 A、300 A和500 A等几种。

(3) 面罩　面罩的作用是遮挡飞溅金属和电弧中的有害光线,通过面罩上的黑玻璃来观察和掌握焊接过程。

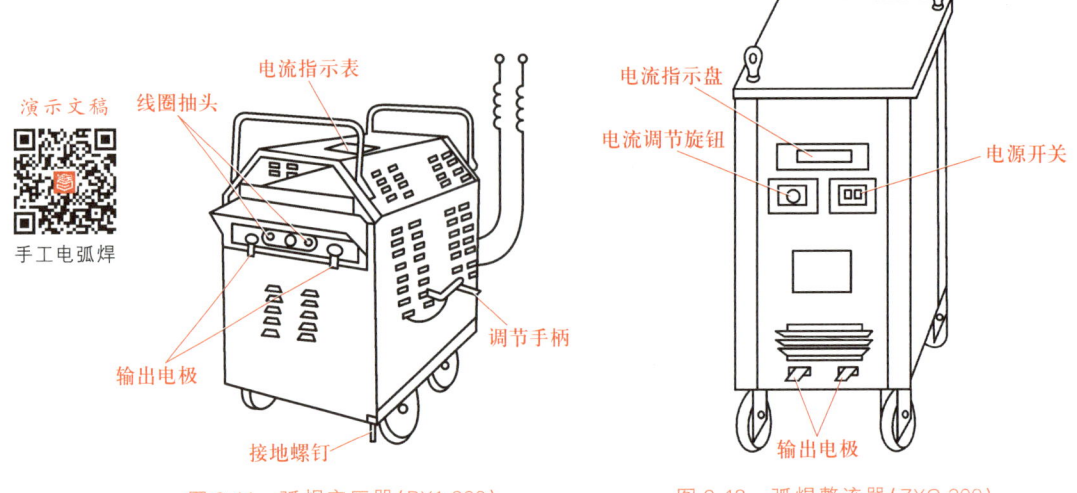

图 9-11　弧焊变压器(BX1-300)　　　图 9-12　弧焊整流器(ZXG-300)

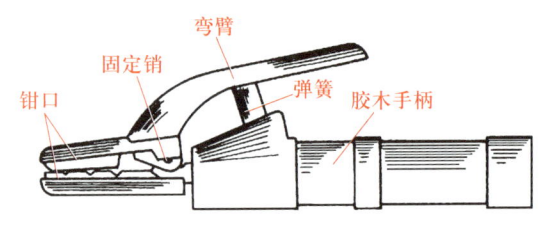

图 9-13　电焊钳

（4）辅助工具　焊工辅助工具包括敲渣锤（图 9-14）、焊条保温筒（图 9-15）、钢丝刷等。

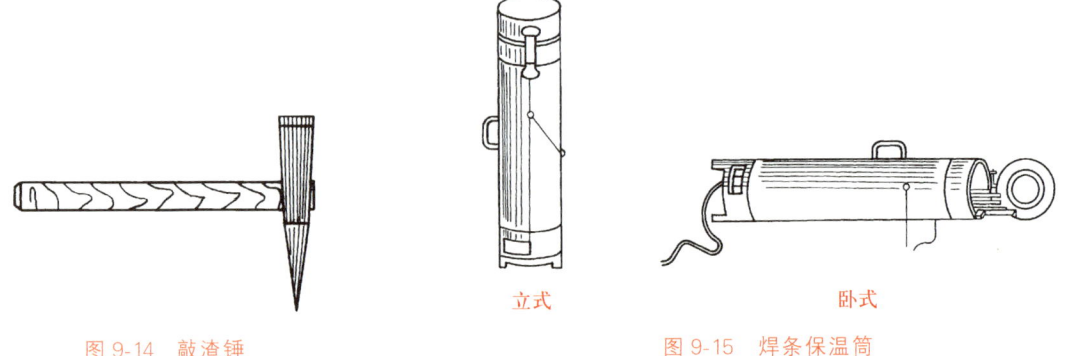

图 9-14　敲渣锤　　　　　　图 9-15　焊条保温筒

9.4.2　焊接加工特点

焊接是一种永久性的连接方法，已成为制造金属结构件和机械零件的一种基本工艺方法。此外，焊接还可用于修补有缺陷的铸件、锻件和磨损的机器零件。

焊接同铆接等其他加工方法相比有着显著的优越性。

① 具有优良的接头密封性和良好的表面质量。

② 简化了加工与装配工序，提高了生产效率。

③ 节约金属,减轻了结构重量,降低了成本。
④ 工作过程中无噪音,改善了劳动条件。

但焊接存在易使焊件变形、产生内应力和发生裂纹等问题,这些问题可通过改进结构设计、合理选材、采用先进工艺和加强质量检验等措施来解决。

焊接的一般生产过程:下料→装配→焊接→矫正变形→检验→油漆→入库或出厂。

9.4.3 焊接加工安全知识

① 进入车间必须按规定穿工作服,戴工作帽,穿绝缘鞋。
② 高空作业时必须遵守高空作业有关规定。
③ 焊接工作结束,仔细检查现场,及时消除事故隐患。
④ 未经消防部门和安全部门批准的禁火区内,不能施焊。
⑤ 附近有易燃易爆物品,未采取有效措施前不能施焊。
⑥ 盛放过易燃易爆气、液体的容器,未经彻底清洗前不能施焊。
⑦ 不了解焊、割地点周围及内部情况时不能施焊。
⑧ 容器或导管内有压力时不能施焊。
⑨ 附近有与明火作业相抵触的工种作业时不能施焊。

9.5 焊接基础技能训练

焊条电弧焊是用手工操纵焊条进行焊接的电弧焊方法。焊条电弧焊具有设备简单,操作方便、灵活,节省原材料等优点,因此在锅炉、桥梁、机械、造船等工业部门中得到广泛应用。焊条电弧焊的焊接步骤一般包括引弧、运条、起头、收尾、接头和焊后的清理与检查等几个环节。我们以下图焊接任务为例进行训练。

低碳钢板平对接焊条电弧焊焊件图样如图9-16所示。焊件材料为Q235-A。

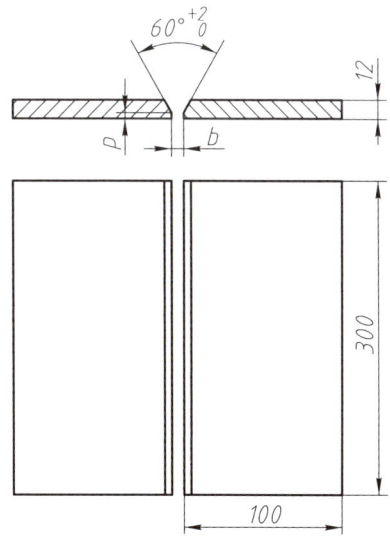

图 9-16 低碳钢板平对接焊条电弧焊焊件图样

技术要求：

① 钝边高度 p、间隙 b 取 2～3 mm。
② 焊条型号 E4303，焊条规格 ϕ3.2 mm、ϕ5 mm。
③ 焊缝表面无咬边、气孔、夹渣等缺陷，背面无凹坑。
④ 焊缝余高不超过 3 mm，增宽 0.5～2.5 mm。
⑤ 角变形小于 3°。
⑥ 焊缝内部质量暂不考核。

低碳钢板平对接焊条电弧焊的操作步骤见表 9-4，考核评分表见表 9-7。

表 9-4 低碳钢板平对接焊条电弧焊的操作步骤

序号	加工简图	加工内容	工具、量具
1		焊前清理： 用钢刷清除接头处的杂物及铁锈	钢刷
2	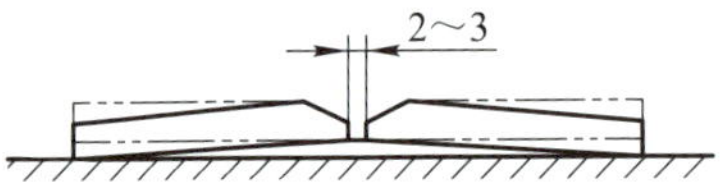	焊件装配： 将钢板放平，对齐，接头处垫高 2 mm，并留 2～3 mm 的间隙	钢直尺
3	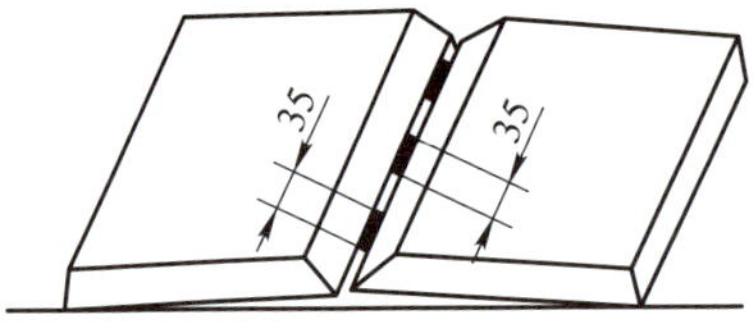	焊件点焊： 选择好焊接参数，在接头处点焊三处	电焊钳 面罩 钢直尺
4	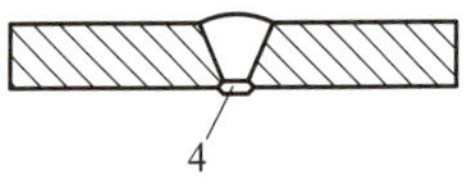	整体焊接： 先用直径为 3.2 mm 的焊条焊第一层，然后用 5 mm 的焊条进行焊接，直到焊平为止	电焊钳 面罩
5	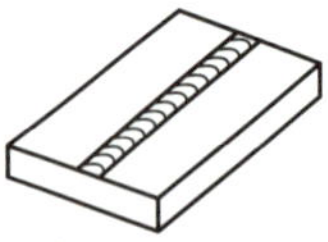	清理检验： 用小锤或钢刷清除焊件表面的熔渣及飞溅的金属；用眼睛或放大镜进行外观检查，若发现存在焊接缺陷，可进行补焊，若发现变形，应进行矫正	小锤 钢刷 放大镜

9.5.1 引弧

焊条电弧焊是采用低电压、大电流放电产生电弧的。电焊条必须瞬时接触焊件才能实现引弧。工艺上有直击法和划擦法两种引弧方法，如图 9-17 所示。

(1) 直击法　将焊条末端对准焊件接缝,垂直落下,并轻敲焊件使其短路(又称敲击法),再迅速提起 3~4 mm,引弧后,使弧长保持在与所用焊条直径相适应的范围内,如图 9-17a 所示。

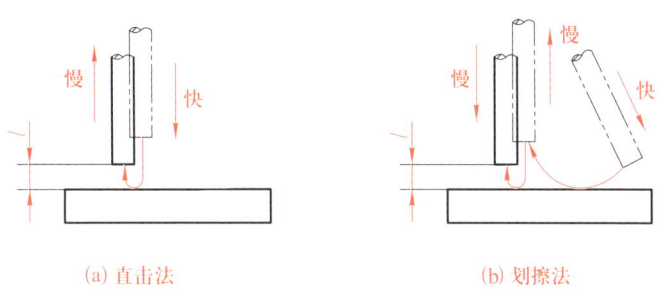

图 9-17　引弧方法

(2) 划擦法　将焊条末端对准焊件接缝,使焊条沿接缝方向划擦(动作似划火柴)约 20 mm;焊条末端应落在接缝范围内,当焊条端部和焊件接触时,发生短路,迅速提起焊条 3~4 mm,引燃电弧,引弧后应使弧长保持在和所用焊条直径相适应的范围内,如图 9-17b 所示。

直击法较难掌握,适用于在狭窄地方引弧和工件表面不允许损伤的情况;划擦法容易掌握,适于初学者,使用碱性焊条时,一般采用划擦法。

引弧时一旦发生焊条粘住工件,应立即将焊条左右摆动使其脱离工件;如仍不能脱离,应使焊钳脱离焊条,待焊条冷却后扳下。

9.5.2　运条

焊接电弧引燃后,焊条要作三个方向的运动,一是沿焊接方向的移动,使熔化金属形成焊缝;二是为保持一定的弧长而向熔池方向的送进,送进速度应与焊条熔化速度相等;三是通过横向摆动,而获得一定宽度的焊缝。常用的运条方法如图 9-18 所示。

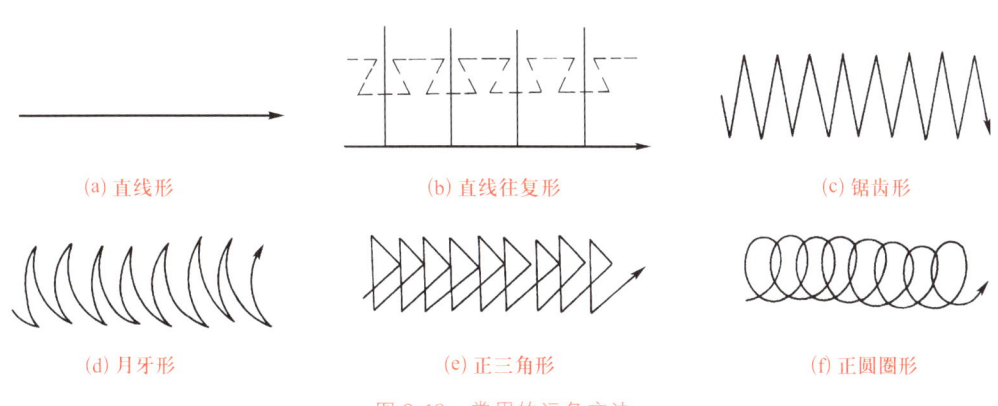

图 9-18　常用的运条方法

9.5.3 起头和收尾

起头和收尾

为增加焊缝起头部分的熔深,引弧后先将电弧稍微拉长,对焊缝端头进行必要的预热,然后再适当缩短电弧长度进行正常焊接,电弧中断或焊接结束如果立即拉断电弧,将会形成低于焊件表面的弧坑。弧坑处易出现裂纹、气孔、夹渣等缺陷,所以收尾时必须填满弧坑。

9.5.4 焊缝接头

焊接时受焊条长度的限制,较长焊缝需多根焊条才能完成。为保证焊缝的连续性,需使后焊焊缝与先焊焊缝相连接,连接处称为接头。焊缝的接头除容易产生余高过高、脱节和宽窄不一致的缺陷外,还会出现未焊透、焊瘤、气孔和造成应力集中等缺陷,因此,接好焊缝的接头是焊接操作中的重要环节之一。

9.5.5 焊后清理和检查

焊接结束后,焊缝表面被一层熔渣覆盖着,待焊缝温度降低后,用敲渣锤轻轻敲击除掉熔渣;焊缝两侧的飞溅金属,可用扁錾錾除;使用钢丝刷清理焊缝及其周围。清理干净的焊缝,可用肉眼及放大镜进行外观检查,必要时应用仪器检验。熔焊的常见焊接缺陷及其特征和产生的主要原因见表9-5。

表 9-5 熔焊的常见焊接缺陷及其特征和产生的主要原因

缺　　陷	特　　征	产生的主要原因
焊缝外形尺寸不符合要求	焊缝表面形状高低不平、过高或过低;焊缝宽度不均匀	焊件坡口角度不当或装配间隙不均匀;焊接电流过大或过小;焊条的角度选择不合适或运条速度不均匀等
未焊透	焊接时,接头根部未完全熔透	焊接电流过小;焊速太快;未开坡口或坡口过小;操作技术不佳等
未熔合	熔焊焊道与母材或焊道之间未完全熔化结合	焊接电流过小;焊速太快;未开坡口或坡口过小;钝边太厚;间隙过窄;焊条直径选择不当,焊条角度不对或电弧偏吹等

续　表

缺　　陷	特　　征	产生的主要原因
焊瘤	熔化金属流淌到焊缝之外未熔化的母材上形成金属瘤	操作不熟练;运条不当;电弧过长;立焊时焊接电流过大等
咬边	沿焊趾的母材部位产生的沟槽或凹陷	焊接电流过大;运条速度不合适;焊条角度不对;电弧长度不适当等
凹坑	焊缝表面或焊缝背面形成的低于母材表面的局部低洼	焊表层焊缝时,焊接电流过大;焊条未适当摆动;熄弧过快;操作技术不熟练等
气孔	焊接时,熔池中的气泡在凝固时未能逸出而残留下来所形成的空穴	熔化金属凝固太快;电弧太长或太短;焊接材料不干净;焊接材料化学成分不对等
裂纹	焊缝、热影响区内部或表面因开裂而形成的缝隙	焊接措施和顺序不当;焊接材料化学成分不当;熔化金属冷却太快;焊件设计不合理等
烧穿	焊接时熔化金属自坡口背面流出,形成穿孔	焊接电流过大;焊速过慢;电弧在焊缝某处停留时间过长;焊件间隙大;操作不当等

续表

缺　　陷	特　　征	产生的主要原因
夹渣 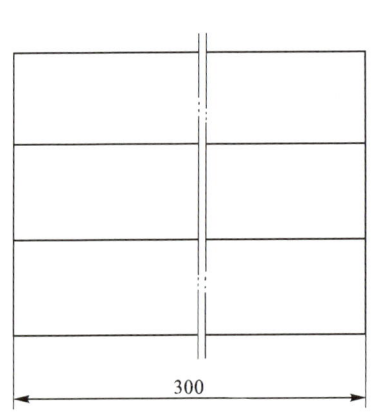	焊缝中残留的焊渣	焊接材料清理不干净；焊接电流太小；焊接速度太快；运条不当等

如发现焊缝有不允许存在的缺陷,需采取修补措施,若变形超差需进行矫正。

9.6　焊接专项技能训练

图 9-19 所示为平对接双面焊工件图,其操作要点为平对接焊技术、运条方法和接头收尾技术。平对接双面焊工艺过程见表 9-6,考核评分表见表 9-7。

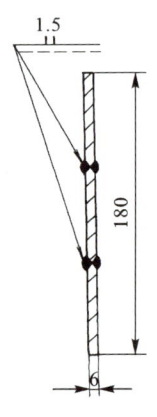

图 9-19　平对接双面焊工件图

表 9-6　平对接双面焊工艺过程

序　号	工　序	操　作　工　艺
1	准　备	熟悉图样、技术要点、评分标准,准备设备、工具
2	焊件检查	检查下料尺寸,清理焊口上的铁锈、油污,并矫平
3	装　配	将焊件放在平台上,长短对齐,留装配间隙 1～2 mm,两端定位焊缝长 10～15 mm,焊缝错边不大于 0.5 mm
4	打底焊	选择 ϕ3.2 mm 焊条,作短弧直线往复形运条操作
5	层间清理	清理熔渣及飞溅物,修整接头
6	盖面焊	用 ϕ4 mm 焊条,加大焊接电流,采用直线形运条且稍作摆动,填满弧坑
7	背面焊	翻转焊件 180°,清理、修整待焊缝,焊接方法同盖面焊
8	焊后清理	清理熔渣及飞溅物

表 9-7 考核评分表

班级_____ 姓名_____ 学号_____ 教师_____ 得分_____

序号	考核内容与要求	配分	评分标准	扣分	得分
1	焊前准备： 1. 工件清理干净,点固定位正确 2. 正确调整焊接参数	5 10	1. 清理不干净,定位不正确扣 2~5 分 2. 参数调整不正确扣 3~10 分		
2	焊缝外观质量： 1. 焊缝余高 0~3 mm 2. 焊缝余高差 0~2 mm 3. 焊缝增宽 0.5~2.5 mm 4. 焊缝宽度差 0~2 mm 5. 背面焊道余高 0~1.5 mm 6. 焊缝直线度 0~2 mm 7. 角变形 0~3° 8. 错边 0~1.2 mm 9. 背面凹坑深度 0~1.2 mm,凹坑长度 0~26 mm 10. 咬边深度 0~0.5 mm,咬边长度 5 mm、26 mm 11. 焊缝表面无裂纹、气孔、未焊透、焊瘤等缺陷	6 6 6 6 6 6 6 6 6 9 12	1. 余高超差扣 6 分 2. 余高差超差扣 6 分 3. 增宽超差扣 6 分 4. 宽度差超差扣 6 分 5. 焊道余高超差扣 6 分 6. 直线度超差扣 6 分 7. 角变形超差扣 6 分 8. 错边超差扣 6 分 9. 深度>1.2 mm 或长度>26 mm,扣 6 分 10. 无咬边不扣分；咬边深度≤0.5 mm,累计咬边长度每 5 mm 扣 1 分；咬边深度>0.5 mm,或累计咬边长度>26 mm,扣 9 分 11. 表面有缺陷扣 12 分		
3	安全文明生产： 1. 按规定穿戴好劳保用品 2. 正确使用设备、工具、量具 3. 焊后场地清理、整洁	2 6 2	1. 未做到扣 2 分 2. 有违反现象扣 2~6 分 3. 不整洁扣 2 分		
	合　计	100	总得分		

微视频

高凤林：
火箭发动
机焊接技术

拓展阅读

陈小林：
用"心"耕耘,
方得大成

第五篇

电加工

本篇设有一个模块内容,主要介绍线切割和电火花成形的电加工过程。通过技能训练,学生初步掌握线切割和电火花加工设备的操作方法,为后续技能鉴定和相关专业课程学习奠定基础。

电加工属于特种加工技术,与传统金属切削加工相比,电加工不需要用机械力和机械能来切除材料,是通过利用电能来实现对材料的加工。所以,电加工的材料一定是导电材料。线切割和电火花成形技术不受材料性能的限制,可以加工任何硬度、强度、脆性的材料,在现阶段的机械加工中占有很重要的地位。

在本篇的学习过程中,要安全操作线切割、电火花机床完成简单零件的编程与加工任务。

Module 10 模 块 10

线切割与电火花

线切割
操作入门

教学导航

知识目标	1. 了解电加工典型设备及加工范围 2. 掌握线切割和电火花设备的安全知识
技能目标	1. 能熟练使用线切割进行简单零件加工 2. 能熟练使用电火花进行简单零件加工
教学设施、设备	多媒体教室、线切割机床 5 台以上、电火花机床 5 台以上
职业道德规范	遵守操作规程,按时保养设备和清洁工量具
参考学时	28 学时

10.1 线切割机床基本知识

10.1.1 线切割机床设备

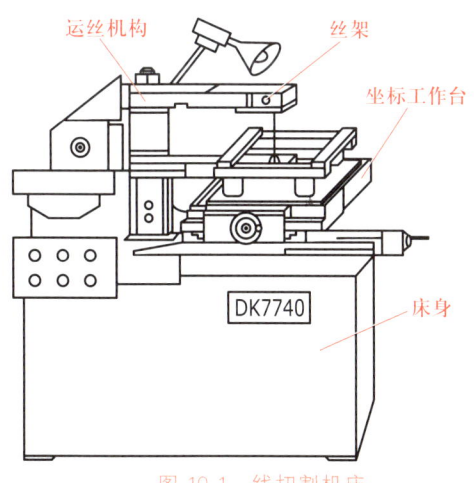

图 10-1 线切割机床

电切削工国家
职业技能
标准

线切割加工是利用工具电极（钼丝或铜丝）和工件两极之间脉冲放电时产生的电腐蚀现象对工件进行尺寸加工。线切割机床（图 10-1）的本体主要包括坐标工作台、运丝机构、丝架和床身四个部分。

10.1.2 线切割机床安全操作规程

① 操作者必须熟悉线切割机床的结构,按设备的润滑要求,对机床有关部位注油润滑。

② 操作者必须熟悉线切割加工工艺,严格按照规定顺序操作,防止造成断丝等故障。

③ 用手摇柄操作储丝筒后,应及时将手摇柄拔出,防止储丝筒转动时,将手摇柄甩出伤人。

④ 换下来的废丝要放在规定的容器内,防止混入电器和走丝系统中去,造成电器短路、触电和断丝等事故。

⑤ 装夹工件必须检查丝架是否在规定的行程范围内,防止碰撞丝架和因超行程撞坏丝杠、螺母等传动部件及工作台。

⑥ 消除工件残余应力,防止切割过程中工件爆裂伤人,加工前安装好防护罩。

⑦ 开机后,严禁身体同时接触加工电源的两极(床身与工件),防止触电。

微视频
穿丝

⑧ 开机后,集中精力观察机器运转,发现有不正常现象,应立即按红色急停开关,及时向指导教师反映。

⑨ 机床附近不得放置易燃、易爆物品,防止电火花引起事故。

⑩ 线切割机床操作、上丝时不许戴手套,女工须戴安全帽。

10.1.3 线切割机床基本操作技能

1. 装夹工件

根据编程确定的装夹方向装夹工件,保证装夹面最后切割。按下"进给"键,锁住电动机,按〈F1〉移轴,定位电核丝,将电极丝移动到预定的切割位置。装好防护罩,注意机床行程,避免撞机,工具、量具放置在指定位置。

2. 校正电极丝(垂直度调节)

设置加工最小电流,依次按"开丝"→"进给"→"高频"→〈F1〉,将校正块置于机床工作台,使其一侧伸出工作台。

操作手控盒,使电极丝靠近相垂直的面校正垂直度,校正电极丝的垂直度如图 10-2 所示。操作手控盒移动工作台到靠近校正块后,单手移动校正块,微微靠近电极丝,检查电极丝与校正块之间火花是否均匀,若上下不均匀,则按手控盒上的 U、V,直至火花均匀。校正完毕后关闭"高频"→"进给",将电极丝停靠在储丝筒的某一侧。

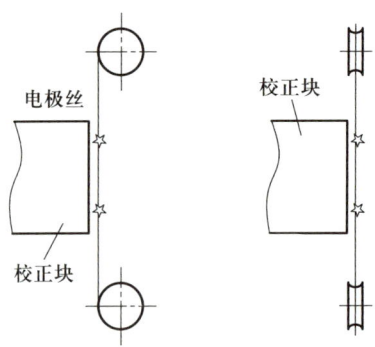

图 10-2　校正电极丝的垂直度

3. 设置脉冲电源参数

根据零件材料、厚度、表面粗糙度设置脉冲电源参数,具体可参考脉冲参数调节相关内容。

4. 定位校正

（1）移轴

移轴控制界面如图 10-3 所示。

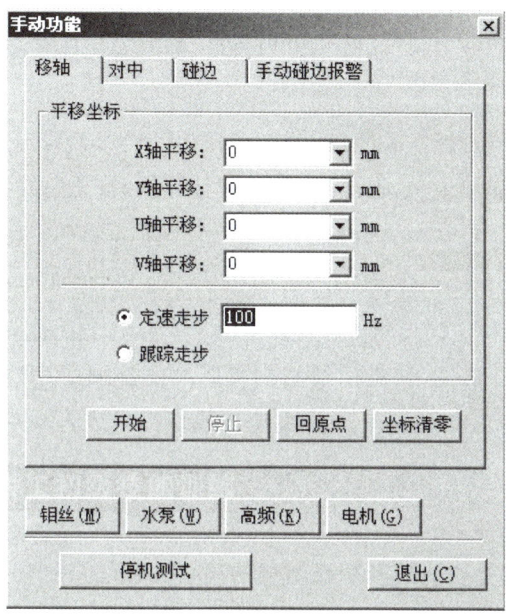

图 10-3 移轴控制界面

（2）碰边

碰边控制界面如图 10-4 所示。

图 10-4 碰边控制界面

（3）加工

开启断丝保护和自动停机开关，然后启动运丝及切削液，当切削液正常冲到电极丝上后，再依次开启控制柜上"加工"—"高频"—"变频"，再按〈F8〉开始加工，机床开始自动加工。机床电流表有数值后，旋转"进给调节"至加工电流表指针稳定，即加工进给速度合适。加工过程中注意观察加工电流，调节变频速度，防止出现烧丝、断丝及短路现象。

（4）取件

加工完后机床自动停机，依次关闭"变频"→"高频"→"加工"，再按"开丝"键使储丝筒的丝停在右边，取出工件并用煤油清洗，退出系统，关闭计算机，按下急停开关，关闭电源。

10.2 3B 代码编程与调试

国内线切割程序常用格式有：3B（个别扩充为 4B 或 5B）格式和 ISO 格式。其中慢走丝线切割机床普遍采用 ISO 格式，快走丝线切割机床大部分采用 3B 格式，其发展趋势是采用 ISO 格式（如北京阿奇（AGIE）公司生产的快走丝线切割机床）。本节主要介绍 3B 格式程序编制。

10.2.1 3B 代码程序格式

线切割加工轨迹图形是由直线和圆弧组成的，轨迹图形的 3B 程序指令格式见表 10-1。

表 10-1　3B 程序指令格式

B	X	B	Y	B	J	G	Z
分隔符	X 坐标值	分隔符	Y 坐标值	分隔符	计数长度	计数方向	加工指令

注意：

① B 为分隔符，它的作用是将 X、Y、J 数值区分开；X、Y 为增量（相对）坐标值；J 为加工线段的计数长度；G 为加工线段计数方向；Z 为加工指令。

② 不论是直线编程还是圆弧编程，在编程过程中，X、Y、J 均为数值，数值单位取微米（μm），如有小数，则应四舍五入，保留三位小数。

10.2.2 直线编程

1. X、Y 值的确定

以直线的起点为原点，建立正常的直角坐标系，X、Y 表示直线终点的绝对值坐标，单位为 μm。

注意：若直线与 X 或 Y 轴重合，为区别一般直线，X、Y 均可写作 0，也可以不写。例如，根据轨迹形状（图 10-5a），试写出图 10-5b～d 中各终点的 X、Y 值（注：在本书图形所标注的尺寸中若无特别说明，单位都为 mm）。

根据图 10-5b、图 10-5c 和图 10-5d 所建的坐标系，可得图 10-5b 的终点坐标为 A(100 000，100 000)；图 10-5c 的终点坐标为 C(100 000，100 000)；图 10-5d 的终点坐标为 A(100 000，0)。

编程时也可看作 A(0，0)。

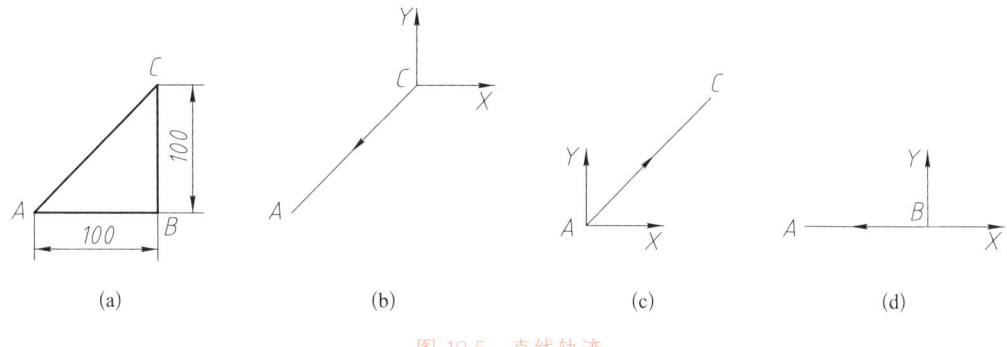

图 10-5　直线轨迹

2. G 的确定

G 用于确定加工时的计数方向,分为 GX 和 GY。直线的计数方向取直线的终点坐标值中较大值的方向,即当直线终点坐标值 X>Y 时,取 G=GX;当直线终点坐标值 X<Y 时,取 G=GY;当直线终点坐标值 X=Y 时,直线在一、三象限时取 G=GY,在二、四象限时,取 G=GX。G 的确定如图 10-6 所示。

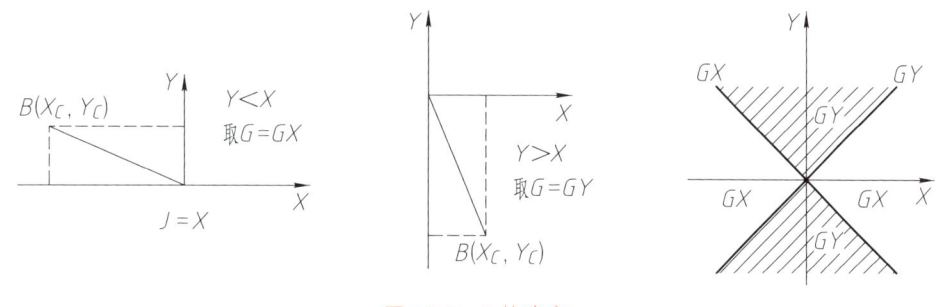

图 10-6　G 的确定

3. J 的确定

J 为计数长度,以 μm 为单位。以前编程应写满六位数,不足六位时前面补零,现在的机床基本上可以不用补零。

J 的取值方法为:由计数方向 G 确定投射方向,若 G=GX,则将直线向 X 轴投射得到长度的绝对值,即为 J 的值;若 G=GY,则将直线向 Y 轴投射得到长度的绝对值,即为 J 的值。

直线编程时,可直接取直线终点坐标值中的较大值。即 X>Y 时,J=X;X<Y 时,J=Y;X=Y 时,J=X=Y。

4. Z 的确定

加工指令 Z 按照直线走向和终点的坐标不同,可分为 L1、L2、L3、L4,其中与+X 轴重合的直线算作 L1,与-X 轴重合的直线算作 L3,与+Y 轴重合的直线算作 L2,与-Y 轴重合的直线算作 L4,Z 的确定如图 10-7 所示。

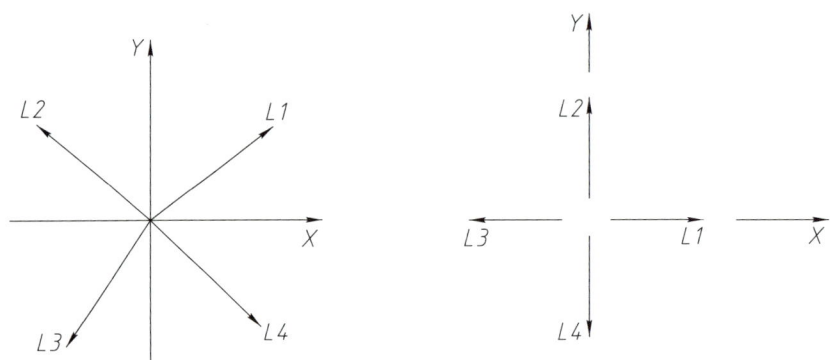

图 10-7　Z 的确定

10.2.3　圆弧编程

1. X，Y 值的确定

以圆弧的圆心为原点,建立正常的直角坐标系,X,Y 表示圆弧起点坐标的绝对值,单位为 μm。圆弧计数方向确定如图 10-8 所示。图 10-8a 中,起点 A 的坐标绝对值为 X=30 000,Y=40 000;图 10-8b 中,起点 B 的坐标绝对值为 X=40 000,Y=30 000。

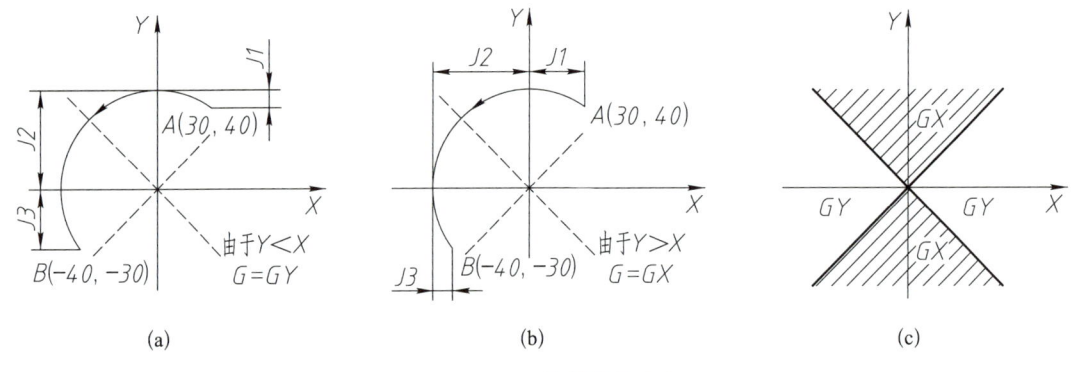

图 10-8　圆弧计数方向确定

2. G 的确定

圆弧的计数方向取圆弧终点坐标值中较小值的方向,即当圆弧终点坐标值 X>Y 时,取 G=GY(图 10-8a);当圆弧终点坐标值 X<Y 时,取 G=GX(图 10-8b);当圆弧终点坐标值 X=Y 时,在一、三象限时取 G=GX,在二、四象限时取 G=GY。

由上可见,圆弧计数方向由圆弧终点坐标绝对值的大小确定,其确定方法与直线刚好相反,如图 10-8c 所示。

3. J 的确定

圆弧编程中 J 的取值方法:由计数方向 G 确定投射方向,若 G=GX,则将圆弧向 X 轴投射;若 G=GY,则将圆弧向 Y 轴投射。J 值为各个象限圆弧投影长度绝对值的和。例如图 10-8a、b 所示的 J1、J2、J3,则 J=|J1|+|J2|+|J3|。

4. Z 的确定

加工指令 Z 由圆弧起点所在象限和圆弧加工走向确定。按切割的走向可分为顺圆 S 和逆圆 N，于是共有 8 种指令：SR1、SR2、SR3、SR4、NR1、NR2、NR3、NR4，具体可参考表 10-2 和图 10-9。

表 10-2 Z 的确定

	第一象限	第二象限	第三象限	第四象限
逆圆	NR1	NR2	NR3	NR4
顺圆	SR1	SR2	SR3	SR4

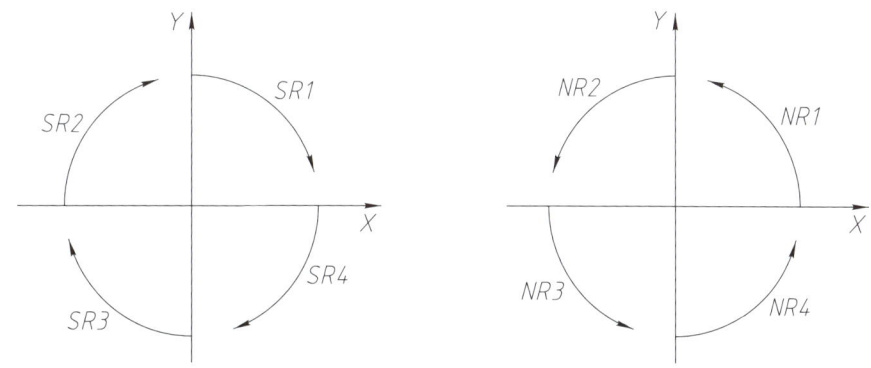

图 10-9 Z 的确定

10.2.4 程序调试方法

CNC2 系统是北京迪蒙卡特机床有限公司线切割机床控制软件，以下将介绍该系统程序调试的方法。

(1) 建立文件夹 文件夹一般建立在学生盘中，文件夹名称只能为数字和字母。(注：本书指定 F 盘为学生盘)

(2) 程序的输入 打开 CNC2 软件，按〈Enter〉键，进入"加工状态"，选择"无锥度加工"，输入"F:\文件夹\程序名.3b"，按〈Enter〉键，[E]选择"编辑程序"进入编辑状态，输入程序。

(3) 程序调试 图形显示为〈F5〉；轨迹仿真为〈F7〉；编程为〈F4〉；加工方式为〈F2〉。

(4) 错误查找与修改 按〈F7〉键进入轨迹仿真，查看机床坐标是否归零，并按〈F4〉键进入编程，修改程序。

(5) 第 2 个程序的输入 按〈F3〉键进入加工文件，输入"F:\文件夹\程序名.3b"(注意：此处的程序名与上一个程序名不一样)，按〈Enter〉键，[E]选择"编辑程序"；进入编辑状态，输入程序。输入完成后，按〈ESC〉键，输入 Y，保存文件。

(6) 程序的调出 按〈F3〉键进入加工文件，输入"F:\文件夹\程序名.3b"。

(7) CN2 软件的退出 按〈ESC〉键返回到主菜单，选择"进入自动编程"按〈Enter〉键退出。

10.3 AutoCut 模块使用

10.3.1 AutoCut 模块系统介绍

1. AutoCut 系统组成

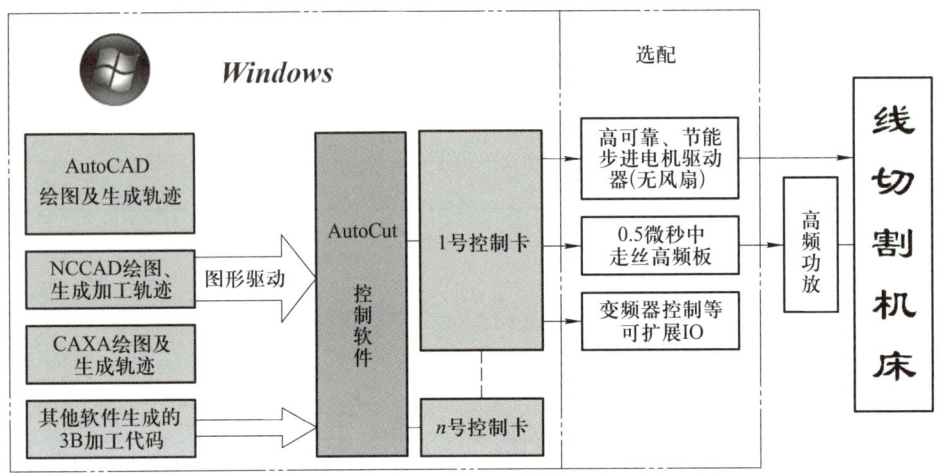

图 10-10 系统组成

生成 3B 代码
并载入加工

2. AutoCut 系统主要功能

① 支持图形驱动自动编程，无需接触代码，只需要对加工图形设置加工工艺，便可进行加工；同时，支持多种线切割软件生成的 3B 代码、G 代码等加工代码。

② 多种加工方式可灵活组合加工（连续、单段、正向、逆向、倒退等加工方式）。

③ XYUV4 轴可设置换向，驱动电机可设置为五相十拍、三相六拍、脉冲驱动等模式。

④ 实时监控线切割加工机床的 X、Y、U、V 四轴加工状态。

⑤ 加工预览，加工进程实时显示；锥度加工时可进行三维跟踪显示，可放大、缩小观看图形，可从主视图、左视图、俯视图等多角度进行观察加工情况。

⑥ 可进行多次切割，以提高光洁度。

⑦ 带有用户可维护的工艺库功能，使多次加工变得简单、可靠。

⑧ 锥度工件的加工，采用四轴联动控制技术，可以方便的进行上下异形面加工，使复杂锥度图形加工变得简单而精确。

⑨ 可以驱动 4 轴运动控制卡，工作稳定可靠。

10.3.2 AutoCut 模块应用案例

1. 主界面

AutoCAD2004 软件中 AutoCut 线切割模块主界面如图 10-11 所示。

2. 操作界面

AutoCut 线切割模块界面友好，使用极为简单，使用者不需要接触复杂的加工代码，只需

微视频

打开并检查
冷却泵

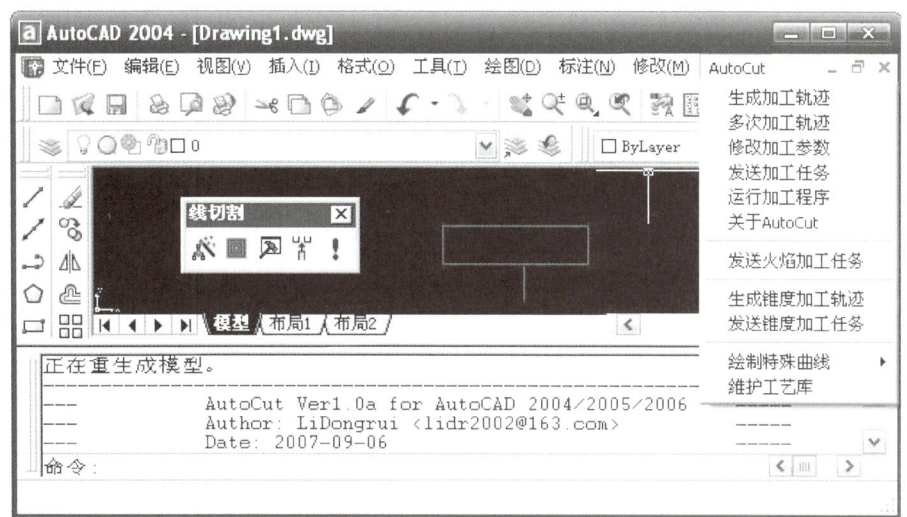

图 10-11　线切割模块主界面

在 AutoCAD2004 软件中绘制加工图形,生成相应加工轨迹,就可以开始加工零件。操作界面如图 10-12 所示。

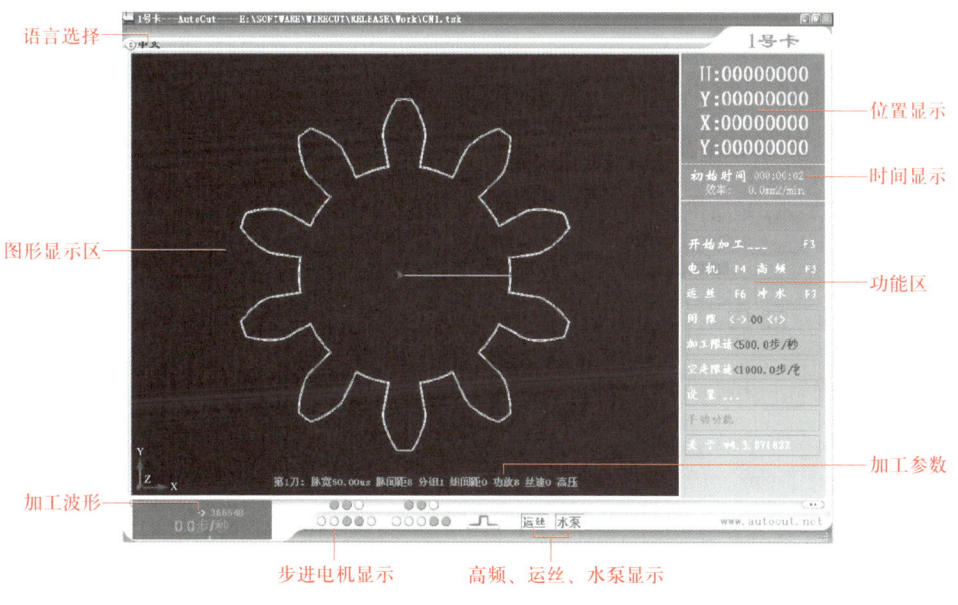

图 10-12　操作界面

3. 加工任务的载入

（1）CAD 图形驱动

在 AutoCAD 或 NCCAD 中,用"发送加工任务"的命令,将图形轨迹发送到控制软件中,用户无需接触代码,便可进行加工。

（2）文件载入

在控制软件中点击"打开文件"按钮或者使用快捷键"F2"或者右键单击"打开文件"，会弹出下拉菜单 ，选择"打开文件"，弹出"打开"对话框（图 10-13），在"文件类型"可以点选任意一种文件类型，然后选择欲加工的文件，打开并进行加工（AutoCut Task 文件，由 AutoCAD 或 NCCAD 生成的二维和三维加工文件；3B Code 文件，由 CAXA 等其他绘图软件生成）。

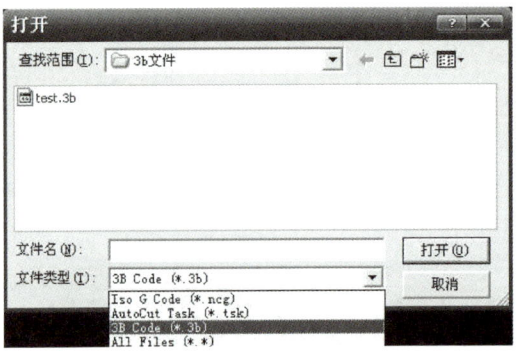

图 10-13　"打开"对话框

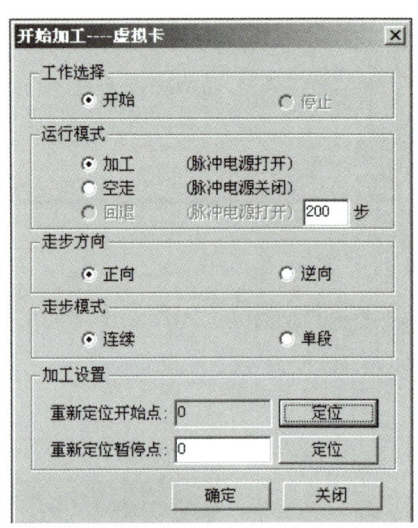

图 10-14　开始加工界面

（3）开始加工

选择要加工的工件，打开并进入开始加工界面，开始加工界面如图 10-14 所示。

10.4　线切割专项技能训练

10.4.1　凹模线切割加工

1. 加工准备

毛坯尺寸为 50 mm×40 mm×10 mm，材料为 45 钢。

2. 任务要求

凹模线切割加工图样和配分表如图 10-15 所示。按要求完成零件加工。

10.4.2　凸模线切割加工

1. 加工准备

毛坯尺寸为 50 m×40 m×10 m，材料为 45 钢。

2. 任务要求

凸模线切割加工图样和配分表如图 10-16 所示。按要求完成零件加工。

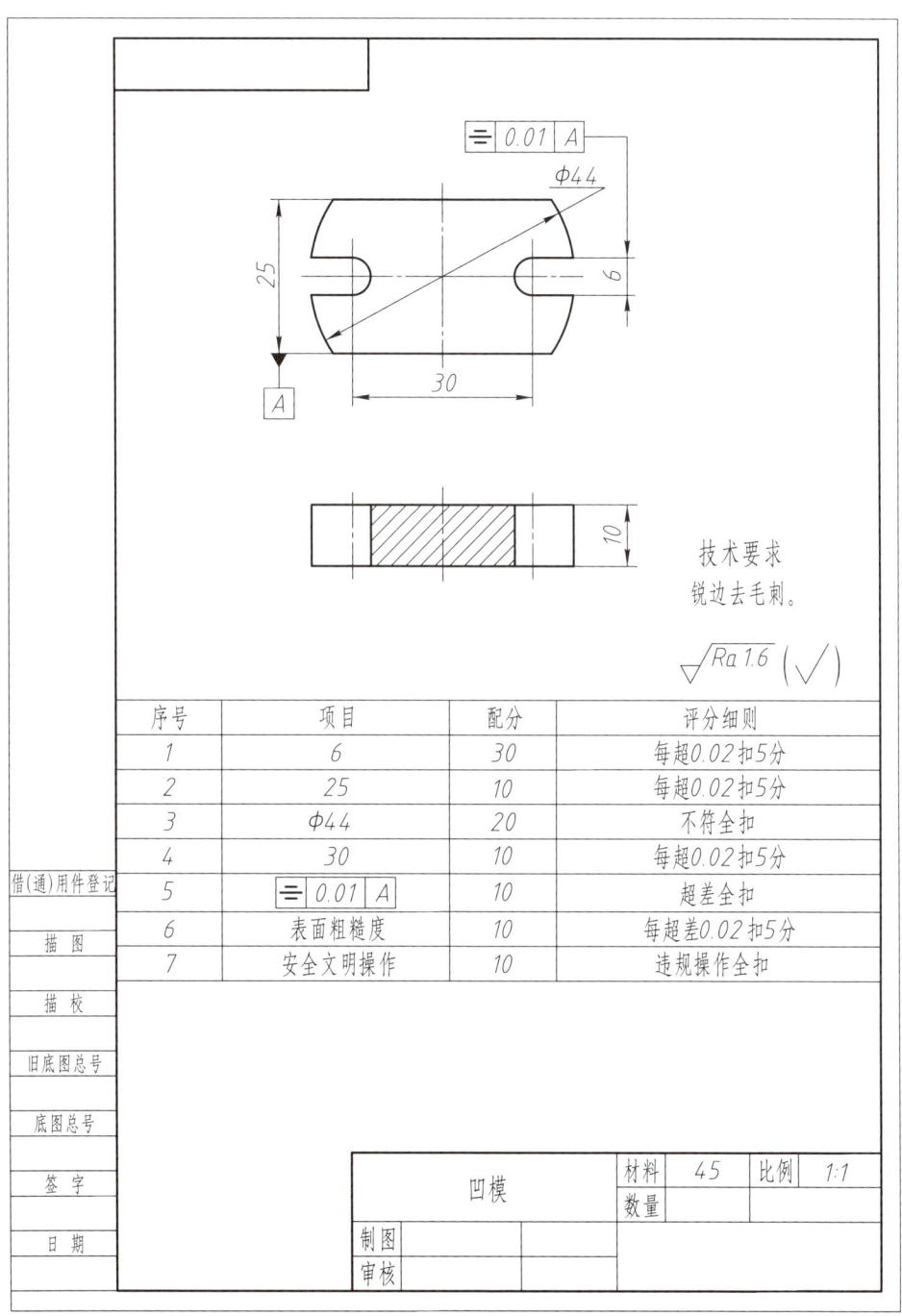

图 10-15 凹模线切割加工图样和配分表

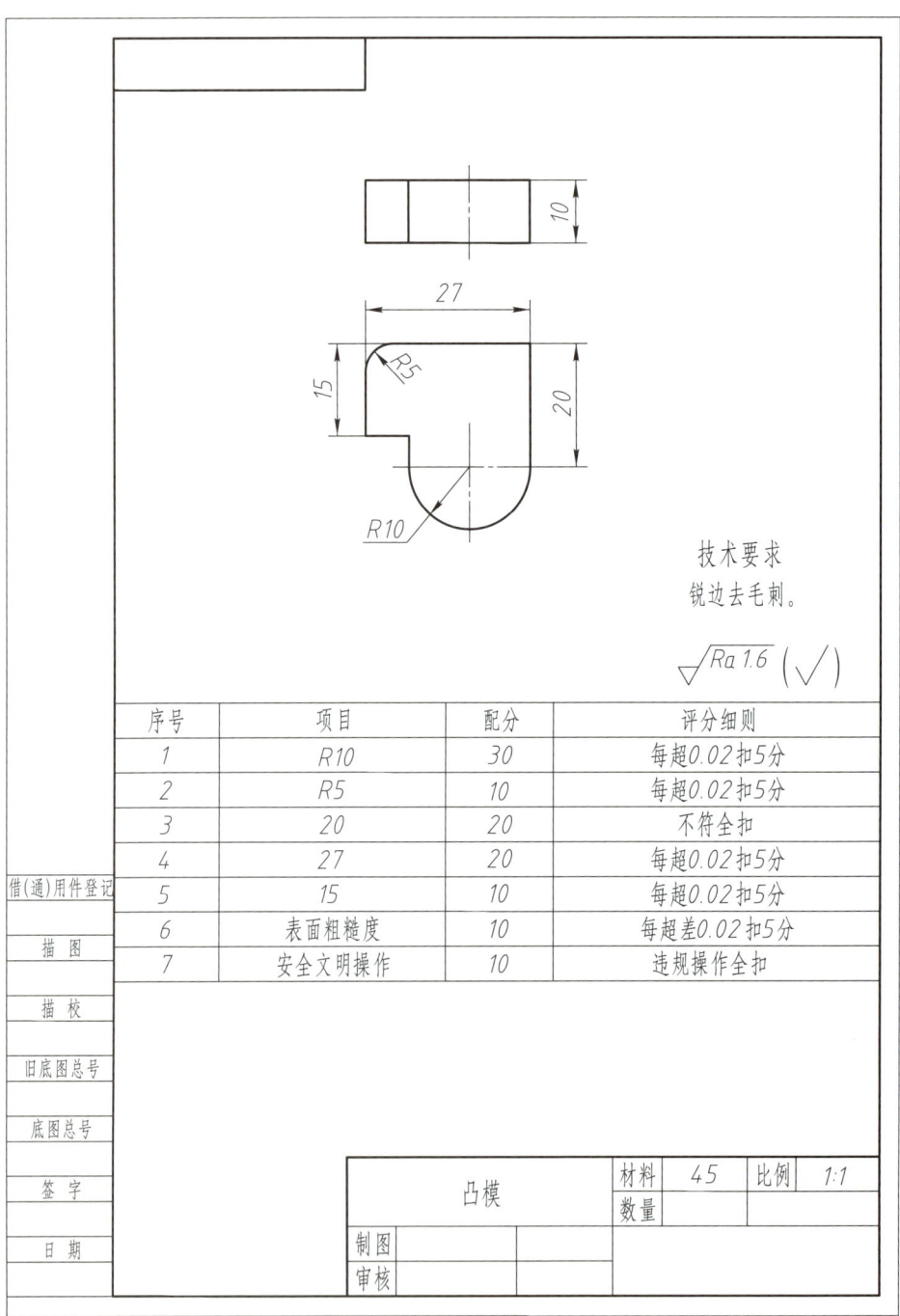

图 10-16 凸模线切割加工图样和配分表

10.5　电火花成形加工基本知识

10.5.1　电火花成形加工设备

电火花成形机床按不同的定义其分类方法也不同。

(1) 按控制方式　分为普通数显电火花成形机床、单轴数控电火花成形机床(ZNC 火花机)、多轴数控电火花成形机床(CNC 火花机)。

(2) 按机床结构　分为固定立柱式电火花成形机床、滑枕式电火花成形机床、龙门式电火花成形机床、双头电火花成形机床。

(3) 按电极交换装置　分为普通电火花成形机床和电火花加工中心。

(4) 按应用范围　分为通用机床、专用机床和镜面火花机。

固定单立柱式电火花成形机床如图 10-7 所示,其主要由机床主机、脉冲电源、数控系统、工作液循环过滤系统等组成。

无论采用哪种结构形式的电火花成形机床,其主要功能都是满足电火花成形加工的工作要求,伺服加工轴运动并保证电火花放电所需的最佳间隙要求,同时按预定的轨迹移动完成工件加工。

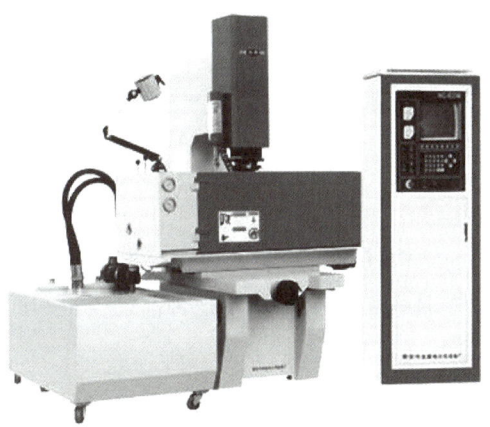

演示文稿

电火花操作入门

图 10-17　固定单立柱式电火花成形机床

10.5.2　电火花成形加工原理

电火花成形加工是通过工件和工具电极相互靠近时极间形成脉冲性火花放电,在电火花通道中产生瞬时高温,使金属局部熔化,甚至气化,从而将金属腐蚀下来,达到按要求改变材料的形状和尺寸的加工工艺。电火花成形机床的加工原理实际就是利用电腐蚀原理进行的成形加工。

电火花成形加工的示意图如图 10-18 所示。工件放在充满工作液的工作槽中,工作液在泵的作用下循环,工具电极装在主轴端的夹具上。主轴的垂直进给由自动进给调节装置控制,使工具电极和工件之间经常保持一个很小的放电间隙,一般在 0.01~0.2 mm。这样,当工件和工具电极分别与脉冲电源的正负极相接时,每个脉冲电压将在工具电极和工件之间的最小间隙处或绝缘强度最低的工作液处产生火花放电,使两极表面在瞬时高温下都被蚀除掉一小块金属,分别形成一个小坑,被蚀下的金属颗粒掉入工作液中冷却、凝固并被冲走。当每个脉冲结束时,工作液介质恢复绝缘状态。如此循环不止,加工也就连续进行,无数个小坑组成了加工表面,工具电极的形状也就被逐渐复制在工件上。电火花加工过程分为介质击穿、能量转换、蚀除产物的抛出和极间介质消电离4个阶段。

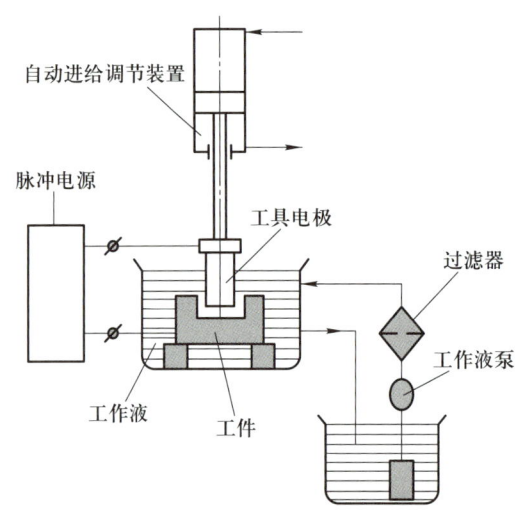

图 10-18 电火花成形加工的示意图

10.5.3 电火花成形加工安全知识

① 开机前熟悉所操作机床的结构、原理、性能及用途等方面的知识,按照工艺规程做好加工前的一切准备工作,严格检查工具电极与工件电极是否都已校正和固定好。

② 开机前检查机械、液压和电气各部分是否正常。

编辑功能介绍

③ 开机后,开启油泵电源,检查工作液系统是否正常。

④ 每次开机后,须进行回原点操作,并观察机床各方向运动是否正常。

⑤ 在电极找正及工件加工过程中,禁止操作者同时触摸工件及电极,以防触电。

⑥ 加工时,加工区与工作液面距离应大于 50 mm。

⑦ 中途停机时,先控制电流到最小值,待主轴回升原位,再将调压器退至零位,切断电源。

⑧ 禁止操作者在机床工作过程中离开机床。

⑨ 禁止未经培训人员操作或维修本机床。

⑩ 加工结束后,应切断控制柜电源、机床电源、计算机电源、电气柜电源、压缩空气电源。

⑪ 工程训练完毕,要认真清理机床及周围环境卫生,关闭电源,经指导人员同意后方可离开。

10.6 电火花成形加工基础技能训练

10.6.1 面板操作

1. 控制面板

电火花成形机床控制面板如图 10-19 所示，主要有放电电压指示表、电流指示表、急停开关、ZNC 键盘、显示器、蜂鸣器等。

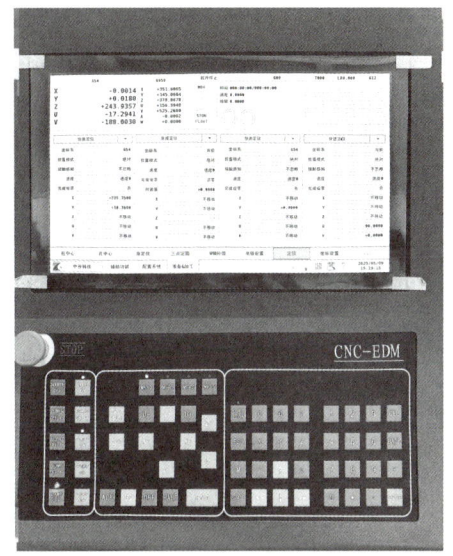

图 10-19　控制面板

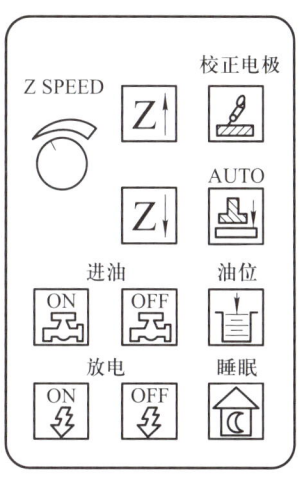

图 10-20　机床手控盒

面板功能介绍

(1)"F1-F8"　ZNC 系统功能选择按键。

(2)"F9"　放电计时归零。

2. 机床手控盒

机床手控盒如图 10-20 所示，其按键与键盘按键一致，功能如下。

(1)"Z－、Z＋"　机床主轴上下移动按键，可通过旋钮"Z SPEED"调节移动速度。

(2)"校正电极"　在校正电极时需要打开，否则 Z 轴不能移动，并发出报警声。

(3)"AUTO"　Z 轴自动对刀按键。利用接触感知原理进行 Z 轴对刀，按下此按键机床 Z 轴会自动下降，直至电极接触工件上表面后停止不动，并发出提示声。

(4)"进油"　加工时工作液的开关。

(5)"放电"　脉冲电源的开关。

(6)"油位"　当工作液低于预设值的高度时，机床停止加工，防止因火花暴露在空气中引起火灾。喷油加工时需关闭"油位"按键。

(7)"睡眠"　开启该按键加工时，当程序执行完机床会自动关机。

3. 系统介绍

机床控制系统界面如图 10-21 所示，分以下 8 个窗口。

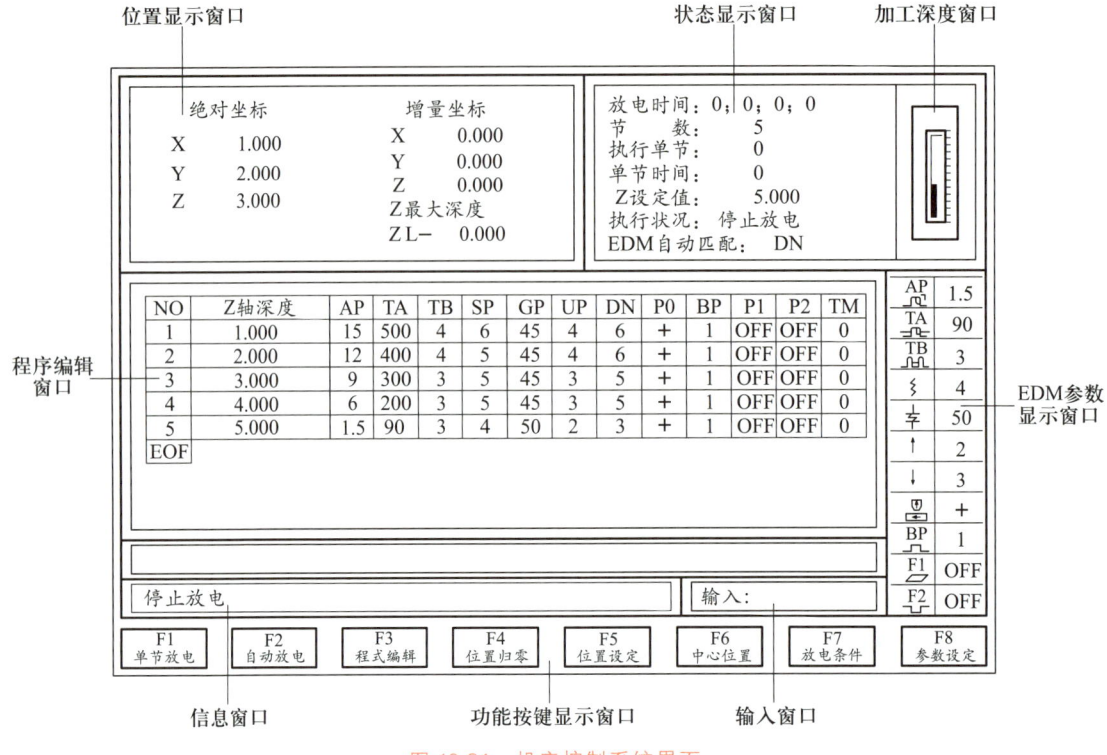

图 10-21 机床控制系统界面

(1) 位置显示窗口　显示各轴位置,包含 X、Y、Z 三轴绝对坐标及增量坐标。

(2) 状态显示窗口　显示执行状态,包含计时器、节数、执行单节及 Z 设定值等。

(3) 程序编辑窗口　程序编辑操作(自动加工专用)。

(4) 信息窗口　显示加工状态及信息。

(5) 功能按键显示窗口　"F1~F8"操作按键。

(6) 输入窗口　显示输入值。

(7) 电火花加工(简称 EDM)参数显示窗口　EDM 参数操作更改。

(8) 加工深度窗口　显示加工深度。

10.6.2　程序编辑

在电火花成形机床执行程序前,操作者需要预先设定放电程序,操作者可按下"F3 程序编辑"按键,进入程序编辑界面,如图 10-22 所示。

① 按"F1 插入"按键插入所需单节程序,此时系统会将光标所在单节复制到下一单节,按"F2 删除"按键删除单节程序。

② 用光标选择要修改的参数,Z 轴深度直接输入数字后,按"Enter"键。

③ 其他参数需要修改时,用光标选择后,按"F3 条件减少"或"F4 条件增加"按键进行设定,编辑完成后,按"F8 跳出"按键。

④ 若要保存当前所编辑的程序,可按"F5 档案"按键。

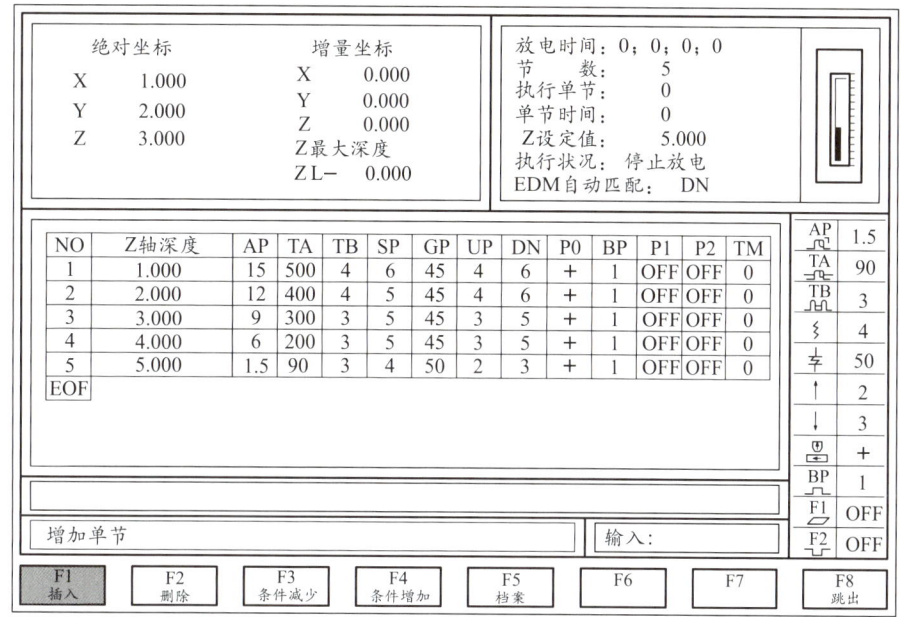

图 10-22　程序编辑界面

NO	Z轴深度	AP	TA	TB	SP	GP	UP	DN	P0	BP	P1	P2	TM
1	1.000	15	500	4	6	45	4	6	+	1	OFF	OFF	0
2	2.000	12	400	4	5	45	4	6	+	1	OFF	OFF	0
3	3.000	9	300	3	5	45	3	6	+	1	OFF	OFF	0
4	4.000	6	200	3	5	45	3	5	+	1	OFF	OFF	0
5	5.000	1.5	90	3	4	50	2	3	+	1	OFF	OFF	0
EOF													

部分功能按键如下：

① "F1 存档"，存入档案，输入档案名称（用阿拉伯数字），再按"Enter"按键即可。

② "F2 删除档案"，将光标移动到要删除的档案，再按"YES"按键可把档案清除。

③ "F3 读入档案"，将光标移至想要读入档案的名称上，按"F3 读入档案"按键，显示"读入 OK"时再按"F8 跳出"按键。

10.6.3　电极与工件的装夹

1. 电极的装夹

电极装夹与校正的目的是使电极正确、牢固地装夹在机床主轴的电极夹具上，使电极轴线和机床主轴轴线一致，保证电极与工件表面的垂直和相对位置。

圆柱形电极在安装时，直径 10～30 mm 的电极可直接安装可调式电极夹头下的 V 形基准座上。直径较大的圆柱形电极，可选用标准套筒夹具装夹，如图 10-23 所示。直径小于 10 mm 的电极，可选用钻夹头装夹，如图 10-24 所示。

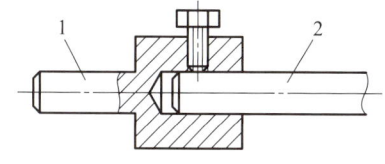

1—套筒；2—电极。

图 10-23　标准套筒夹具装夹

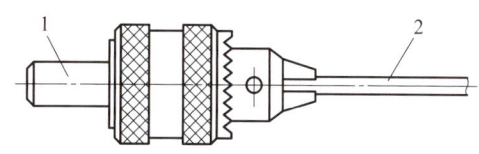

1—钻夹头；2—电极。

图 10-24　钻夹头装夹装夹

2. 电极的校正

电极通过以上的固定方式装夹在电极夹头上之后,再装夹到可调式电极夹头上,通过调节电极夹头上的螺母进行调整,由于加工精度不高,圆柱形电极使用精密角尺校正即可,校正时需要用角尺对电极的 X、Y 两个方向校正。角尺校正电极如图 10-25 所示。

在校正工件和电极时,需要通过机床手控盒移动主轴,由于使用的角尺将机床的正负极连通,使得 Z 轴不能移动,蜂鸣器会发出响声,可按手控盒或机床控制面板的"校正电极"按键。

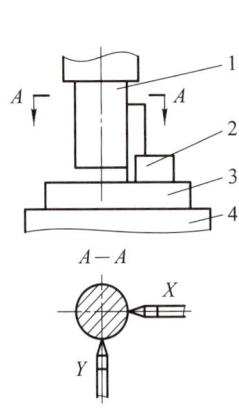

1—电极;2—角尺;3—磁力吸盘;4—工作台。

图 10-25 角尺校正电极

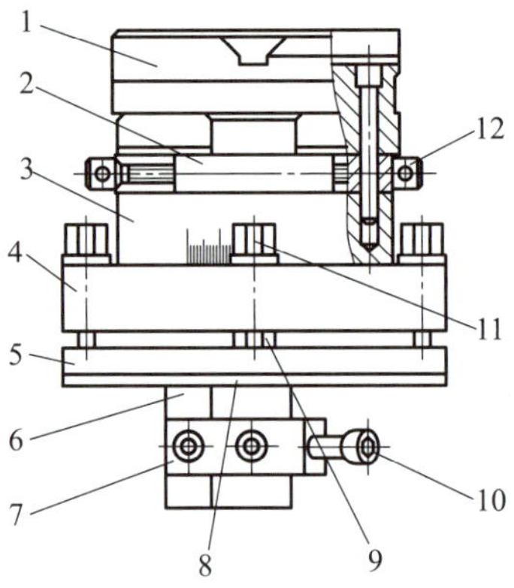

1—夹具体;2—调整环;3—支撑套;4—圆盘;5—固定座;
6—V 形基准座;7—夹座;8—绝缘板;9—钢珠;
10—紧固螺钉;11—垂直调整螺钉;12—转角调节螺钉。

图 10-26 可调式电极夹头

电火花机床主轴一般都配有可调式电极夹头(图 10-26),该电极夹头是种带有垂直和水平转角调节装置的结构。其调整方法:在夹具体 1 前方左右各有一转角调节螺钉 12 可调整电极转角正负 10 度。夹具体上左右、前后设有 4 个垂直调整螺钉 11,利用这 4 个螺钉可调整整电极与工作台的垂直。夹具体下方是 V 形基准座,其上有相互垂直的两个基准面,可将电极柄定位于基准面上,用紧固螺钉将电极柄压紧吊住电极。

3. 工件的装夹和校正

根据工件的形状,选择零件的装夹方式,一般可采用直接吸附在磁力平台上,也可以采用压板固定在工作台上,批量加工时为了方便工件定位,还可用平口虎钳装夹。工件装夹时将百分表座固定在机床电极夹头上,通过百分表校正工件,如图 10-27 所示。

10.6.4 工件坐标系的设定

电极和工件装夹校正后,要设定工件坐标系,将工件中心设为坐标原点。工件坐标系设定示意图如图 10-28 所示,具体操作方法如下:

① 用手控盒移动机床主轴下降,使电极处于工件＋Y 方向的侧面,移动工作台,使电极慢慢接触工件＋Y 方向边,蜂鸣器报警后,用 ZNC 键盘上的方向键将光标移动到机床坐标显示窗口的 Y 轴处(绝对坐标或相对坐标均可),按"F4 位置归零"按键,再按"YES"按键确定,

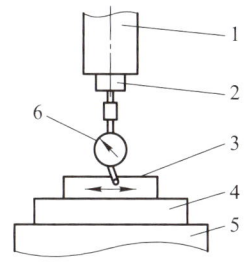

1—主轴；2—电极夹头；3—工件；4—磁力吸盘；
5—工作台；6—百分表。

图 10-27　百分表校正工件

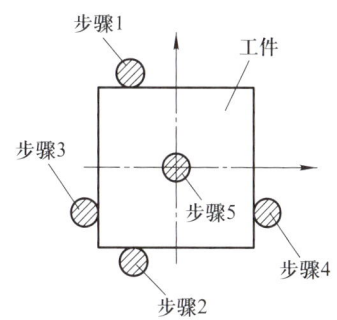

图 10-28　工件坐标系设定示意图

将电极当前所处坐标的 Y 值清零。

② 将电极移到－Y 方向且慢慢接触工件，蜂鸣器报警后，按"F6 中心位置"按键，再按"YES"按键确定，将电极当前所处坐标的 Y 值除以 2，Y 轴的 0 点即是工件 Y 方向的中点。

③ 按照上述方法，进行＋X 方向靠边清零和－X 方向靠边设定中心位置的操作。

④ 将电极移动到机床坐标的(0，0)点上。

⑤ 将电极慢慢靠近工件上表面，当蜂鸣器报警后，将机床 Z 轴坐标清零，也可以按手控盒上的"AUTO"按键(电极自动对刀)，电极会自动下移直至与工件上表面接触后停止并报警，将机床 Z 轴坐标清零后抬起主轴头。

10.6.5　电参数的选择

只有正确地选择电参数才能加工出品质优良的产品。影响电参数的因素主要有：电极材料、工件材料、放电面积、表面粗糙度、放电间隙、电极损耗和加工速度等。电火花成形机床的电参数主要有：脉冲宽度、脉冲间隔和峰值电流。

1. 脉冲宽度的选择

脉冲宽度又称为放电持续时间，当其他参数不变时，增大脉冲宽度，工具电极损耗减小，生产率越高，加工稳定性越好。粗加工时可用较大的脉冲宽度($>100\,\mu s$)，精加工时只能用较小的脉冲宽度($<50\,\mu s$)。

2. 脉冲间隔的选择

脉中间隔又称为脉冲放电停歇时间，脉冲间隔对脉冲频率(单位时间内的效电次数)有直接影响。间隔时间过短，放电间隙来不及消电离和恢复绝缘，容易产生电弧放电，烧伤工具和工件；脉冲间隔选得过长，将降低加工效率，减少了覆盖效应，使电板损耗增加。加工面积、加工深度较大时，脉冲间隔也应稍大些。

3. 峰值电流的选择

峰值电流是放电时的能量，脉冲宽度保持不变，增大峰值电流，材料的蚀除速度增大，但要注意，此时放电间隙和表面粗糙度也会增加。

10.7 电火花成形加工专项技能训练

10.7.1 盲孔电火花成形加工

1. 加工准备

毛坯尺寸 30 mm×30 mm×20 mm，工件材料为 45 钢。

2. 任务要求

盲孔电火花加工图样和配分表如图 10-29 所示。根据电极和工件材料，正确选择脉冲电源接线方式；根据零件特点、材质、表面粗糙度要求，正确设置粗加工、精加工脉冲参数；根据零件结构，正确装夹工件、电极并校正定位；操作机床进行零件加工。

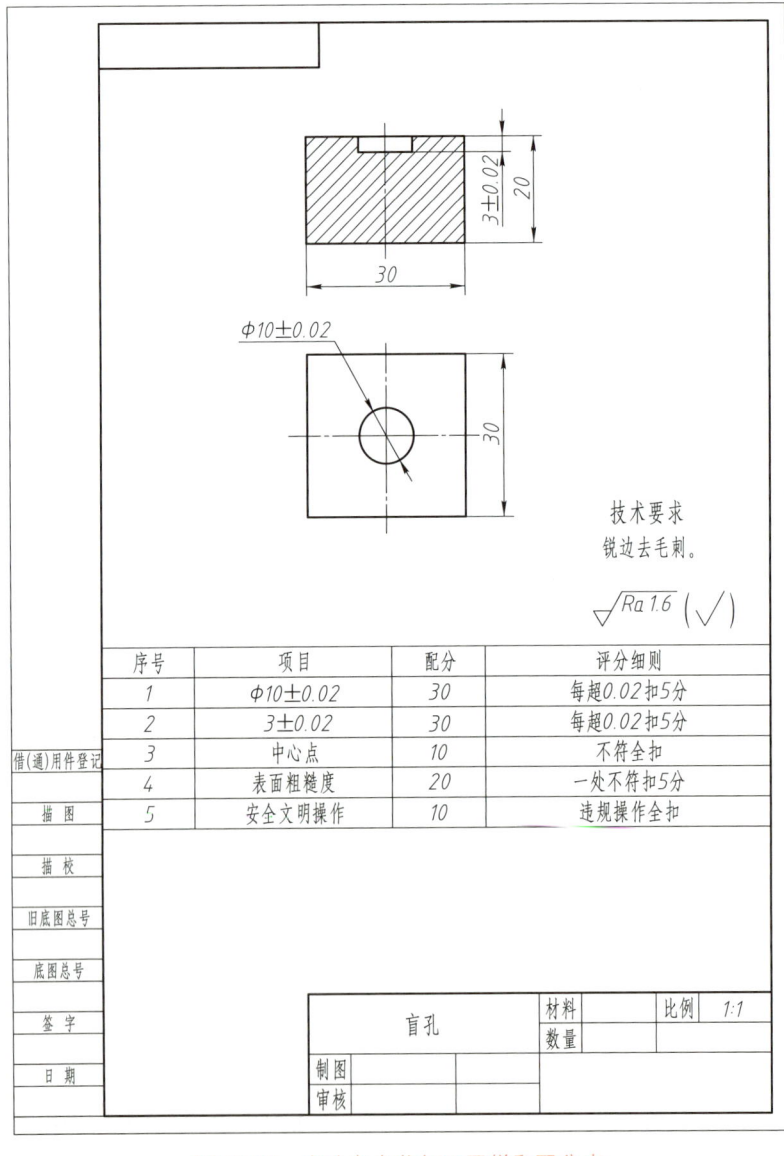

图 10-29 盲孔电火花加工图样和配分表

10.7.2 型腔的电火花成形加工

1. 加工准备

毛坯尺寸 45 mm×45 mm×20 mm，工件材料为 45 钢。

2. 任务要求

型腔电火花加工图样和配分表如图 10-30 所示。根据电极形状，装夹和校正电极；根据图样尺寸确定电极与工件相对位置；正确设置电参数；操作机床进行零件加工。

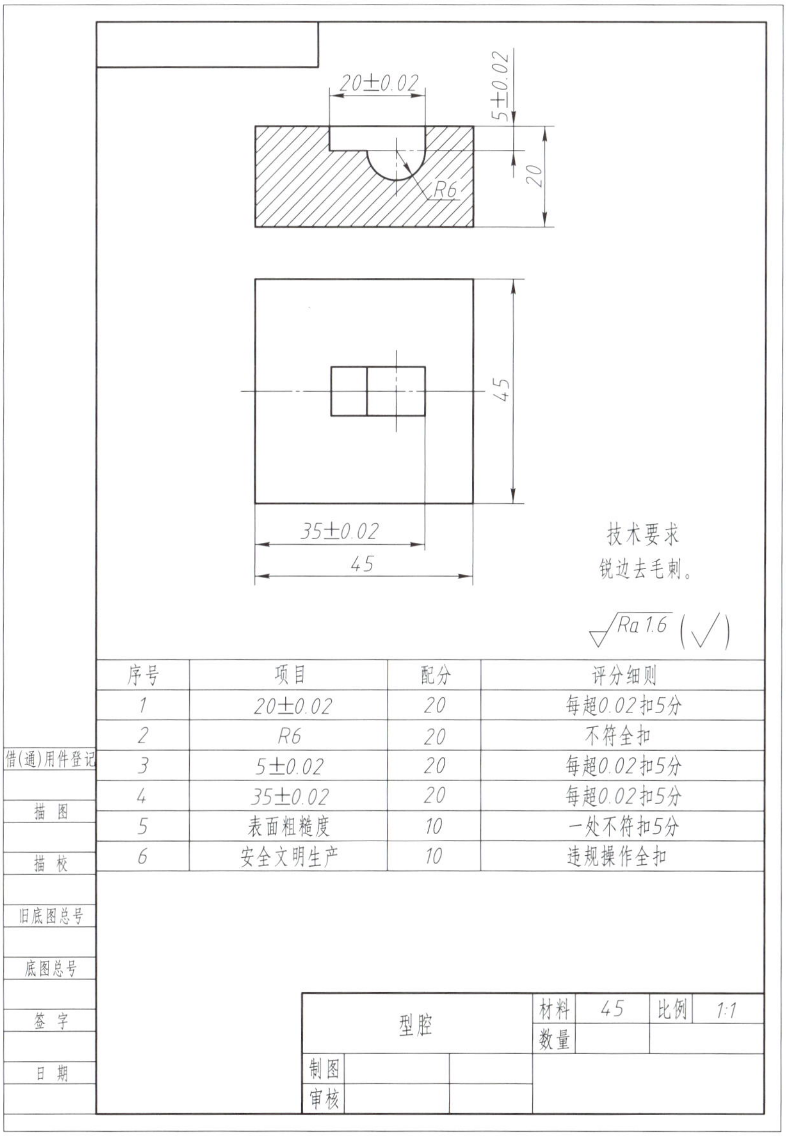

航空发动机叶片异形孔加工

六轴电火花小孔机

浸没式六轴电火花小孔机

浸没式六轴电火花小孔机创新案例

图 10-30 型腔电火花加工图样和配分表

郑重声明

高等教育出版社依法对本书享有专有出版权。任何未经许可的复制、销售行为均违反《中华人民共和国著作权法》，其行为人将承担相应的民事责任和行政责任；构成犯罪的，将被依法追究刑事责任。为了维护市场秩序，保护读者的合法权益，避免读者误用盗版书造成不良后果，我社将配合行政执法部门和司法机关对违法犯罪的单位和个人进行严厉打击。社会各界人士如发现上述侵权行为，希望及时举报，我社将奖励举报有功人员。

反盗版举报电话　（010）58581999　58582371
反盗版举报邮箱　dd@hep.com.cn
通信地址　北京市西城区德外大街4号　高等教育出版社知识产权与法律事务部
邮政编码　100120